高等职业教育城市轨道交通专业系列教材

DIXIA GONGCHENG SHIGONG ANQUAN GUANLI

地下工程施工安全管理

主　编　李昭晖　高　峰
副主编　宋秀清　高攀科
主　审　郝小苏

内容简介

本书共分十个项目，主要内容包括安全生产管理理论、安全生产法律法规、高处作业安全、起重吊装作业安全、用电安全、消防安全和施工现场事故急救等知识，涉及地铁车站施工、隧道施工和盾构施工等主要工序的安全技术与管理问题，详细讲解了施工现场的安全技术要点。

本书既可以为高职高专相关专业的师生提供参考，又可指导工程一线施工人员更好地进行地下工程施工，促进地下工程施工安全技术的发展。

图书在版编目（CIP）数据

地下工程施工安全管理 / 李昭晖，高峰主编. —西安：西安交通大学出版社，2021.12（2024.1 重印）
ISBN 978-7-5693-2415-0

Ⅰ. ①地… Ⅱ. ①李… ②高… Ⅲ. ①地下工程-工程施工-安全管理 Ⅳ. ①TU94

中国版本图书馆 CIP 数据核字（2021）第 264135 号

书　　名 地下工程施工安全管理
主　　编 李昭晖　高　峰
责任编辑 张　欣
责任校对 杨　璠

出版发行 西安交通大学出版社
（西安市兴庆南路 1 号　邮政编码 710048）
网　　址 http://www.xjtupress.com
电　　话 （029）82668357　82667874（市场营销中心）
（029）82668315（总编办）
传　　真 （029）82668280
印　　刷 陕西天意印务有限责任公司

开　　本 787 mm×1092 mm　1/16　**印张** 14.25　**字数** 302 千字
版次印次 2021 年 12 月第 1 版　2024 年 1 月第 3 次印刷
书　　号 ISBN 978-7-5693-2415-0
定　　价 48.00 元

如发现印装质量问题，请与本社市场营销中心联系。
订购热线：（029）82665248　（029）82667874
投稿热线：（029）82668804
读者信箱：phoe@qq.com

前言

PREFACE

近年来，随着基础设施的大力建设，交通建设步伐越来越快，隧道及地下工程作为铁路、公路、地铁工程的主要组成部分，建设数量也越来越多。而这些地下工程施工复杂、不可预见风险因素多和社会影响大，具有高危险性的特点，地下工程的施工安全已引起全社会的高度重视。为了预防和减少事故的发生，地下工程施工安全管理的工作就显得尤为重要。作为现场管理和施工人员，必须提高安全意识，掌握安全生产管理的要点，加强安全作业的规范性，才能在保障好安全的前提下如期完成项目的施工。

本书在对从事隧道及地下工程施工安全管理的一线人员调研的基础上，邀请企业专家共同分析职业领域的典型工作任务和职业能力要求，以企业和学校双元结构组建团队进行编写。教材内容以提高从业人员的安全意识和安全素养为立足点，以人的不安全行为和物的不安全因素为切入点，以施工过程为安全管理的控制点，介绍了相关法律、法规和标准规范的安全规定，讲解了施工现场常见事故中有关高处作业、起重吊装、临时用电和消防等安全知识，着重分析了隧道及地下工程实践中安全管理的重点和难点。本书理论紧密联系生产实际，既可为高校相关专业的师生提供参考，又可帮助工程一线施工人员更好地进行地下工程施工，促进地下工程施工安全技术的发展。

本书为新形态一体化教材，依托隧道及地下工程施工技术专业国家资源库，以颗粒化资源助力混合式教学，二维码嵌入动画、视频、标准规范和法律法规文本，立体化呈现地下工程施工安全管理的内容，通过大量的安全事故案例分析提升学生实操能力，力求学以致用、解决实际问题。为了方便教学，本书还配有微课、安全规范和安全习题等教学资源，任课教师和学生可以登录智慧职教 MOOC 进行学习。

本书由陕西铁路工程职业技术学院讲师李昭晖、中铁一局城轨公司高级工程师高峰担任主编，陕西铁路工程职业技术学院副教授宋秀清、陕西铁路工程职业技术学院副教授高攀科担任副主编；编写成员还包括中铁北京局一公司徐磊磊、程光威；中铁东方国际集团公司郝小苏担任主审。本书共分十个项目，编写分工：李昭晖编写项目一、二、四、五和项目七任务四；宋秀清编写项目三；高攀科编写项目六；高峰编写项目七任务一、二、三、五和项目九；徐磊磊编写项目八；

程光威编写项目十。

由于时间仓促，加之编者学识和经验所限，书中可能存在疏漏或不妥之处，衷心希望读者提出宝贵意见。

作　者

2021 年 10 月

目录

CONTENTS

项目一　安全生产管理基础知识 …… 1

任务一　安全生产管理基本概念 …… 3
任务二　事故致因理论 …… 9
任务三　安全生产管理理念 …… 18
任务四　安全生产管理体系 …… 23
任务五　安全技术交底 …… 27
任务六　安全生产检查 …… 32

项目二　安全生产法律法规 …… 40

任务一　安全生产法律法规体系 …… 41
任务二　安全生产主要法律法规 …… 44

项目三　高处作业安全管理 …… 55

任务一　安全防护用品及使用 …… 56
任务二　高处作业安全 …… 62

项目四　起重吊装作业安全管理 …… 68

任务一　起重吊装安全基础知识 …… 69
任务二　起重吊装作业安全 …… 77

项目五　施工现场临时用电安全管理 …… 83

任务一　临时用电安全基础知识 …… 84
任务二　外电线路防护及配电线路敷设安全 …… 86
任务三　电动工具及施工现场照明安全 …… 92

项目六　施工现场消防安全管理 ······ 97

任务一　消防安全基础知识 ······ 98
任务二　消防器材使用 ······ 103
任务三　施工现场消防安全 ······ 106

项目七　地铁车站施工安全管理 ······ 112

任务一　地铁施工临近管线安全保护 ······ 113
任务二　地铁车站围护结构施工安全 ······ 120
任务三　地铁车站深基坑施工安全 ······ 125
任务四　地铁车站深基坑坍塌事故案例分析 ······ 132
任务五　地铁车站主体结构施工安全 ······ 139

项目八　隧道施工安全管理 ······ 147

任务一　隧道施工安全基本规定 ······ 149
任务二　洞口工程施工安全 ······ 152
任务三　超前地质预报作业安全 ······ 156
任务四　洞身开挖作业安全 ······ 158
任务五　装渣与运输作业安全 ······ 166
任务六　支护与加固作业安全 ······ 170
任务七　衬砌作业安全 ······ 175

项目九　盾构施工安全管理 ······ 179

任务一　盾构始发、接收作业安全 ······ 180
任务二　盾构掘进作业安全 ······ 185
任务三　盾构机后配套设备作业安全 ······ 190
任务四　地面作业安全 ······ 195

项目十　施工现场事故急救 ······ 199

任务一　现场救护程序及原则 ······ 200
任务二　心肺复苏 ······ 203
任务三　外伤现场急救技术 ······ 206
任务四　触电及火灾救护 ······ 216

参考文献 ······ 221

项目一 安全生产管理基础知识

安全工作是一个系统工程，安全管理是一个比较重要同时又容易被忽视的工作。因此，我们必须掌握安全生产管理理论基础知识，充分认识安全管理工作的重要性，把"安全第一、预防为主、综合治理"这一安全的基本原则深入贯彻落实到施工现场，不断提高安全管理水平，真正把安全管理工作做好、做实。

能力目标

1. 提高施工作业人员的安全管理意识。
2. 拓宽施工作业人员安全管理的知识面。

知识目标

1. 熟悉生产安全、事故的基本概念，掌握我国安全生产基本原则。
2. 熟悉典型事故致因理论，掌握事故原因分类方法。
3. 熟悉安全生产管理原理，掌握事故的预防与控制措施。
4. 熟悉安全生产管理体系的内容。
5. 掌握安全技术交底、安全检查的内容和方法。

知识结构图

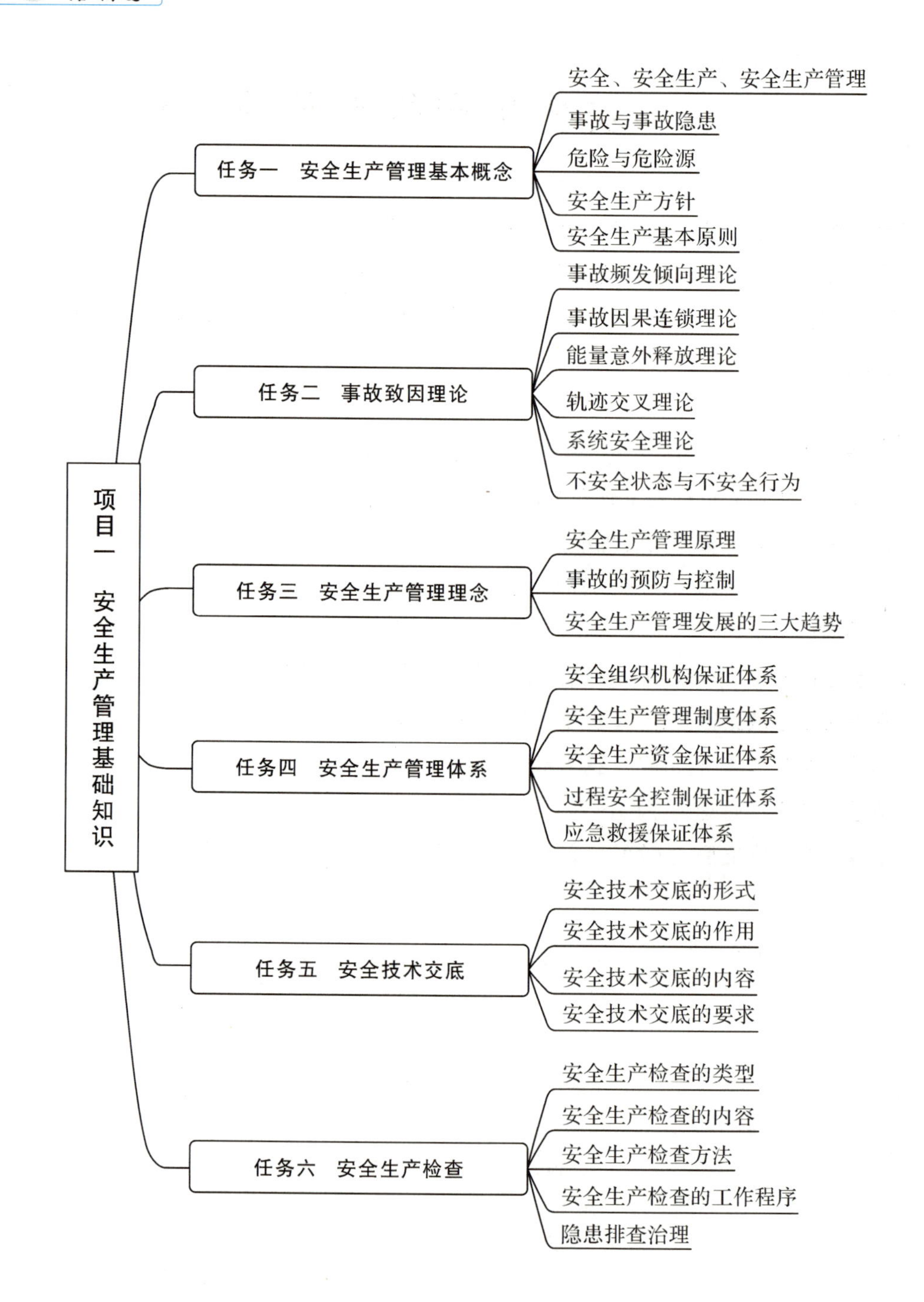
项目一 安全生产管理基础知识
任务一 安全生产管理基本概念
安全、安全生产、安全生产管理
事故与事故隐患
危险与危险源
安全生产方针
安全生产基本原则
任务二 事故致因理论
事故频发倾向理论
事故因果连锁理论
能量意外释放理论
轨迹交叉理论
系统安全理论
不安全状态与不安全行为
任务三 安全生产管理理念
安全生产管理原理
事故的预防与控制
安全生产管理发展的三大趋势
任务四 安全生产管理体系
安全组织机构保证体系
安全生产管理制度体系
安全生产资金保证体系
过程安全控制保证体系
应急救援保证体系
任务五 安全技术交底
安全技术交底的形式
安全技术交底的作用
安全技术交底的内容
安全技术交底的要求
任务六 安全生产检查
安全生产检查的类型
安全生产检查的内容
安全生产检查方法
安全生产检查的工作程序
隐患排查治理

任务一 安全生产管理基本概念

拌浆机伤害事故

某日下午2时左右，在上海某公司承建的某轨道交通车站工程，拌浆机的送浆管堵塞，操作工人张某在用水冲洗拌浆机送浆管时，脚下一滑掉入正在旋转的拌浆机桶内，人被卡在搅拌轴下。事故发生后，现场立即组织救援，张某被救起送到医院之后，因伤势过重，抢救无效而死亡。

分析与决策

1. 结合事故发生的过程，你认为事故发生的原因有哪些？

2. 分析本次事故现场的危险源、事故隐患有哪些？与事故之间有什么逻辑关系？

3. 本次事故违反了安全生产的哪些原则？

一、安全、安全生产、安全生产管理

1. 安全

从广义上来讲，安全的含义非常广泛，有政治安全、经济安全、文化安全、网络安全、环境安全、军事安全等，可以说，凡是人类活动所及的领域，都会存在安全问题。这里所讲的安全，是一种狭义上的安全，主要是指生产安全，它是指生产系统中的人员、财产、设备设施免遭不可承受危险的伤害。

2. 安全生产

按照现代系统安全工程的观点，安全生产是指社会生产活动中，通过人、机、物、环境的和谐运作，使生产过程中潜在的各种事故风险和伤害因素始终处于有效控制状态，切实保障劳动者的生命安全和身体健康。

3. 安全生产管理

安全生产管理是针对人们在生产过程中的安全问题，进行有关决策、计划、组织和控制等活动，实现生产过程中人与机器设备、物料、环境的和谐，达到安全生产的目标。

安全生产管理的目标是减少和控制危害，减少和控制事故，尽量避免生产过程中由于事故所造成的人身伤害、财产损失、环境污染以及其他损失。

安全生产管理的基本对象是企业的员工，涉及企业中的所有人员、设备设施、物料、环境、财务、信息等方面。

安全生产管理的内容涉及安全生产管理机构和管理人员、安全生产责任制、安全管理规章制度、安全生产策划、安全生产培训教育、安全生产档案等。

二、事故与事故隐患

1. 事故

《现代汉语词典》对"事故"的解释是：意外损失或灾祸（多指在生产、工作上发生的）。

《职业事故和职业病记录与通报实用规程》中，将"职业事故"定义为由工作引起或者在工作过程中发生的事件，并导致致命或非致命的职业伤害。

我国事故的分类方法较多。《企业职工伤亡事故分类标准》(GB 6441—1986)中，综合考虑起因物、引起事故的诱导性原因、致害物、伤害方式等，将企业工伤事故分为20类，分别为：物体打击、车辆伤害、机械伤害、起重伤害、触电、淹溺、灼烫、火灾、高处坠落、坍塌、冒顶片帮、透水、放炮、瓦斯爆炸、火药爆炸、锅炉爆炸、容器爆炸、其他爆炸、中毒和窒息及其他伤害等。

资料：企业职工伤亡事故分类标准（GB 6441—1986）

《生产安全事故报告和调查处理条例》(国务院令第493号)中，将"生产安全事故"定义为生产经营活动中发生的造成人身伤亡或直接经济损失的事件。

按照生产安全事故造成的人员伤亡或者直接经济损失，将事故分为四个等级。

(1)特别重大事故，是指造成30人以上死亡，或者100人以上重伤(包括急性工业中毒，下同)，或者1亿元以上直接经济损失的事故。

(2)重大事故，是指造成10人以上30人以下死亡，或者50人以上100人以下重伤，或者5000万元以上1亿元以下直接经济损失的事故。

(3)较大事故，是指造成3人以上10人以下死亡，或者10人以上50人以下重伤，或者1000万元以上5000万元以下直接经济损失的事故。

(4)一般事故，是指造成3人以下死亡，或者10人以下重伤，或者1000万元以下直接经济损失的事故。

依照造成事故的责任不同，事故可分为责任事故和非责任事故两大类。责任事故是指由于工作人员的违章或渎职行为而造成的事故。非责任事故是指遭遇不可抗拒的自然因素或目前科学无法预测的原因造成的事故。

按事故造成的后果不同，事故可分为伤亡事故和非伤亡事故。伤亡事故是指造成人身伤害的事故。非伤亡事故是指只造成生产中断、设备损坏或财产损失的事故。

2. 事故隐患

资料：安全生产事故隐患排查治理暂行规定

《安全生产事故隐患排查治理暂行规定》(国家安全生产监督管理总局令第16号)中，将“安全生产事故隐患”定义为生产经营单位违反安全生产法律、法规、规章、标准、规程和安全生产管理制度的规定，或者因其他因素在生产经营活动中存在可能导致事故发生的物的危险状态、人的不安全行为和管理上的缺陷。其划分如表1-1所示。

表1-1 不同等级隐患内容

隐患等级	隐患内容
一般事故隐患	危害和整改难度较小，发现后能够立即整改消除的隐患
重大事故隐患	危害和整改难度较大，需要全部或者局部停产、停业，并经过一定时间整改治理方能消除的隐患，或者因外部因素影响致使生产经营单位自身难以消除的隐患

三、危险与危险源

1. 危险

根据系统安全工程的观点，危险是指系统中存在导致发生不期望后果的可能性超过了人们的承受程度。从危险的概念可以看出，危险是人们对事物的具体认识，必须指明具体对象，如危险环境、危险条件、危险状态、危险物质、危险场所、危险人员、危险因素等。

一般用风险度来表示危险的程度。在安全生产管理中，风险用生产系统中事故发生的可能性与严重性表示：

$$R=f(F,C)$$

式中 R——风险；

F——发生事故的可能性；

C——发生事故的严重性。

2. 危险源

危险源是指可能造成人员伤害和疾病、财产损失、作业环境破坏或其他损失的根源或状态。

根据危险源在事故发生、发展中的作用，可以把危险源划分为第一类危险源和第二类危险源，其划分如表1-2所示。

在企业安全管理工作中，第一类危险源客观上已经存在并且在设计、建设时已经采取了必要的控制措施，因此，企业安全工作重点是第二类危险源的控制问题。

表 1-2　危险源的类别

类别	定义	意义
第一类危险源	生产过程中存在的，可能发生意外释放的能量，包括生产过程中各种能量源、能量载体或危险物质	决定了事故后果的严重程度，其具有的能量越多，发生事故的后果越严重
第二类危险源	导致能量或危险物质约束或限制措施破坏或失效的各种因素。广义上包括物的故障、人的失误、环境不良以及管理缺陷等因素	决定了事故发生的可能性，其出现越频繁，发生事故的可能性越大

危险源失控会演变成事故隐患，事故隐患得不到治理就会发生量变到质变的过程，发展到一定程度，就会发生事故(财产损失或人员伤亡)。例如：在地铁施工中，龙门吊是危险源，因为它带有能量(电能)，同时它能使物体带有势能和动能。完好的龙门吊是危险源，但没有构成隐患。但当龙门吊上的钢丝绳出现断丝现象时，就出现了隐患，但断丝数较少时(尤其载荷小时)，虽然存在隐患，但不会发生事故。当断丝数目增加到一定的量，尤其是载荷过大时，就会发生断绳事故。这就是危险源、事故隐患与事故之间的逻辑关系。

四、安全生产方针

根据《中华人民共和国安全生产法》(以下简称《安全生产法》)，安全生产工作应当以人为本，坚持安全发展，坚持"安全第一、预防为主、综合治理"的方针，强化和落实生产经营单位的主体责任，建立生产经营单位负责、职工参与、政府监管、行业自律和社会监督的机制。

五、安全生产基本原则

安全生产管理过程中，从参与生产管理的人的因素、生产管理阶段的不同、生产环节的不同、人与周围环境的关系等方面总结了一些原则，作为对确保生产活动安全可控的保障。

1. 管生产必须管安全原则

要求企业的主要负责人在抓经营管理的同时必须抓安全生产，把安全生产渗透到生产管理的各个环节，消除事故隐患，改善劳动条件，切实做到生产必须安全。

2. 安全一票否决权原则

安全工作是衡量企业经营管理工作好坏的一项基本内容。安全一票否决权原则要求在对企业各项指标考核、评选先进时，必须要首先考虑安全指标的完成情况，安全生产指标具有一票否决的作用。

3. “三同时”原则

生产性基本建设项目中的劳动安全卫生设施必须符合国家规定的标准，必须与主体工程同时设计、同时施工、同时投入生产和使用，保障劳动者在生产过程中的安全与健康。

4. “五同时”原则

企业在计划、布置、检查、总结、评比生产工作的同时，要对安全管理同步进行计划、布置、检查、总结、评比工作。

5. “四不伤害”原则

四不伤害指的是：不伤害自己、不伤害他人、不被他人伤害、保护他人不受伤害。

6. “四不放过”原则

生产安全事故的调查处理必须坚持“事故原因没有查清不放过、事故责任者没有严肃处理不放过、广大群众没有受到教育不放过、防范措施没有落实不放过”的“四不放过”原则。

一、判断题

1. 安全生产管理的目标是在施工现场完全不发生事故。（　　）

2. 施工项目在赶工期间只抓进度、保质量就行了，安全管理工作不重要。（　　）

二、单选题

1. “三同时”是指生产性基本建设项目中的劳动安全卫生设施必须与主体工程（　　）。

A. 同时立项、同时审查、同时验收

B. 同时设计、同时施工、同时投入生产和使用

C. 同时立项、同时设计、同时验收

D. 同时设计、同时施工、同时验收

2. 我国安全生产工作的基本方针是（　　）。

A. 安全第一，预防为主、综合治理　　B. 防消结合，预防为主

C. 及时发现，及时治理　　D. 以人为本，持续改进

3. 危险是指系统中存在导致发生不期望后果的可能性超过了（　　）。

A. 可预防的范围　　B. 人们的承受程度

C. 制定的规章制度　　D. 安全性

4.《生产安全事故报告和周查处理条例》规定，根据生产安全事故造成的人员伤亡或者直接经济损失，将生产安全事故分为（　　）四个等级。

A. 特大事故、重大事故、一般事故和轻微事故

B. 特大事故、重大事故、较大事故和一般事故

C. 大事故、重大事故、较大事故和死亡事故

D. 重大事故、大事故、一般事故和小事故

5.“可能造成人员伤害和疾病、财产损失、作业环境破坏或其他损失的根源或状态”是名词(　　)的解释。

A. 风险　　B. 危险源

C. 事故隐患　　D. 安全生产管理

6. 安全生产管理的基本对象是(　　)。

A. 企业的员工　　B. 现场的设备设施、物料

C. 作业环境、财务、信息　　D. 以上都是

三、多选题

1. 生产安全事故的调查处理必须坚持(　　)。

A. 事故原因没有查清不放过

B. 事故责任者未受处理不放过

C. 事故责任者和广大群众未受到教育不放过

D. 防范措施不落实不放过

2. 事故隐患泛指生产系统中可导致事故发生的(　　)。

A. 人的不安全行为　　B. 物的不安全状态

C. 管理上的缺陷　　D. 自然灾害和环境变化

任务二　事故致因理论

管片堆场事故

某地铁施工现场，涂料工朱某在管片堆场两管片堆放点的缝隙中进行施工作业，行车吊运司机在没有起重挂钩工指挥的情况下，吊运管片。在吊运过程中，行车吊运司机未发现朱某在管片的侧方。由于管片是斜向起吊，在起吊中管片发生晃动，朱某头部被起吊管片挤压。朱某脑部严重受伤，送医院抢救无效而死亡。

分析与决策

1. 可以用哪种理论解释事故发生的原因？
2. 这次事故发生的直接原因和间接原因有哪些？
3. 依据事故致因理论，可以采取哪些措施减少或杜绝此类事故的发生？

事故致因理论也叫事故成因理论、事故模式理论，探索事故发生、发展规律，研究事故始末过程，揭示事故的本质。研究事故致因理论是为了指导事故预防和防止同类事故重演，为安全分析打基础。典型的事故致因理论包括事故频发倾向理论、事故因果连锁理论、轨迹交叉理论、能量意外释放理论和系统安全理论等。

一、事故频发倾向理论

事故频发倾向是指个别容易发生事故的稳定的个人的内在倾向。事故频发倾向者往往有以下性格特征：①感情冲动，容易兴奋；②脾气暴躁；③厌倦工作，没有耐心；④慌慌张张，不沉着；⑤动作生硬而工作效率低；⑥喜怒无常，感情多变；⑦理解能力低，判断和思考能力差；⑧极度喜悦和悲伤；⑨缺乏自制力；⑩处理问题轻率、冒失；⑪运动神经迟钝，动作不灵活。

这种理论认为，事故频发倾向者的存在是工业事故发生的主要原因，即少数具有事故频发倾向的工人是事故频发倾向者，他们的存在是工业事故发生的原因。如果企业中减少了事故频发倾向者，就可以减少工业事故。这种理论的缺陷是过分夸大了人的性格特点在事故中的作用，认为工人性格特征是事故频繁发生的唯一因素。在运用该理论时，人员选择就成了预防事故的重要措施，用某种方法将有事故频发倾向的工人与其他人区别开来，并依此作为解雇工人的依据。这是一种早期理论，显然不符合现代事故致因理论的理念。

二、事故因果连锁理论

美国著名安全工程师海因里希(Herbert William Heinrich)把工业伤害事故的发生、发展过程描述为具有一定因果关系的事件的连锁：

①人员伤亡的发生是事故的结果。

②事故的发生原因是人的不安全行为或物的不安全状态。

③人的不安全行为或物的不安全状态是由于人的缺点造成的。

④人的缺点是由于不良环境诱发或者是由先天的遗传因素造成的。

海因里希将事故因果连锁过程概括为以下 5 个因素：遗传及社会环境、人的缺点、人的不安全行为或物的不安全状态、事故、伤亡。

海因里希用多米诺骨牌形象地描述这种事故的因果连锁关系，如图 1－1 所示。在多米诺骨牌系列中，一枚骨牌被碰倒，则会发生连锁反应，其余几枚骨牌则会相继被碰倒。如果移去中间的一枚骨牌则连锁被破坏，事故过程被中止。他认为，企业安全生产工作的中心就是防止人的不安全行为、消除机械或物质的不安全状态、中断事故连锁的进程，从而避免事故的发生。

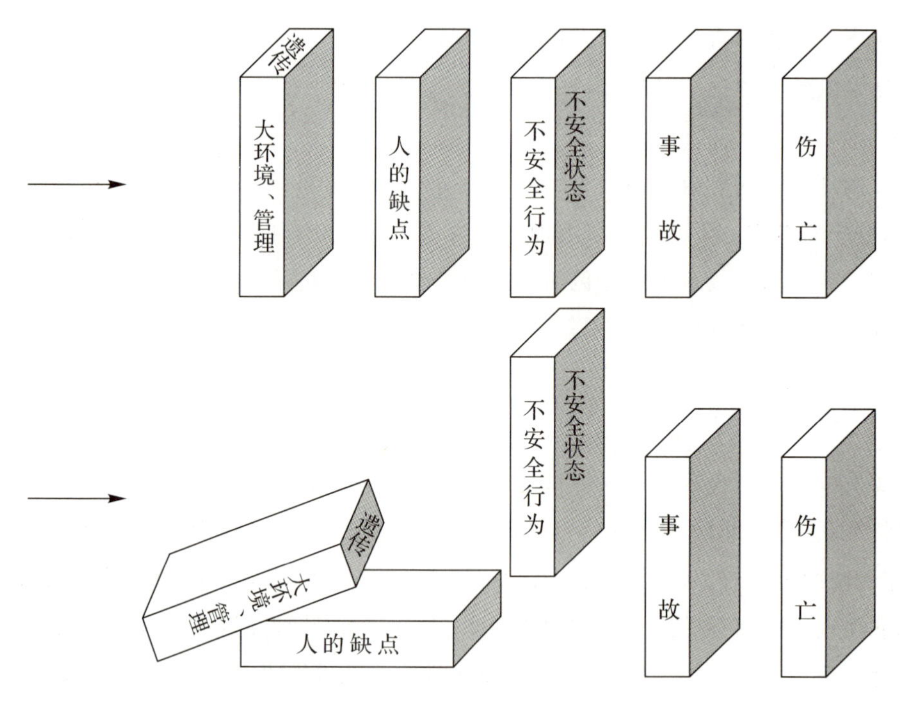

图 1－1　海因里希事故因果连锁理论

三、能量意外释放理论

这种理论认为，事故是一种不正常的或不希望的能量释放，各种形式的能量是构成伤害的直接原因。

根据能量意外释放理论，如图1-2所示，伤害事故原因：

(1)接触了超过机体组织(或结构)抵抗力的某种形式的过量的能量。

(2)有机体与周围环境的正常能量交换受到了干扰(如窒息、淹溺等)。

能量转移造成事故的表现为机械能(势能、动能)、电能、热能、化学能、电离及非电离辐射、声能和生物能等形式的能量，都可能导致人员伤害。其中前4种形式的能量引起的伤害最为常见。意外释放的机械能是造成工业伤害事故的主要能量形式。

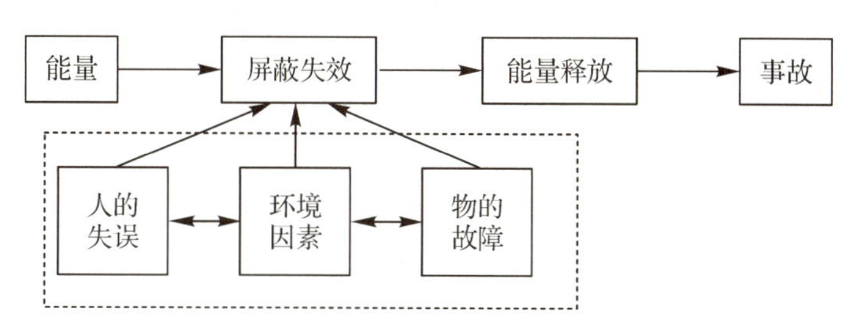

图1-2　能量意外释放理论示意图

从能量意外释放理论出发，预防工业伤害事故就是防止能量或危险物质的意外释放，防止人体与过量的能量或危险物质接触。防止人体与能量接触的措施称为屏蔽，在工业生产中经常采用的防止能量意外释放的屏蔽措施主要有下列11种：

(1)用安全的能源代替不安全的能源；

(2)限制能量；

(3)防止能量蓄积；

(4)控制能量释放；

(5)延缓释放能量；

(6)开辟释放能量的渠道；

(7)设置屏蔽设施；

(8)在人、物与能量之间设置屏障，在时间或空间上把能量与人隔离屏蔽等；

(9)提高防护标准；

(10)改变工艺流程；

(11)修复或急救。

四、轨迹交叉理论

该理论的主要观点：在事故发展进程中，人的因素运动轨迹与物的因素运动轨迹的交点就是事故发生的时间和空间，即人的不安全行为和物的不安全状态发生于同一时间、同一空间，或者说人的不安全行为与物的不安全状态相通，则将在此时间、空间发生事故，如图1-3所示。

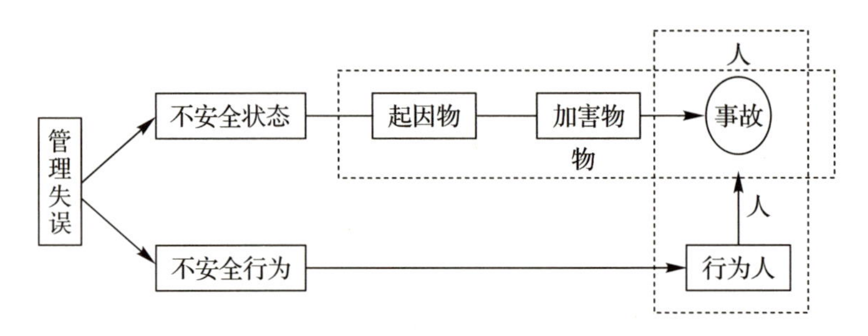

图 1-3　人与物两因素形成事故的系统

轨迹交叉理论将事故的发生发展过程描述为：基本原因→间接原因→直接原因→事故→伤害。从事故发展运动的角度，这样的过程被形容为事故致因因素导致事故的运动轨迹，具体包括人的因素运动轨迹和物的因素运动轨迹。人、物因素运动轨迹对比如表 1-3 所示。

表 1-3　人、物的因素运动轨迹对比

人的因素运动轨迹	物的因素运动轨迹
人的不安全行为基于生理、心理、环境、行为等方面而产生	在生产过程各阶段都可能产生不安全状态
①生理、先天身心缺陷； ②社会环境、企业管理上的缺陷； ③后天的心理缺陷； ④视、听、嗅、味、触等感官能量分配上的差异； ⑤行为失误	①设计上的缺陷，如用材不当、强度计算错误、结构完整性差、采矿方法不适应矿床围岩性质等； ②制造、工艺流程上的缺陷； ③维修保养上的缺陷，降低了可靠性； ④使用上的缺陷； ⑤作业场所环境上的缺陷

轨迹交叉理论突出强调的是砍断物的事件链，提倡采用可靠性高、结构完整性强的系统和设备，大力推广保险系统、防护系统和信号系统及高度自动化和遥控装置。这样，即使人为失误，也会因可靠性高的安全系统的作用，控制住物的缺陷，就可避免伤亡事故的发生。

实践证明，消除生产作业中物的不安全状态，可以大幅度地减少伤亡事故的发生。

五、系统安全理论

所谓系统安全理论，是指在系统寿命周期内应用系统安全管理及系统工程原理识别危险源并使其减至最小，从而使系统在规定的性能、时间和成本范围内达到最佳的安全程度。

系统安全理论包括以下区别于传统安全理论的创新概念：

(1)在事故致因理论方面，改变了人们只注重操作人员的不安全行为而忽略硬件的故障在事故致因中作用的传统观念，开始考虑如何通过改善物的系统的可靠性来提高复杂系统的安全性，从而避免事故。

(2)没有任何一种事物是绝对安全的,任何事物中都潜伏着危险因素。通常所说的安全或危险只不过是一种主观的判断。

(3)不可能根除一切危险源和危险,可以减少来自现有危险源的危险性,应减少总的危险性而不是只消除几种选定的危险。

(4)由于人的认识能力有限,有时不能完全认识危险源和危险,即使认识了现有的危险源,随着生产技术的发展,新技术、新工艺、新材料和新能源的出现又会产生新的危险源。由于受技术、资金、劳动力等因素的限制,对于认识了的危险源也不可能完全根除。由于不能完全根除危险源,只能把危险降低到可接受的程度,即可接受的危险。安全工作的目标就是控制危险源,努力把事故发生概率降到最低,万一发生事故,把伤害和损失控制在较轻的程度上。

六、不安全状态与不安全行为

不安全状态是导致事故发生的物质条件,不安全行为是造成事故的人为错误。

1. 不安全状态

1)机械、物质或环境的不安全状态

在《企业职工伤亡事故分类》(GB/T 6441—1986)中规定,不安全状态包括:

(1)防护、保险、信号等装置缺乏或有缺陷。

①无防护。包括:无防护罩;无安全保险装置;无报警装置;无安全标志;无护栏或护栏损坏;(电气)未接地;绝缘不良;局部通风机无消音系统、噪声大;危房内作业;未安装防止“跑车”的挡车器或挡车栏;其他。

②防护不当。包括:防护罩未在适当位置;防护装置调整不当;坑道掘进,隧道开凿支撑不当;防爆装置不当;采伐、集材作业安全距离不够;放炮作业隐蔽所有缺陷;电气装置带电部分裸露;其他。

(2)设备、设施、工具、附件等有缺陷。

①设计不当,结构不合安全要求。包括:通道门遮挡视线;制动装置有缺欠;安全间距不够;拦车网有缺欠;工件有锋利毛刺、毛边;设施上有锋利倒梭;其他。

②强度不够。包括:机械强度不够;绝缘强度不够;起吊重物的绳索不合安全要求;其他。

③设备在非正常状态下运行。包括:设备带“病”运转;超负荷运转;其他。

④维修、调整不良。包括:设备失修;地面不平;保养不当、设备失灵;其他。

(3)个人防护用品、用具有缺陷。

①防护服、手套、护目镜及面罩、呼吸器官护具、听力护具、安全带、安全帽、安全鞋等缺少或有缺陷。

②无个人防护用品、用具。

③所用的防护用品、用具不符合安全要求。

(4)生产(施工)场地环境不良。

①照明光线不良。包括:照度不足;作业场地烟雾尘弥漫视物不清;光线过强。

②通风不良。包括:无通风;通风系统效率低;风流短路;停电、停风时爆破作业;瓦斯排放未达到安全浓度爆破作业;瓦斯超限;其他。

③作业场所狭窄。

④作业场地杂乱。包括:工具、制品、材料堆放不安全;采伐时,未开“安全道”;迎门树、坐殿树、搭挂树未做处理;其他。

⑤交通线路的设置不安全。

⑥操作工序设计或配置不安全。

⑦地面滑。包括:地面有油或其他液体;冰雪覆盖;地面有其他易滑物。

⑧贮存方法不安全。

⑨环境温度、湿度不当。

2.不安全行为

在国家标准《企业职工伤亡事故分类》(GB/T 6441—1986)中规定的不安全行为如下:

(1)操作错误,忽视安全,忽视警告。

①未经许可开动、关停、移动机器;

②开动、关停机器时未给信号;

③开关未锁紧,造成意外转动、通电或泄漏等;

④忘记关闭设备;

⑤忽视警告标志、警告信号;

⑥操作错误(指按钮、阀门、扳手、把柄等的操作);

⑦奔跑作业;

⑧供料或送料速度过快;

⑨机械超速运转;

⑩违章驾驶机动车;

⑪酒后作业;

⑫客货混载;

⑬冲压机作业时,手伸进冲压模;

⑭工件紧固不牢;

⑮用压缩空气吹铁屑;

⑯其他。

(2)造成安全装置失效。

①拆除了安全装置;

②安全装置堵塞，失掉了作用；

③调整的错误造成安全装置失效；

④其他。

(3)使用不安全设备。

①临时使用不牢固的设施；

②使用无安全装置的设备；

③其他。

(4)手代替工具操作。

①用手代替手动工具；

②用手清除切屑；

③不用夹具固定、用手拿工件进行机加工。

(5)物体(指成品、半成品、材料、工具、切屑和生产用品等)存放不当。

(6)冒险进入危险场所。

①冒险进入涵洞；

②接近漏料处(无安全设施)；

③采伐、集材、运材、装车时，未远离危险区；

④未经安全监察人员允许进入油罐或井中；

⑤未"敲帮问顶"便开始作业；

⑥冒进信号；

⑦调车场超速上下车；

⑧易燃易爆场所明火；

⑨私自搭乘矿车；

⑩在绞车道行走；

⑪未及时瞭望。

(7)攀、坐不安全位置(如平台护栏、汽车挡板、吊车吊钩)。

(8)在起吊物下作业、停留。

(9)机器运转时加油、修理、检查、调整、焊接、清扫等工作。

(10)有分散注意力的行为。

(11)在必须使用个人防护用品用具的作业或场合中，忽视其使用。

①未戴护目镜或面罩；

②未戴防护手套；

③未穿安全鞋；

④未戴安全帽；

⑤未佩戴呼吸护具；

⑥未佩戴安全带；

⑦未戴工作帽；

⑧其他。

(12)不安全装束。

①在有旋转零部件的设备旁作业穿过肥大的服装；

②操纵带有旋转零部件的设备时戴手套；

③其他。

(13)对易燃、易爆等危险物品处理错误。

一、单选题

1. 以下不属于不安全状态的是(　　)。

A. 防护、保险、信号等装置缺乏或有缺陷

B. 生产(施工)场地环境不良

C. 个人防护用品、用具缺少或有缺陷

D. 没有或不认真实施事故防范措施，对事故隐患整改不力

2. 以下不属于操作错误，忽视安全，忽视警告的不安全行为的是(　　)。

A. 忘记关闭设备

B. 忽视警告标志、警告信号

C. 操作错误(指按钮、阀门、搬手、把柄等的操作)

D. 冒险进入危险场所

3. 以下不属于不安全行为的是(　　)。

A. 停电停风时放炮作业　　B. 造成安全装置失效

C. 使用不安全设备　　D. 手代替工具操作

4. 由一连串因素导致，以因果关系依次发生，产生多米诺骨牌效应的伤害事故。这种理论属于(　　)。

A. 事故频发倾向理论　　B. 轨迹交叉理论

C. 因果连锁理论　　D. 能量意外释放理论

5. 在盾构施工时，作业人员进出隧道必须走人行道，不能在电瓶车轨道上行走和滞留，应用的是哪种理论？

A. 事故频发倾向理论　　B. 轨迹交叉理论

C. 因果连锁理论　　D. 能量意外释放理论

6. 为操作者人身安全，在设备高速旋转部位必须加防护罩。这一措施应用的是哪种理论？（　　）

A. 事故频发倾向理论　　B. 轨迹交叉理论

C. 因果连锁理论　　D. 能量意外释放理论

7. 由于不能完全根除危险源，只能把危险降低到可接受的程度，即可接受的危险。这种理论属于（　　）。

A. 事故频发倾向理论　　B. 轨迹交叉理论

C. 系统安全理论　　D. 能量意外释放理论

8. 在工业生产中，经常利用各种屏蔽来预防事故的发生，其应用的安全理论是（　　）。

A. 事故频发倾向理论　　B. 轨迹交叉理论

C. 系统安全理论　　D. 能量意外释放理论

二、多选题

1. 事故的直接原因，即直接导致事故发生的原因，又称一次原因。大多数学者认为，事故的直接原因是（　　）。

A. 人的不安全行为　　B. 物的不安全状态

C. 管理的缺陷　　D. 教育的原因

2. 以下属于生产（施工）场地环境不良的是（　　）。

A. 照明光线不良　　B. 作业场所狭窄

C. 设备超负荷运转　　D. 作业场所杂乱

任务三　安全生产管理理念

盾构透水事故

2011年5月6日凌晨5时许，施工单位盾构施工队操作员余某操作小松盾构机在某区间进行掘进作业，在掘进的过程中发现盾构机螺旋机卡住异物，便用气焊切割打开螺旋机检查口进行检查，切割后高压水柱喷涌而出，水头高度在20 m左右。事故发生后，盾构机内的工作人员立即逃生，待抢险人员赶至事故现场时，盾构机主机处已经全部淹没，抢险人员迅速进行抽水，并注入聚氨酯，但是效果甚微，最终导致该区间双线隧道损毁。事故未造成人员伤亡。

分析与决策

1. 该事故违背了安全生产管理的哪些原理？
2. 应当采取哪些对策预防与控制同类事故的发生？

一、安全生产管理原理

安全生产管理原理是从生产管理的共性出发，对生产管理中安全工作的实质内容进行科学分析、综合、抽象与概括所得出的安全生产管理规律。

1. 系统原理

系统原理是现代管理学的一个最基本原理，是指人们在从事管理工作时，运用系统论的观点、理论和方法来认识和处理管理中出现的问题。安全生产管理系统是生产管理的一个子系统，它包括各级安全管理人员、安全防护设备与设施、安全管理规章制度、安全生产操作规范和规程以及安全生产管理信息等。

2. 人本原理

在管理中必须把人的因素放在首位，体现“以人为本”的指导思想，这就是人本原理。以人为本有两层含义：一是一切管理活动都是以人为本展开的，人既是管理的主体又是管理的客体，每个人都处在一定的管理层面上，离开人就无所谓管理；二是管理活动中，作为管理对象的要素和管理系统各环节，都需要人掌管、运作、推动和实施。

3. 预防原理

安全生产管理工作应该做到预防为主，通过有效的管理和技术手段，减少和防止人的不安全行为和物的不安全状态，从而使事故发生的概率降到最低，这就是预防原理。在可能发生人身伤害、设备或设施损坏以及环境破坏的场合，事先采取措施，防止事故发生。

4.强制原理

采取强制管理的手段控制人的意愿和行为，使个人的活动、行为等受到安全生产管理要求的约束，从而实现有效的安全生产管理，这就是强制原理。所谓强制就是绝对服从，不必征得被管理者同意便可采取控制行动。

二、事故的预防与控制

安全管理的作用，就是通过采取技术和管理手段使事故不发生或事故发生后不造成严重后果或使后果尽可能减小。对于事故的预防与控制，应从安全技术(engineering)、安全教育(education)、安全管理(enforcement)三个方面入手，采取相应措施，人们称之为“3E”对策。安全技术对策着重解决物的不安全状态的问题；安全教育对策和安全管理对策则主要着眼于人的不安全行为问题。安全教育对策主要是使相关人员知道存在的危险源、事故发生的可能性及严重程度、对于可能的危险应该怎么做。安全管理措施则是从制度及规章上规范管理者及作业者的行为，体现了安全管理的强制性。

1.安全技术对策

安全技术对策主要是运用工程技术手段消除物的不安全因素，来实现生产工艺和机械设备等生产条件的本质安全。按照导致事故的原因把安全技术对策分为防止事故发生的安全技术和减少事故损失的安全技术等，常用来防止事故发生的安全技术有消除系统中的危险源、限制能量或危险物质、隔离等。

按事故预防对策等级顺序的要求，技术对策在设计时应遵循以下具体原则。

(1)消除：通过合理的设计和科学的管理，尽可能从根本上消除危险、危害因素，如采用无害工艺技术、生产中以无害物质代替危害物质、实现自动化作业、遥控技术等。

(2)预防：当消除危险、危害因素有困难时，可采取预防性技术措施，预防危险、危害发生，如使用安全阀、安全屏护、漏电保护装置、安全电压、熔断器、防爆膜、事故排风装置等。

(3)减弱：在无法消除危险、危害因素和难以预防的情况下，可采取减少危险、危害的措施，如局部通风排毒装置、生产中以低毒性物质代替高毒性物质、降温措施、避雷装置、消除静电装置、减振装置、消声装置等。

(4)隔离：在无法消除、预防、减弱危险、危害的情况下，应将人员与危险、危害因素隔开，以及将不能共存的物质分开，如遥控作业、安全罩、防护屏、隔离操作室、安全距离、事故发生时的自救装置(如防毒服、各类防护面具)等。

(5)连锁：当操作者失误或设备运行一旦达到危险状态时，应通过连锁装置终止危险、危害发生。

(6)警告:在易发生故障和危险性较大的地方,配置醒目的安全色、安全标志,必要时设置声、光或声光组合报警装置。

2.安全教育对策

安全教育可概括为3个方面,即安全思想教育、安全知识教育和安全技能教育。

安全思想教育包括安全意识教育、安全生产方针政策教育和法纪教育。安全意识是人们在长期生产、生活等各项活动中逐渐形成的。安全生产方针政策教育是指对企业的各级领导和广大职工进行党和政府有关安全生产的方针、政策的宣传教育。法纪教育的内容包括安全法规、安全规章制度、劳动纪律等。安全生产法律、法规是方针、政策的具体化和法律化。

安全知识教育包括安全管理知识和安全技术知识。安全管理知识包括对安全管理组织结构、管理体制、基本安全管理方法及安全心理学、安全人机工程学、系统安全工程等方面的知识。安全技术知识包括一般生产技术知识、一般安全技术知识和专业安全技术知识教育。

安全技能教育主要是安全技能培训,包括正常作业的安全技能培训、异常情况的处理技能培训。

3.安全管理对策

管理就是创造一种环境和条件,使置身于其中的人们能进行协调的工作,从而完成预定的使命和目标。安全管理是通过制定和监督实施有关安全法令、规程、规范、标准和规章制度等,规范人们在生产活动中的行为准则,使劳动保护工作有法可依、有章可循,用法制手段保护职工在劳动中的安全和健康。安全管理对策是用各项规章制度、奖惩条例约束人的行为和自由,达到控制人的不安全行为,减少事故的目的。

安全管理的手段主要包括下面几种:

(1)法制手段,即监察制度、许可制、审核制等。

(2)行政手段,即规章制度、操作程序、责任制、检查制度、总监督制度、审核制度、安全奖罚等。

(3)科学手段,即推行风险辨识、安全评价、风险预警、管理体系、目标管理、无隐患管理、危险预知、事故判定、应急预案等。

(4)文化手段,即进行安全培训、安全宣传、警示活动、安全生产月、安全竞赛、安全文艺等。

(5)经济手段,即安全抵押、风险金、伤亡赔偿、工伤保险、事故罚款等。

三、安全生产管理发展的三大趋势

随着现代科学技术的发展,安全生产管理呈现出信息化管理、风险化管理、标准化管理三大趋势。

1.信息化管理

信息化是当今世界经济和社会发展的趋势,也是产业优化升级和实现国家工业化、现代化的关键环节。大部分工业化国家在20世纪90年代初就已建立了较为完善的政府安全生产行政执法信息系统,为本国安全生产监管工作提供了完善的服务。加强安全生产信息化建设,对于改进和创新我国安全生产工作方式和手段、提高安全生产工作效率、有效预防事故发生、大幅度减少人员伤亡具有十分重要的意义。

企业安全生产信息化,就是利用计算机快速准确的计算性能和优秀的数据管理能力,对工程建设项目安全生产进行科学的管理和有效的投资控制,提高工作效率,为安全生产管理工作逐步走向科学化、规范化、标准化、自动化和智能化提供有效的工具,实现工程项目安全生产建设管理的各项业务处理信息化、网络化。

企业安全生产信息化系统包括企业基本数据管理、机构人员与职责、特种作业人员管理、安全教育和培训、职业安全健康管理、文件管理、安全检查、特种设备管理、应急预案、风险管理、危险源管理、消防管理、易燃易爆物品和危险化学物品管理、专项安全生产技术方案、环境控制、安全生产费用管理、安全法律法规及标准查询、安全生产数据报送、信息发布和系统维护等内容。系统开发时可以根据企业要求和项目管理特点选择适当的相关功能。

2.风险化管理

对于工程项目管理而言,风险是指可能出现的影响项目目标实现的不确定因素。风险量指的是不确定的损失程度和损失发生的概率。若某个可能发生的事件其可能的损失程度和发生的概率都很大,则其风险量就很大。风险管理是为了达到一个组织的既定目标,而对组织所承担的各种风险进行管理的系统过程,其采取的方法应符合公众利益、人身安全、环境保护以及有关法规的要求。风险管理包括策划、组织、领导、协调和控制等方面的工作。

对工程项目实行全面风险管理,就是用系统的、动态的方法进行风险控制,以减少项目实行过程中的不确定性。它包括四个方面的含义:一是项目全过程的风险管理,从项目的立项到项目的结束,都必须进行风险的研究与预测、过程控制以及风险评价,实行全过程的有效控制,以及积累经验和教训;二是对全部风险的管理;三是全方位的管理;四是全面的组织措施。

一般来讲,全面风险管理分为五个步骤:第一步是进行风险预测与识别,建立风险清单;第二步是采用定性与定量的方法进行风险分析与评估;第三步是规划风险控制对策,主要对策有风险回避、损失控制、风险自留和风险转移;第四步是实施决策,主要是制订安全计划、损失控制计划、应急计划,签订保险合同;第五步是进行检查和信息反馈,检查以上四个步骤的实施情况,评价决策效果,对新发现的风险及时提出对策。

3.安全生产标准化

安全生产标准化,是指通过建立安全生产责任制,制定安全管理制度和操作规程,排查治理隐患和监控重大危险源,建立预防机制,规范生产行为,使各生产环节符合有关安全生产法律法规和标准规范的要求,使人(人员)、机(机械)、料(材料)、法(工法)、环(环境)处于良好的生产状态,并持续改进,不断加强企业安全生产规范化建设。

安全生产标准化包括五个方面:安全管理标准化、安全技术标准化、安全装备标准化、现场(环境)安全标准化、岗位作业标准化,重点是管理、现场、岗位标准化。标准化考评指标体系的考评内容、考评项目、考评要点都是围绕管理、技术、装备、现场、作业这五个方面展开的。通过安全生产标准化建设与考评,力求提升企业安全生产水平、降低各类事故、推进企业全面达标。

一、单选题

1. 安全生产管理工作应该做到预防为主,通过有效的管理和技术手段,减少和防止人的不安全行为和物的不安全状态,从而使事故发生的概率降到最低。这是哪个安全生产管理原理的观点?(　　)

A. 系统原理　　B. 人本原理　　C. 预防原理　　D. 强制原理

2. 控制人的意愿和行为,使个人的活动、行为等受到安全生产管理要求的约束,从而实现有效的安全生产管理。这是哪个安全生产管理原理的观点?(　　)

A. 系统原理　　B. 人本原理　　C. 预防原理　　D. 强制原理

3. 进入施工现场必须佩带安全帽。这句话里面的"必须"体现了哪个安全生产管理原理的观点?(　　)

A. 系统原理　　B. 人本原理　　C. 预防原理　　D. 强制原理

4. 对于事故的预防与控制,(　　)对策主要解决物的不安全状态的问题。

A. 安全技术对策　　B. 安全教育对策　　C. 安全管理对策　　D. 以上都是

5. 对于事故的预防与控制,(　　)对策则主要着眼于人的不安全行为问题。

A. 安全技术和安全教育　　B. 安全技术和安全管理

C. 安全教育和安全管理　　D. 安全规则和安全管理

6. 隧道施工过程中进行通风降温除尘,采用的是哪种安全技术对策?(　　)

A. 消除　　B. 预防　　C. 减弱　　D. 隔离

7. 在易发生故障和危险性较大的地方,配置醒目的安全色、安全标志,采用的是哪种安全技术对策?(　　)

A. 消除　　B. 预防　　C. 隔离　　D. 警告

8. (　　)对策是用各项规章制度、奖惩条例约束人的行为和自由,达到控制人的不安全行为,减少事故的目的。

A. 安全技术对策　　B. 安全教育对策

C. 安全管理对策　　D. 以上都是

9. 下列不属于安全生产管理发展的趋势的是(　　)。

A. 信息化管理　　B. 行政化管理

C. 标准化管理　　　　　　D. 风险化管理

二、多选题

1. 安全生产管理原理包括(　　)。

A. 系统原理　　B. 人本原理　　C. 预防原理　　D. 强制原理

任务四　安全生产管理体系

地下工程施工现场工作面小,作业班组多,大型机械设备多,不可预测的危险因素就随之增多,这也极大地增加了安全管理工作的难度,所以要建立一个安全生产管理体系,进行系统化管理,确保现场施工安全。安全生产管理体系的主要内容包括安全组织机构保证体系、安全生产管理制度体系、安全生产资金保证体系、过程安全控制保证体系和应急救援保证体系等。

一、安全组织机构保证体系

《安全生产法》第二十一条和《建设工程安全生产管理条例》第二十三条规定,施工单位应设立安全生产管理机构,配备专职安全生产管理人员。企业应根据《安全生产法》及相关法律法规建立企业安全组织保证体系,体系分为企业、项目及班组三个层级的保障体系,三个层级的保障体系互相联系、互相影响,并由此构成企业统一的安全保障体系。

1. 企业级安全组织保证体系

企业级安全组织保证体系主要表现为安全生产委员会或安全生产领导小组。安全生产委员会或安全生产领导小组是企业安全生产最高权力机构。大型集团公司往往在集团公司层面设立安全生产委员会,在分(子)公司设立安全生产领导小组。

2. 项目级安全组织保证体系

项目级安全组织保证体系受公司安全保障组织的领导,同时在项目层面建立完善的安全组织保证体系,其中项目经理是本项目安全生产第一责任者,负责整个项目的安全生产工作;总工程师对项目安全生产工作负技术管理责任;安全总监对项目安全生产监督管理工作负直接领导责任;专职安全员负责现场日常安全检查;施工员确保各项技术工作的安全可靠性;施工各班组长做好班组安全生产管理;施工作业人员遵守安全技术规程和操作规程,做好自我防护。某地铁施工项目安全管理组织机构如图 1－4 所示。

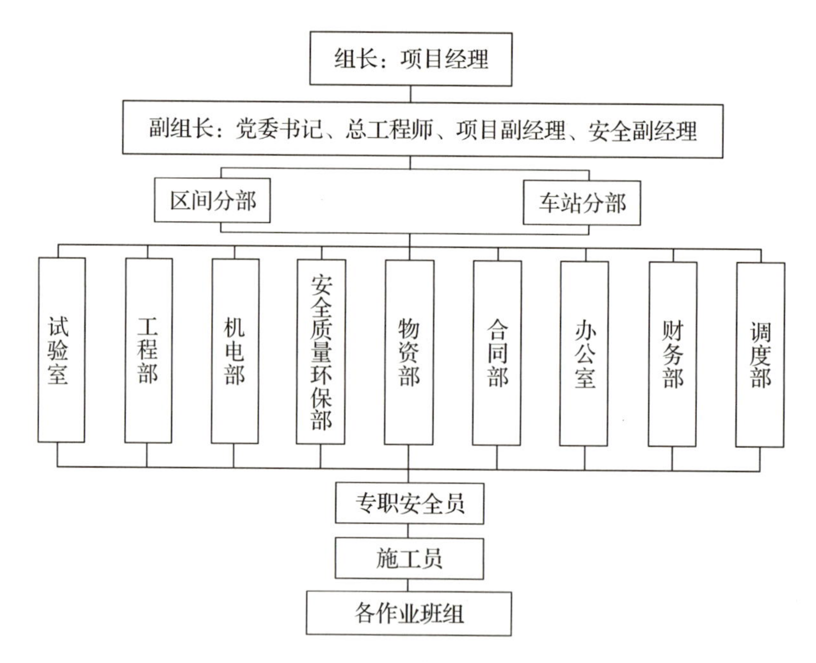

图 1-4　安全管理组织机构图

3. 班组级安全组织保证体系

班组长作为班组安全工作的第一责任人，在对本班组的生产工作负责的同时，还应对本班组的安全工作负全面责任。班组设一名兼职或专职安全员，主要是协助班组长全面开展班组的安全管理工作。班组长不在时，安全员有权安排班组成员解决与安全工作有关的事宜。班组应设一名兼职的群众安全监督员，其业务受分管安全管理人员领导，主要职责是监督班组长和班组安全员是否按上级要求认真开展班组的安全管理工作，是否遵章守纪，是否按“五同时”的要求开展安全生产。群众安全监督员发现班组的安全管理工作存在问题时，通过有效途径及时向上级反馈。

二、安全生产管理制度体系

“不以规矩，不能成方圆”，安全管理制度就是施工中的规矩，项目部必须制定切实可行的安全管理制度体系，确保项目安全工作顺利开展。安全生产规章制度体系分四类，分别是综合安全管理制度、人员安全管理制度、设备设施安全管理制度和环境安全管理制度。

1. 综合安全管理制度

综合安全管理制度主要包括安全生产管理目标、指标和总体原则、安全生产责任制度、安全管理定期例行工作制度、承包与发包工程安全管理制度、安全措施和费用管理制度、重大危险源管理制度、危险物品使用管理制度、消防安全管理制度、临时用电安全管理制度、脚手架安全管理制度、隐患排查和治理制度、交通安全管理制度、防灾减灾管理制度、事故调查报告处理制度、应急管理制度、安全奖惩制度等。

2.人员安全管理制度

人员安全管理制度主要包括安全教育培训制度、劳动防护用品发放使用和管理制度、安全工器具的使用管理制度、特种作业及特殊作业管理制度、岗位安全规范、职业健康检查制度、现场作业安全管理制度等。

3.设备设施安全管理制度

设备设施安全管理制度主要包括定期维护检修制度、定期巡视检查制度、定期检测检验制度、安全操作规程等。

4.环境安全管理制度

环境安全管理制度主要包括安全标志管理制度、作业环境管理制度、工业卫生管理制度等。

三、安全生产资金保证体系

企业及项目部必须制定安全生产资金保证体系，制定安全生产费用制度，编制安全生产资金投入计划，必须提前落实安全投入资金情况，专款专用，严禁私自挪用。企业及项目每月必须填写本月安全费用投入统计台账并附有各种单据。安全费用投入主要包含以下几个方面。

(1)安全防护用品、用具：安全帽、安全带、安全网、防护面罩、工作服、反光背心等。

(2)现场安全防护设施：临边、洞口安全防护设施，临时用电安全防护，脚手架安全防护，机械设备安全防护设施，消防器材设施等。

(3)现场安全文明施工设施、措施：现场围挡、场地硬化、现场洒水降尘措施、垃圾清运等。

(4)安全培训、宣传、应急用品：安全教育培训设备设施、各种安全活动宣传、订阅安全杂志、制作安全展板、配备急救器材及药品等。

(5)人工费：现场安全防护的搭拆维护、安全文明人工清理维护、现场安全隐患整改等有关的支出等。

(6)季节性安全生产费用：夏季防暑降温、冬季施工、雨季施工等安全费用。

(7)其他费用：危险性较大的分部分项工程专家论证费用、安全新科技应用费用及安全评优费用等其他安全费用。

四、过程安全控制保证体系

通过全员安全教育培训，提高全员安全意识，普及全员安全知识，同时结合安全检查验收及危险源控制，形成有效的过程安全控制保证体系。

1.安全教育及学习培训

《安全生产法》第二十五条规定，生产经营单位应当对从业人员进行安全生产教育和培训，保证从业人员具备必要的安全生产知识，熟悉有关的安全生产规章制度和安全操作规程，掌握本岗位的安全操作技能，了解事故应急处理措施，知悉自身在安全生产方面的权利和义务。未经安全生产教育和培训合格的从业人员，不得上岗作业。

安全生产教育与培训的主要内容应包括安全思想教育、安全知识教育和安全技能教育等。

(1)安全思想教育，包括安全生产方针政策培训教育、安全生产法制培训教育和劳动纪律教育三方面内容。

(2)安全知识教育，包括工程概况，施工工艺流程，施工方法，施工作业的危险区域、危险部位，各种不安全因素及安全防护的基本知识及各种安全技术规范。

(3)安全技能教育，就是要结合本专业、本工种和本岗位的特点，熟练掌握操作规程、安全防护等基本知识，掌握安全生产所必须的基本操作技能。

除以上三个方面的教育外，还要充分利用已发生或未遂安全事故典型案例，对职工进行不定期的安全教育，分析事故原因，探讨预防对策；还可利用本单位职工在施工中出现的违章作业或施工生产中的不良行为，及时对职工进行教育，使职工头脑中经常绷紧安全生产这根弦，在施工生产中时时刻刻注意安全生产，预防事故的发生。

2.安全检查验收及危险源控制

安全检查是对施工项目贯彻安全生产法律法规的情况、安全生产状况、劳动条件、事故隐患等所进行的检查，其主要内容包括查思想、查制度、查机械设备、查安全卫生设施、查安全教育及培训、查生产人员行为、查防护用品使用、查伤亡事故处理等。

控制危险源主要通过工程技术手段来实现。危险源控制技术包括防止事故发生的安全技术和减少或避免事故损失的安全技术。

五、应急救援保证体系

企业整体及具体项目部必须根据各自实际情况建立应急救援保证体系，编制应急救援预案，成立应急救援小组。应急预案必须明确应急救援小组人员职责分工、应急物资的准备及各类事故的原因和可能造成的后果、相关基本救治方法、事故的报告处理程序、事故的调查处理等。项目部根据现场实际，定期组织应急救援演练，并将演练记录存档保存。现场一旦发生事故，必须立即启动应急救援预案，组织救援、保护现场、及时报告事故和配合事故的调查处理。

一、判断题

1.为了进行系统化的安全管理，所以要建立一个安全生产管理体系。(　　)

2.可以使用安全生产专项经费用作招待费。(　　)

二、单选题

1.（　　）是项目安全生产第一责任者，负责整个项目的安全生产工作。

A. 项目经理　　B. 安全总监　　C. 总工　　D. 专职安全员

2.（　　）负责现场日常安全检查。

A. 安全总监　　B. 总工　　C. 专职安全员　　D. 技术员

三、多选题

1.《安全生产法》第二十五条规定，生产经营单位应当对从业人员进行安全生产教育和培训的目的包括（　　）。

A. 保证从业人员具备必要的安全生产知识

B. 熟悉有关的安全生产规章制度和安全操作规程

C. 掌握本岗位的安全操作技能

D. 了解事故应急处理措施

任务五　安全技术交底

事故案例

2017年2月10日，某地铁区间右线盾构区间贯通后，采用钢套筒法进行盾构机接收过程中，钢套筒泄压完成进行端盖拆除作业，在拆解到最后预留的四组螺栓时，连接套筒端盖突然与套筒断开，套筒内有大量流塑性软泥涌出，导致现场作业人员1人被软泥掩埋、1人被套筒端盖挤压在边墙上死亡。

该事故发生的原因很多，其中一点就是技术管理工作不到位，钢套筒技术交底流于形式，危险源辨识内容含糊，施工方案不具体，施工安全保证措施不到位等。

分析与决策

1. 为什么作业前要进行技术交底？

2. 安全技术交底的内容有哪些？

3. 安全技术交底有哪些要求？

安全技术交底是一项技术性很强的工作，对于贯彻设计意图、严格实施技术方案、按图施工、循规操作、保证施工质量和施工安全至关重要。

一、安全技术交底的形式

《建设工程安全生产管理条例》(中华人民共和国国务院令第393号)第二十七条规定:建设工程施工前,施工单位负责项目管理的技术人员应当对有关安全施工的技术要求向施工作业班组、作业人员做出详细说明,并由双方签字确认。

危险性较大的分部分项工程施工实行三级安全技术交底制度,即项目技术负责人向项目全体管理人员交底,施工员向分包管理人员、班组长交底,施工班组长向操作人员交底。其中前二级技术交底必须形成书面的技术交底记录。技术交底必须在分部分项施工开始前进行,办理好签字手续后方可开始施工操作。对于时间较长的分部分项工程,每月要组织至少一次安全技术交底。

对施工作业相对固定,与工程施工部位没有直接关系的工种,如起重机械等,应单独进行交底。对工程某些特殊部位、新结构、新工艺、施工难度大的分项工程,在交底时更应全面、明确、具体详细,必要时外送培训,确保工程质量、安全、效益目标的实现。

二、安全技术交底的作用

(1)通过安全技术交底,让一线作业人员了解和掌握该作业项目的安全技术操作规程和注意事项,减少因违章操作而导致事故的可能。

(2)安全技术交底是安全管理人员在项目安全管理工作中的重要环节。

(3)安全技术交底是安全管理工作的内容要求,同时也是安全管理人员自我保护的手段。

三、安全技术交底的内容

专项方案实施前,编制人员或项目技术负责人应当向现场管理人员和作业人员进行安全技术交底。交底依据为施工图纸、施工技术方案、相关施工技术安全操作规程、安全法规及相关标准等,需要绘制示意图时,须由编制人依据规范和现场实际情况绘制。安全技术交底的内容根据不同层次有所不同。

1.项目技术负责人对施工管理人员安全技术交底

项目技术负责人必须在工程开工前按施工顺序、分部分项工程要求、不同工种特点分别做出书面交底,主要内容为:

(1)现场的重大危险源;

(2)项目安全生产管理制度规定;

(3)主要分部分项工程安全技术措施;

(4)重要部位安全施工要点及注意事项;

(5)紧急情况应对措施和方法等。

2.危险性较大分部分项工程施工前对施工管理人员安全技术交底

在危险性较大分部分项工程施工前，对项目的各级管理人员，应进行安全施工方案为主要内容的交底，一般由技术负责人交底，主要内容为：

(1)工程概况、设计图纸具体要求；

(2)分部分项工程危险源辨识；

(3)施工方案具体技术措施、施工方法；

(4)施工安全保证措施；

(5)关键部位安全施工要点及注意事项；

(6)隐蔽工程记录、验收时间与标准；

(7)应急预案。

3.施工员对施工班组安全技术交底

这是各级安全技术交底的关键，必须向施工班组及有关人员反复细致地进行，交代清楚危险源、安全要求、关键部位、操作要点、安全预防措施等事项。交底内容主要有：

(1)本工程的施工作业特点及危险源、危险点；

(2)针对危险源、危险点的具体预防措施；

(3)相应的安全操作规程和标准；

(4)应注意的安全事项；

(5)应急预案相关要求和各自的职责；

(6)发生事故后应采取的避难和急救措施。

4.施工班组长对操作人员安全技术交底

施工班组长应向班组的操作人员进行必要的安全交底，交底的内容主要是具体的操作要求和要领，施工班组长应结合承担的具体任务，组织全体班组人员讨论研究，同时向全班组交代清楚安全操作要点，明确相互配合时应注意的事项，以及制订保证安全完成任务的计划。

四、安全技术交底的要求

每一项危险性较大分部分项工程施工前的安全技术交底必须细致、全面，要突出其针对性，交底中应提具体的操作及控制要求。

(1)项目经理部必须实行逐级安全技术交底制度，纵向延伸到班组全体作业人员。

(2)技术交底必须具体、明确、针对性强。

(3)技术交底的内容应针对分部分项工程施工中给作业人员带来的潜在危险因素和存在问题。

(4)应优先采用新的安全技术措施。

(5)对于涉及新技术、新工艺、新材料、新设备等“四新”项目或技术含量高、技术难度大的单项技术设计,必须经过两阶段技术交底,即初步设计技术交底和实施性施工图技术设计交底。

(6)应将工程概况、施工方法、施工程序、安全技术措施等向工长、班组长进行详细交底。

(7)定期向由两个以上作业队和多工种进行交叉施工的作业队伍进行书面交底。

(8)保存书面安全技术交底签字记录。

安全技术交底只是工作的开始,交底的大量工作是对交底的效果进行督促和检查,在施工过程中要反复提醒基层技术人员或工长,结合具体施工操作部位加强或提示技术交底中有关要求,强化施工过程中的检查力度,严格过程中间验收,发现问题及时解决,以免发生安全事故或造成返工浪费。

一、判断题

1. 施工员对施工班组安全技术交底后,其执行情况由安全员检查就行了。(　　)

2. 安全技术交底只要口头交代就可以了,不需要书面交底和签字。(　　)

二、单选题

1. 关于安全技术交底,下列做法错误的是(　　)。

A. 技术交底必须在分部分项施工开始前进行,办理好签字手续后方可开始施工操作

B. 对于时间较长的分部分项工程,只做一次安全技术交底

C. 对施工作业相对固定,与工程施工部位没有直接关系的工种,如起重机械等,应单独进行交底

D. 定期向由两个以上作业队和多工种进行交叉施工的作业队伍进行书面交底

2. 关于安全技术交底的作用,下列说法错误的是(　　)。

A. 通过安全技术交底,让一线作业人员了解和掌握该作业项目的安全技术操作规程和注意事项,减少因违章操作而导致事故的可能

B. 安全技术交底是安全管理人员在项目安全管理工作中的重要环节

C. 安全技术交底是安全管理工作的内容要求

D. 安全技术交底只是施工的一道手续,可以补办

3. 下列关于安全技术交底要求的表述,不正确的是(　　)。

A. 技术交底必须具体、明确,针对性强

B. 需要向工种进行交叉施工的作业队伍进行书面交底

C. 不用保存书面安全技术交底签字记录

D. 应优先采用新的安全技术措施

4. 在危险性较大分部分项工程施工前，对项目的各级管理人员，应进行安全施工方案为主要内容的交底，一般由(　　)交底。

A. 项目经理　　B. 安全总监　　C. 总工　　D. 施工员

三、多选题

1. 危险性较大的分部分项工程施工实行哪三级安全技术交底制度？(　　)

A. 项目技术负责人向项目全体管理人员交底

B. 项目技术负责人向施工班组长交底

C. 施工员向分包管理人员、班组长交底

D. 施工班组长向操作人员交底

2. 安全技术交底的依据包括(　　)。

A. 施工图纸　　B. 施工技术方案

C. 相关施工技术安全操作规程　　D. 安全法规及相关标准

任务六　安全生产检查

地铁车站钢围檩坠落伤人事故

由某单位承建施工的某地铁车站，在进行北端底部混凝土垫层施工时，西北角钢管支撑与钢围檩突然坠落，导致2名作业人员死亡。经调查，该工程的钢支撑及钢围檩未按设计施工，支护体系施工质量存在严重缺陷，而该项目技术管理混乱、工作责任不到位，现场工序检查验收不到位，未及时发现支护体系施工质量问题并消除隐患，从而导致事故发生。

分析与决策

1. 为什么作业前要进行安全生产检查？
2. 安全生产检查的内容和形式有哪些？
3. 安全生产检查方法有哪些？
4. 应按照哪些工作程序进行安全生产检查？

安全生产检查是指对施工过程及安全管理中可能存在的隐患、有害与危险因素、缺陷等进行查证，以确定隐患或有害与危险因素、缺陷的存在状态，以及它们转化为事故的条件，以便制订整改措施，消除隐患、有害与危险因素，确保施工安全。安全检查是安全管理工作的重要内容，是消除隐患、防止事故发生、改善劳动条件的重要手段。通过安全检查可以发现施工过程中的危险因素，以便有计划地落实纠正措施，保证施工的安全。

一、安全生产检查的类型

1. 按检查的性质分类

(1)一般检查：又称普遍检查，是一种经常的、普遍的检查；一般采取个别的、日常的巡视方式来实现。在施工过程中进行经常性的预防检查，能及时发现并消除隐患，保证施工正常进行。

(2)专业(项)安全检查：是对某个专项问题或在施工中存在的普遍性安全问题进行的单项定性检查。对危险较大的在用设备、设施、作业场所、环境条件的管理性或监督性定量检测、检验，属专业安全检查。专业(项)安全检查具有较强的针对性和专业要求，用于检查难度较大的项目。通过检查，发现潜在问题，研究整改对策，及时消除隐患，进行技术改进。

(3)季节性及节假日前安全检查：由各级生产单位根据季节变化，按事故发生的规律对易发的潜在危险,突出重点进行季节检查。如冬季防冻保温、防火、防煤气中毒;夏季防暑降温、防汛、防雷电等检查。

由于节假日(特别是重大节日,如元旦、春节、劳动节、国庆节)前后容易发生事故,应进行有针对性的安全检查。

(4)综合性安全检查:一般是由主管部门对下属各企业或生产单位进行的全面综合性检查,必要时可组织进行系统的安全性评价。

2.按检查方式分类

(1)定期安全检查:定期检查列入安全管理活动计划,有较一致时间间隔的安全检查。定期安全检查周期,施工项目自检宜控制在10~15天。班组必须坚持日检。季节性、专业性安全检查按规定要求确定日程。

(2)连续检查:主要是针对某些设备的运行状况和操作进行长时间观察,通过观察发现设备运转的不正常情况并予以调整或做小的修理。观察使用设备的工人的操作情况,并帮助他们进行安全操作的训练,使工人熟悉机械设备各部分正常运转情况,及时察觉操作中的不安全行为和不正常现象。

(3)突击检查:它是对特殊部门、特殊设备或某一工作区域进行的,而且事先未曾宣布的一种检查。这种检查可以促进管理人员对安全的重视,促进他们预先做好检查并改进缺陷。

(4)不定期的职工代表巡视检查:由企业或工会负责人负责组织有关专业技术特长的职工代表进行巡视检查。重点检查国家安全生产方针、法规的贯彻执行情况;检查单位领导干部安全生产责任制的执行情况;工人安全生产权利的执行情况;检查事故原因、隐患整改情况;对责任者提出处理意见。此类检查可进一步强化各级领导安全生产责任制的落实,促进职工劳动保护合法权利的维护。

(5)特殊检查:对采用的新设备、新工艺,新建、改建的工程项目,以及出现的新危险因素进行的安全检查。特殊检查还包括:对有特殊安全要求的手持电动工具、电气、照明设备、通风设备、有毒有害物的储运设备进行的安全检查。

二、安全生产检查的内容

安全检查对象的确定应本着突出重点的原则,对于危险性大、易发事故、事故危害大的生产系统、部位、装置、设备等应加强检查。一般应重点检查:易造成重大损失的易燃易爆危险物品、剧毒品、锅炉、压力容器、起重、运输、电气设备、机械、高处作业和本单位易发生工伤、火灾、爆炸等事故的设备、工种、场所及其作业人员;造成职业中毒或职业病的尘毒点及其作业人员;直接管理重要危险点和有害点的部门及其负责人。

安全检查应根据施工特点,主要检查下述内容:

(1)查责任。查实体单位各级安全生产责任制是否健全,特别是主要岗位、关键部门人员的责任是否清楚，工作程序及方法要领掌握与否。

（2）制度落实。查安全生产制度有没有制定，内容全不全，是否符合实际，各种记录规范与否，依据制度规定一项一项进行核实、一条一条严格检查。

（3）查证照。从业人员有没有经过安全培训，是否持证上岗；特殊工种是否具有操作证，已有的操作证是否过期。

（4）查现场。查生产场所秩序、工作环境是否符合劳动安全卫生环境标准；操作人员是否穿戴劳动防护用品，劳动防护用品是否符合国家标准，操作人员是否正确佩带、正确使用劳动防护用品；有无不安全行为，有无违反操作规程、操作方法的人和事；生产岗位上有无迟到、早退、脱岗、串岗、打盹睡觉现象；员工有无在工作时间做与生产、工作无关的事。

（5）查设施设备。相关生产设施设备运转是否正常，仪器仪表是否显示正常值；安全设施设备是否配备，人员会不会操作。

（6）查标识。查有没有设置安全警示牌及警示标志，从业人员是否知道相关要求、是否掌握自我保护知识。

（7）查培训。查“三级”教育是否落实，教育资料是否配齐，内容是否合理，记录是否真实，效果是否突出。

（8）查事故处理。对发生的事故是否按“四不放过”的原则进行处理。

三、安全生产检查方法

1.常规检查

常规检查是常见的一种检查方法。通常是由安全管理人员作为检查工作的主体，到作业场所的现场，通过感官或辅助一定的简单工具、仪表等，对作业人员的行为、作业场所的环境条件、生产设备设施等进行的定性检查。安全检查人员通过这一手段，及时发现现场存在的安全隐患并采取措施予以消除，纠正施工人员的不安全行为。

这种方法完全依靠安全检查人员的经验和能力，检查的结果直接受安全检查人员个人素质的影响，对安全检查人员要求较高。

2.安全检查表法

为使检查工作更加规范，使个人的行为对检查结果的影响减少到最低，常采用安全检查表法。

安全检查表（safety checklist，SCL）是为了系统地找出系统中的不安全因素，事先剖析系统，列出各层次的不安全因素，确定检查项目，并把检查项目按系统的组成顺序编制成表，以便进行检查或评审，这种表就叫作安全检查表。安全检查表是进行安全检查，发现和查明各种危险和隐患，监督各项安全规章制度的实施，及时发现事故隐患并制止违章行为的有力工具。

安全检查表应列举需查明的所有会导致事故的不安全因素。每个检查表均需注明检查时间、检查者、直接负责人等，以便分清责任。安全检查表的设计应做到系统、全面，检查项目应明确。

3.仪器检查法

机器、设备内部的缺陷及作业环境条件的真实信息或定量数据，只有通过仪器检查法来进行定量化的检验与测量，才能发现安全隐患，为后续整改提供信息。因此必要时需要实施仪器检查。由于被检查对象不同，检查所用的仪器和手段也不同。

四、安全生产检查的工作程序

1.安全检查准备

(1)确定检查的对象、目的及任务。

(2)查阅、掌握有关法规、标准及规程的要求。

(3)了解检查对象的工艺流程、生产情况、可能出现危险及危害的情况。

(4)制订检查计划，安排检查内容、方法及步骤。

(5)编写安全检查表或检查提纲。

(6)准备必要的检测工具、仪器、书写表格或记录本。

(7)挑选和训练检查人员并进行必要的分工等。

2.实施安全检查

实施安全检查就是通过访谈、查阅文件和记录、现场观察、仪器测量的方式获取信息。

(1)访谈。与有关人员谈话，了解相关部门、岗位执行规章制度的情况。

(2)查阅文件和记录。检查设计文件、作业规程、安全措施、责任制度、操作规程等是否齐全、是否有效，查阅相应记录，判断上述文件是否被执行。

(3)现场观察。到作业现场寻找不安全因素、事故隐患、事故征兆等。

(4)仪器测量。利用一定的检测检验仪器设备，对在用的设施、设备、器材状况及作业环境条件等进行测量，以发现隐患。

3.通过分析做出判断

掌握情况(获得信息)之后，就要进行分析、判断和检验。可凭经验、技能进行分析、判断，必要时可以通过仪器、检验得出正确结论。

4.及时做出决定进行处理

做出判断后，应针对存在的问题做出采取措施的决定，即下达“安全检查隐患整改通知书”，包括整改意见、整改时间、落实责任人及整改情况的反馈时间。

5.整改落实

通过复查整改落实情况，获得整改效果的信息，以实现安全检查工作的闭环。

五、隐患排查治理

隐患排查治理是生产经营单位安全生产管理过程中的一项法定工作。根据《安全生产法》第三十八条规定:“生产经营单位应当建立健全生产安全事故隐患排查治理制度,采取技术、管理措施,及时发现并消除事故隐患。事故隐患排查治理情况应当如实记录,并向从业人员通报。”

国家安全生产监督管理总局2008年2月1日发布实施的《安全生产事故隐患排查治理暂行规定》(国家安全生产监督管理总局令第16号)对生产安全事故隐患排查工作做出了详细规定,其中对事故隐患的定义、分级、生产经营单位隐患排查治理职责、隐患排查治理频次、档案建立、隐患登记、报告、奖励制度等都提出了具体要求。生产经营单位在事故隐患排查治理中的职责包括:

(1)生产经营单位应当依照法律、法规、规章、标准和规程的要求从事生产经营活动。严禁非法从事生产经营活动。

(2)生产经营单位是事故隐患排查、治理和防控的责任主体。生产经营单位应当建立健全事故隐患排查治理和建档监控等制度,逐级建立并落实从主要负责人到每个从业人员的隐患排查治理和监控责任制。

(3)生产经营单位应当保证事故隐患排查治理所需的资金,建立资金使用专项制度。

(4)生产经营单位应当定期组织安全生产管理人员、工程技术人员和其他相关人员排查本单位的事故隐患。对排查出的事故隐患,应当按照事故隐患的等级进行登记,建立事故隐患信息档案,并按照职责分工实施监控治理。

(5)生产经营单位应当建立事故隐患报告和举报奖励制度,鼓励、发动职工发现和排除事故隐患,鼓励社会公众举报。对发现、排除和举报事故隐患的有功人员,应当给予物质奖励和表彰。

(6)生产经营单位将生产经营项目、场所、设备发包、出租的,应当与承包、承租单位签订安全生产管理协议,并在协议中明确各方对事故隐患排查、治理和防控的管理职责。生产经营单位对承包、承租单位的事故隐患排查治理负有统一协调和监督管理的职责。

(7)安全监管监察部门和有关部门的监督检查人员依法履行事故隐患监督检查职责时,生产经营单位应当积极配合,不得拒绝和阻挠。

(8)生产经营单位应当每季、每年对本单位事故隐患排查治理情况进行统计分析,并分别于下一季度15日前和下一年1月31日前向安全监管监察部门和有关部门报送书面统计分析表。统计分析表应当由生产经营单位主要负责人签字。

对于重大事故隐患,生产经营单位除依照前款规定报送外,应当及时向安全监管监察部门和有关部门报告。重大事故隐患报告内容应当包括:隐患的现状及其产生原因、隐患的危害程度和整改难易程度分析、隐患的治理方案。

(9)对于一般事故隐患,由生产经营单位(车间、分厂、区队等)负责人或者有关人员立即组织整改。

对于重大事故隐患,由生产经营单位主要负责人组织制订并实施事故隐患治理方案。重大事故隐患治理方案应当包括以下内容:①治理的目标和任务;②采取的方法和措施;③经费和物资的落实;④负责治理的机构和人员;⑤治理的时限和要求;⑥安全措施和应急预案。

(10)生产经营单位在事故隐患治理过程中,应当采取相应的安全防范措施,防止事故发生。事故隐患排除前或者排除过程中无法保证安全的,应当从危险区域内撤出作业人员,并疏散可能危及的其他人员,设置警戒标志,暂时停产停业或者停止使用;对暂时难以停产或者停止使用的相关生产储存装置、设施、设备,应当加强维护和保养,防止事故发生。

(11)生产经营单位应当加强对自然灾害的预防。对于因自然灾害可能导致事故灾难的隐患,应当按照有关法律、法规、标准和本规定的要求排查治理,采取可靠的预防措施,制订应急预案。在接到有关自然灾害预报时,应当及时向下属单位发出预警通知;发生自然灾害可能危及生产经营单位和人员安全的情况时,应当采取撤离人员、停止作业、加强监测等安全措施,并及时向当地人民政府及其有关部门报告。

(12)地方人民政府或者安全监管监察部门及有关部门挂牌督办并责令全部或者局部停产停业治理的重大事故隐患,治理工作结束后,有条件的生产经营单位应当组织本单位的技术人员和专家对重大事故隐患的治理情况进行评估;其他生产经营单位应当委托具备相应资质的安全评价机构对重大事故隐患的治理情况进行评估。

经治理后符合安全生产条件的,生产经营单位应当向安全监管监察部门和有关部门提出恢复生产的书面申请,经安全监管监察部门和有关部门审查同意后,方可恢复生产经营。申请报告应当包括治理方案的内容、项目和安全评价机构出具的评价报告等。

一、判断题

1. 安全检查后的整改,必须坚持“三定”和不推不拖。“三定”是指定具体整改责任人,确定解决与改正的具体措施,限定消除危险因素的整改时间。( )

二、单选题

1. 下列哪项不属于按检查的性质分类?( )

A. 一般检查　　B. 定期安全检查

C. 季节性及节假日前安全检查　　D. 专业(项)安全检查

2.(　　)是采取个别的、日常的巡视方式进行检查。

A. 一般检查　　B. 专业(项)安全检查

C. 季节性及节假日前安全检查　　D. 综合性安全检查

3.(　　)是在施工中存在的普遍性安全问题进行的单项定性检查。

A. 一般检查　　B. 专业(项)安全检查

C. 季节性及节假日前安全检查　　D. 综合性安全检查

4.(　　)是对采用的新设备、新工艺、新建、改建的工程项目,以及出现的新危险因素进行的安全检查。

A. 定期安全检查　　B. 连续检查

C. 突击检查　　D. 特种检查

5. 关于定期安全检查,下列说法错误的是(　　)。

A. 是对特殊部门、特殊设备或某一工作区域进行的,而且事先未曾宣布的一种检查

B. 定期安全检查周期,施工项目自检宜控制在 10～15 天

C. 班组必须坚持日检,季节性、专业性安全检查按规定要求确定日程

D. 定期检查列入安全管理活动计划,有较一致的时间间隔

6.(　　)是由安全管理人员作为检查工作的主体,到作业场所的现场,通过感观或辅助一定的简单工具、仪表等,对作业人员的行为、作业场所的环境条件、生产设备设施等进行的定性检查。

A. 常规检查　　B. 安全检查表法

C. 仪器检查法　　D. 特殊检查

7. 关于常规检查,下列说法正确的是(　　)。

A. 这种方法完全依靠安全检查人员的经验和能力,检查的结果直接受安全检查人员个人素质的影响大,对安全检查人员要求较高

B. 这种方法完全不依靠安全检查人员的经验和能力,检查的结果直接受安全检查人员个人素质的影响小,对安全检查人员要求不高

C. 使用这种方法,检查工作更加规范,使个人的行为对检查结果的影响减少到最低

D. 这种方法通过仪器检查法来进行定量化的检验与测量,发现安全隐患

三、多选题

1. 实施安全检查是通过哪些方式获取信息?(　　)

A. 访谈　　B. 查阅文件和记录

C. 现场检查　　C. 仪器测量

2. 关于安全生产检查,下列说法正确的是(　　)。

A. 安全生产检查是对施工过程及安全管理中可能存在的隐患、有害与危险因素、缺陷等进行查证

B. 通过安全生产检查以确定隐患或有害与危险因素、缺陷的存在状态，以及它们转化为事故的条件

C. 通过安全检查可以发现施工过程中的危险因素，以便有计划地落实纠正措施，保证施工的安全

D. 安全检查是安全管理工作的重要内容，是消除隐患、防止事故发生、改善劳动条件的重要手段

项目二 安全生产法律法规

建立健全安全生产的法律制度是构建安全生产长效机制的前提条件之一。在法律制度的框架下,政府和企业采取有效措施,提高安全生产水平,降低事故发生频率,保障生产正常进行,维护广大从业人员的生命财产安全。从业人员应当了解安全生产法规知识,遵守安全生产规章制度,杜绝"三违"(违章指挥、违规操作、违反劳动纪律)现象,保护好自己,不伤害他人。

能力目标

1. 培养施工作业人员的安全法律意识。

2. 提高运用安全法律法规进行施工安全管理能力。

知识目标

1. 了解我国的安全生产法律法规体系。

2. 熟悉《中华人民共和国安全生产法》《中华人民共和国劳动法》等关于安全生产方面的规定。

3. 掌握从业人员权利、义务和法律责任。

知识结构图

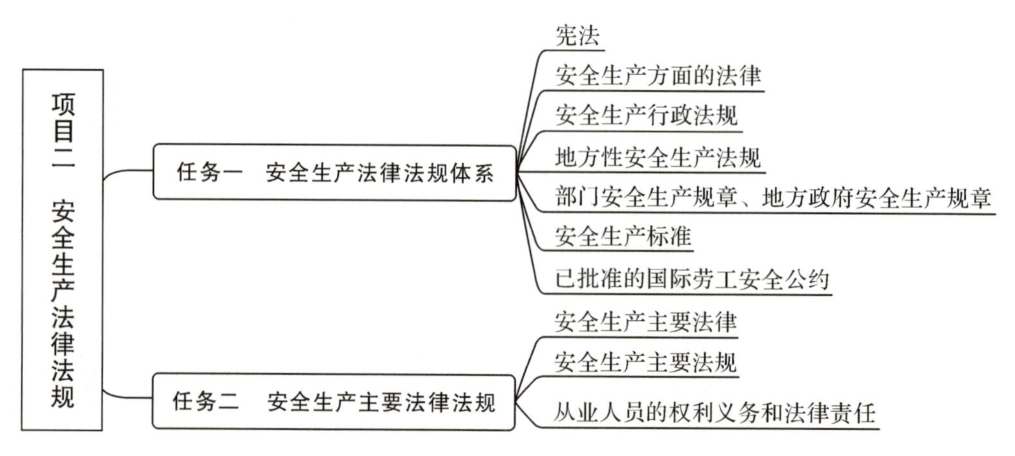

任务一　安全生产法律法规体系

安全生产法律法规是指调整在生产过程中产生的，与劳动者安全、健康以及生产资料和社会财富安全保障有关的各种社会关系的法律规范的总和。按法律地位及效力同等原则，安全生产法律法规体系分为宪法、安全生产方面的法律、安全生产行政法规、安全生产标准和已批准的国际劳工安全公约五个门类。

一、宪法

《中华人民共和国宪法》(简称《宪法》)在安全生产法律体系框架中具有最高的法律位阶。宪法中关于"加强劳动保护，改善劳动条件"是安全生产方面最高法律效力的规定。

二、安全生产方面的法律

法律是由全国人大及其常委会依法制定、修改的，它的地位和效力低于宪法而高于其他法，法律又可分为基础法、专门法律和相关法律三种。

1. 基础法

我国有关安全生产的法律包括《中华人民共和国安全生产法》(简称《安全生产法》)和与它平行的专门法律和相关法律。《安全生产法》是综合规范安全生产的一部基础法律，它由全国人民代表大会常务委员会制定，适用于所有生产经营单位，是我国安全生产法律体系的核心。

2. 专门法律

专门安全生产法律是规范某一专业领域安全生产法律制度的法律。我国在专业领域的法律有《中华人民共和国矿山安全法》《中华人民共和国海上交通安全法》《中华人民共和国消防法》(简称《消防法》)《中华人民共和国道路交通安全法》等。

3. 相关法律

与安全生产有关的法律是指安全生产专门法律以外的其他法律中涵盖有安全生产内容的法律，如《中华人民共和国劳动法》(简称《劳动法》)《中华人民共和国建筑法》《中华人民共和国铁路法》《中华人民共和国民用航空法》《中华人民共和国工会法》《中华人民共和国矿产资源法》等。还有一些与安全生产监督执法工作有关的法律，如《中华人民共和国刑法》(简称《刑法》)《中华人民共和国刑事诉讼法》《中华人民共和国行政处罚法》《中华人民共和国行政复议法》《中华人民共和国国家赔偿法》和《中华人民共和国标准化法》等。

三、安全生产行政法规

国务院为实施安全生产法律或规范安全生产监督管理制度而制定并颁布的一系列具体的安全生产行政法规，是我们实施安全生产监督管理和监察工作的重要依据。我国已颁布了多部安全生产行政法规，如《国务院关于预防煤矿生产安全事故的特别规定》《生产安全事故报告和调查处理条例》和《建设工程安全生产管理条例》等。

四、地方性安全生产法规

地方性安全生产法规是指由省级（省、自治区、直辖市）人民代表大会及其常务委员会根据本行政区域的具体情况和实际需要，在不同宪法、法律、行政法规相抵触的前提下制定的地方性法规。较大的市的人民代表大会及其常务委员会根据本市的具体情况和实际需要，在不同宪法、法律、行政法规和本省、自治区的地方性法规相抵触的前提下，可以制定地方性法规，报省、自治区的人民代表大会常务委员会批准后施行。它是对国家安全生产法律、法规的补充和完善，具有较强的针对性和可操作性。如目前河北省制定的《河北省安全生产条例》《河北省道路运输管理条例》等。

五、部门安全生产规章、地方政府安全生产规章

行政规章在法律体系中处于最低的位阶。根据《中华人民共和国立法法》的有关规定，部门规章之间、部门规章与地方政府规章之间具有同等效力，在各自的权限范围内施行。《安全生产事故隐患排查治理暂行规定》《安全生产违法行为行政处罚办法》等就属于国家安全生产监督管理总局制定的部门规章。

部门规章规定的事项属于执行法律或者国务院的行政法规、决定、命令的事项。地方政府规章一方面从属于法律和行政法规，另一方面又从属于地方法规，并且不能与它们相抵触。

当部门规章之间、部门规章与地方政府规章之间发生抵触时，由国务院裁决。

六、安全生产标准

安全生产标准同样是安全生产法规体系中的一个重要组成部分，也是安全生产管理的基础和监督执法工作的重要技术依据。安全生产标准大致分为设计规范类，安全生产设备、工具类，生产工艺安全卫生类，防护用品类等四类标准。

七、已批准的国际劳工安全公约

国际劳工组织自 1919 年创立以来，一共通过了 185 个国际公约和为数较多的建议书，这些公约和建议书统称国际劳工标准，其中 70%的公约和建议书涉及职业安全卫生问题。我国政府为国际性安全生产工作已签订了国际性公约，当我国安全生产法律与国际公约有不同时，应

优先采用国际公约的规定。

法律的效力层级：

(1)宪法至上；

(2)上位法优于下位法；

(3)特别法优于一般法；

(4)新法优于旧法；

(5)宪法＞法律＞行政法规＞地方性法规和部门规章；

(6)同级别地方法规＞同级别或下级地方政府规章；

(7)上级地方规章＞下级地方规章；

(8)部门规章之间，部门规章与地方政府规章之间具有同等效力，在各自权限范围内施行。

一、单选题

1. 关于法的效力层级，下列说法错误的是(　　)。

A. 同级别地方法规＞同级别或下级地方政府规章

B. 上级地方规章＞下级地方规章

C. 地方性法规和部门规章＞行政法规

D. 部门规章之间，部门规章与地方政府规章之间具有同等效力，在各自权限范围内施行

2.《国务院关于进一步加强企业安全生产工作的通知》要求，要进一步规范企业生产经营行为。加强对生产现场监督检查，严格查处(　　)的“三违”行为。

A. 违章生产、违章指挥、违反劳动纪律　　B. 违章操作、违章指挥、违反工作纪律

C. 违章指挥、违章操作、违反生产纪律　　D. 违章作业、违章指挥、违反劳动纪律

3.《中华人民共和国宪法》是安全生产法律体系框架的最高层次，其中第四十二条中的“(　　)”是有关安全生产方面最高法律效力的规定。

A. 加强劳动保护，改善劳动条件　　B. 提高劳动报酬和福利待遇

C. 防止安全生产事故，保障劳动者安全健康　　D. 创造劳动就业条件

4. 安全生产方面的法律不包括(　　)。

A. 基础法　　B. 专门法律　　C. 相关法律　　D. 行政法规

5.《消防法》属于(　　)。

A. 基础法　　B. 专门法律　　C. 相关法律　　D. 行政法规

任务二　安全生产主要法律法规

地铁盾构区间透水坍塌事故

2018 年 2 月 7 日晚事发前，右线盾构机完成第 905 环掘进后，位于隧道底埋深约 30.5 m 的淤泥质粉土、粉砂、中砂交界处且具有承压水的复杂地质环境中，在进行管片拼装作业时，突遇土仓压力上升，盾尾下沉，盾尾间隙变大，盾尾透水涌砂。经现场施工人员抢险堵漏未果，透水涌砂继续扩大，下部砂层被掏空，使盾构机和成型管片结构向下位移、变形。隧道结构破坏后，巨量泥沙突然涌入隧道，猛烈冲断了盾构机后配套台车连接件，使盾构机台车在泥沙流的裹挟下被冲出 700 余米，并在隧道有限空间内引发了迅猛的冲击气浪，隧道内正在向外逃生的部分人员被撞击、挤压、掩埋，造成 11 人死亡、1 人失踪、8 人受伤，直接经济损失约 5323.8 万元。

分析与决策

1. 你认为该事故违反了哪些法律法规的哪些规定？
2. 针对该事故企业以及相关人员应当承担哪些法律责任？

目前，我国涉及安全生产的法律法规条文较多，这里仅将涉及安全生产的主要法律、法规、部门规章、地方性法规（或规章）等做如下介绍。

一、安全生产主要法律

在法律层面上，《安全生产法》《劳动法》《刑法》《消防法》和《环境保护法》等对安全生产都进行了规范。

1. 安全生产法

资料：安全生产法

《安全生产法》于 2002 年 6 月 29 日经第九届全国人民代表大会常务委员会第二十八次会议通过，自 2002 年 11 月 1 日起施行。2021 年 6 月 10 日第十三届全国人民代表大会常务委员会第二十九次会议通过《全国人民代表大会常务委员会关于修改〈中华人民共和国安全生产法〉的决定》第三次修正，自 2021 年 9 月 1 日起施行。《安全生产法》是我国第一部全面规范安全生产的专门法律，是我国安全生产的主体法，是各类生产经营单位及其从业人员实现安全生产所必须遵循的行为准则,是各级人民政府及其有关部门进行安全生产监督管理和行政执法的主要依据。该法明确安全生产的运行机制和监管体制,确定了安全生产的基本法律制度,明确了对安全生产负有责任的各方主体和从业人员的权利、义务以及应承担的法律责任。

《安全生产法》第三条:安全生产工作坚持中国共产党的领导。

安全生产工作应当以人为本,坚持人民至上、生命至上,把保护人民生命安全摆在首位,树牢安全发展理念,坚持安全第一、预防为主、综合治理的方针,从源头上防范化解重大安全风险。

安全生产工作实行管行业必须管安全、管业务必须管安全、管生产经营必须管安全,强化和落实生产经营单位主体责任与政府监管责任,建立生产经营单位负责、职工参与、政府监管、行业自律和社会监督的机制。

《安全生产法》第四十六条:生产经营单位的安全生产管理人员应当根据本单位的生产经营特点,对安全生产状况进行经常性检查;对检查中发现的安全问题,应当立即处理;不能处理的,应当及时报告本单位有关负责人,有关负责人应当及时处理。检查及处理情况应当如实记录在案。

生产经营单位的安全生产管理人员在检查中发现重大事故隐患,依照前款规定向本单位有关负责人报告,有关负责人不及时处理的,安全生产管理人员可以向主管的负有安全生产监督管理职责的部门报告,接到报告的部门应当依法及时处理。

《安全生产法》第五十一条:生产经营单位必须依法参加工伤保险,为从业人员缴纳保险费。

国家鼓励生产经营单位投保安全生产责任保险;属于国家规定的高危行业、领域的生产经营单位,应当投保安全生产责任保险。具体范围和实施办法由国务院应急管理部门会同国务院财政部门、国务院保险监督管理机构和相关行业主管部门制定。

2.劳动法

资料:劳动法

《劳动法》于1994年7月5日第八届全国人民代表大会常务委员会第八次会议通过,1994年7月5日中华人民共和国主席令第二十八号公布,自1995年1月1日起施行。2018年12月29日第十三届全国人民代表大会常务委员会第七次会议通过《全国人民代表大会常务委员会关于修改〈中华人民共和国劳动法〉等七部法律的决定》第二次修正。《劳动法》对用人单位必须建立健全劳动安全卫生制度,严格执行国家劳动安全卫生规程和标准,对劳动者进行劳动安全卫生教育,提供劳动安全卫生条件和必要的劳动防护用品,防止劳动过程中的事故,减少职业危害以及劳动者的权利和义务等方面进行了规范。

《劳动法》第五十四条:用人单位必须为劳动者提供符合国家规定的劳动安全卫生条件和必要的劳动防护用品,对从事有职业危害作业的劳动者应当定期进行健康检查。

《劳动法》第五十五条:从事特种作业的劳动者必须经过专门培训并取得特种作业资格。

《劳动法》第五十六条:劳动者在劳动过程中必须严格遵守安全操作规程。

劳动者对用人单位管理人员违章指挥、强令冒险作业,有权拒绝执行;对危害生命安全和身体健康的行为，有权提出批评、检举和控告。

3.刑法

《刑法》于1979年7月1日第五届全国人民代表大会第二次会议通过，1979年7月6日全国人民代表大会常务委员会委员长令第五号公布，自1980年1月1日起施行。《中华人民共和国刑法修正案（十一）》由2020年12月26日第十三届全国人民代表大会常务委员会第二十四次会议通过，自2021年3月1日起施行。在建筑施工活动中违反有关法律法规，造成严重安全生产后果的，应当根据《刑法》第134、135、136、137、139条的规定承担相应的刑事责任。

4.消防法

《消防法》于1998年4月29日由第九届全国人民代表大会常务委员会第二次会议通过，中华人民共和国主席令第4号发布。《消防法》由2021年4月29日第十三届全国人民代表大会常务委员会第二十八次会议第二次修正。该法律从消防设计、审核、建筑构件和建筑材料的防火性能、消防设施的日常管理到工程建设各方主体应履行的消防责任和义务逐一进行了规范。

资料：消防法

《消防法》第二十一条：禁止在具有火灾、爆炸危险的场所吸烟、使用明火。因施工等特殊情况需要使用明火作业的，应当按照规定事先办理审批手续，采取相应的消防安全措施；作业人员应当遵守消防安全规定。进行电焊、气焊等具有火灾危险作业的人员和自动消防系统的操作人员，必须持证上岗，并遵守消防安全操作规程。

《消防法》第二十八条：任何单位、个人不得损坏、挪用或者擅自拆除、停用消防设施、器材，不得埋压、圈占、遮挡消火栓或者占用防火间距，不得占用、堵塞、封闭疏散通道、安全出口、消防车通道。人员密集场所的门窗不得设置影响逃生和灭火救援的障碍物。

5.环境保护法

资料：环境保护法

《中华人民共和国环境保护法》（简称《环境保护法》）是我国环境保护的基本法。第七届全国人民代表大会常务委员会第十一次会议通过，中华人民共和国主席令第22号公布，自1989年12月26日起施行。新修订的《中华人民共和国环境保护法》已于2014年4月24日经第十二届全国人民代表大会常务委员会第八次会议通过，于2015年1月1日起施行。《环境保护法》进一步明确了政府对环境保护监督管理职责，完善了生态保护红线等环境保护基本制度，强化了企业污染防治责任，加大了对环境违法行为的法律制裁，增强了法律的可执行性和可操作性。被称为“史上最严”的环境保护法。

《环境保护法》第四十二条：排放污染物的企业事业单位和其他生产经营者，应当采取措施，防治在生产建设或者其他活动中产生的废气、废水、废渣、医疗废物、粉尘、恶臭气体、放射性物质以及噪声、振动、光辐射、电磁辐射等对环境的污染和危害。

排放污染物的企业事业单位，应当建立环境保护责任制度，明确单位负责人和相关人员的责任。

重点排污单位应当按照国家有关规定和监测规范安装使用监测设备，保证监测设备正常运行，保存原始监测记录。

严禁通过暗管、渗井、渗坑、灌注或者篡改、伪造监测数据，或者不正常运行防治污染设施等逃避监管的方式违法排放污染物。

涉及安全生产的其他法律还有《环境噪声污染防治法》《固体废物污染环境防治法》《大气污染防治法》《特种设备安全法》等。

二、安全生产主要法规

在行政法规层面上，《建设工程安全生产管理条例》和《安全生产许可证条例》是建筑安全生产法规体系中主要的行政法规。

1. 建设工程安全生产管理条例

资料：建设工程安全生产管理条例

《建设工程安全生产管理条例》于 2003 年 11 月 12 日国务院第 28 次常务会议通过，2003 年 11 月 24 日国务院令第 393 号发布自 2004 年 2 月 1 日起施行。该条例较为详细地规定了建设单位、勘察单位、设计单位、施工单位、工程监理单位及其他与建设工程安全生产有关单位的安全生产责任，以及政府部门对建设工程安全生产实施监督管理的责任等。涉及施工单位的安全责任主要包括以下内容。

第二十四条　建设工程实行施工总承包的，由总承包单位对施工现场的安全生产负总责。总承包单位应当自行完成建设工程主体结构的施工。总承包单位依法将建设工程分包给其他单位的，分包合同中应当明确各自的安全生产方面的权利、义务。总承包单位和分包单位对分包工程的安全生产承担连带责任。分包单位应当服从总承包单位的安全生产管理，分包单位不服从管理导致生产安全事故的，由分包单位承担主要责任。

第二十五条　垂直运输机械作业人员、安装拆卸工、爆破作业人员、起重信号工、登高架设作业人员等特种作业人员，必须按照国家有关规定经过专门的安全作业培训，并取得特种作业操作资格证书后，方可上岗作业。

第二十六条　施工单位应当在施工组织设计中编制安全技术措施和施工现场临时用电方案，对下列达到一定规模的危险性较大的分部分项工程编制专项施工方案，并附具安全验算结果，经施工单位技术负责人、总监理工程师签字后实施，由专职安全生产管理人员进行现场监督：(一)基坑支护与降水工程；(二)土方开挖工程；(三)模板工程；(四)起重吊装工程；(五)脚手架工程；(六)拆除、爆破工程；(七)国务院建设行政主管部门或者其他有关部门规定的其他危险性较大的工程。

对前款所列工程中涉及深基坑、地下暗挖工程、高大模板工程的专项施工方案，施工单位还应当组织专家进行论证、审查。

本条第一款规定的达到一定规模的危险性较大工程的标准，由国务院建设行政主管部门会同国务院其他有关部门制定。

第二十七条　建设工程施工前，施工单位负责项目管理的技术人员应当对有关安全施工的技术要求向施工作业班组、作业人员作出详细说明，并由双方签字确认。

第三十条　施工单位对因建设工程施工可能造成损害的毗邻建筑物、构筑物和地下管线等，应当采取专项防护措施。施工单位应当遵守有关环境保护法律、法规的规定，在施工现场采取措施，防止或者减少粉尘、废气、废水、固体废物、噪声、振动和施工照明对人和环境的危害和污染。在城市市区内的建设工程，施工单位应当对施工现场实行封闭围挡。

2.安全生产许可证条例

《安全生产许可证条例》于2004年1月7日经国务院第34次常务会议通过，2004年1月13日国务院令第397号发布施行。2014年7月29日国务院第54次常务会议通过《国务院关于修改部分行政法规的决定》第二次修订，对《安全生产许可证条例》进行了部分内容的修改，自公布之日起施行。该条例确立了企业安全生产的准入制度，对矿山企业、建筑施工企业和危险化学品、烟花爆竹、民用爆破器材生产企业实行安全生产许可制度。

资料：安全生产许可证条例

《安全生产许可证条例》第六条规定，企业取得安全生产许可证，应当具备下列安全生产条件：

(1)建立、健全安全生产责任制，制定完备的安全生产规章制度和操作规程；

(2)安全投入符合安全生产要求；

(3)设置安全生产管理机构，配备专职安全生产管理人员；

(4)主要负责人和安全生产管理人员经考核合格；

(5)特种作业人员经有关业务主管部门考核合格，取得特种作业操作资格证书；

(6)从业人员经安全生产教育和培训合格；

(7)依法参加工伤保险，为从业人员缴纳保险费；

(8)厂房、作业场所和安全设施、设备、工艺符合有关安全生产法律、法规、标准和规程的要求；

(9)有职业危害防治措施，并为从业人员配备符合国家标准或者行业标准的劳动防护用品；

(10)依法进行安全评价；

(11)有重大危险源检测、评估、监控措施和应急预案；

(12)有生产安全事故应急救援预案、应急救援组织或者应急救援人员，配备必要的应急救援器材、设备；

(13)法律、法规规定的其他条件。

涉及安全生产的其他法规还有《生产安全事故报告和调查处理条例》(国务院令第493号)、

《国务院关于进一步加强安全生产工作的决定》(国发〔2004〕2号)、《国务院关于进一步加强企业安全生产工作的通知》(国发〔2010〕23号)和《国务院关于特大安全事故行政责任追究的规定》(国务院令第302号)等。其中,《生产安全事故报告和调查处理条例》对生产安全事故的等级、报告、调查和处理等方面做了相应规定。

三、从业人员的权利义务和法律责任

《安全生产法》规定:"生产经营单位的从业人员有依法获得安全生产保障的权利,并应当依法履行安全生产方面的义务。

1.从业人员的权利

根据《安全生产法》《建筑法》《劳动法》和《建设工程安全生产管理条例》等法律法规,建筑施工从业人员在安全生产方面享有合同权,知情权,建议权,批评权,检举、控告权,拒绝权,紧急避险权,要求赔偿的权利,获得劳动防护用品的权利,获得安全生产教育和培训的权利。

(1)签订劳动合同的权利。《安全生产法》第五十二条规定:生产经营单位与从业人员订立的劳动合同,应当载明有关保障从业人员劳动安全、防止职业危害的事项,以及依法为从业人员办理工伤保险的事项。生产经营单位不得以任何形式与从业人员订立协议,免除或者减轻其对从业人员因生产安全事故伤亡依法应承担的责任。

(2)获得安全防护用具和安全防护服装的权利。获得安全防护用具和安全防护服装,是从业人员享有的一项基本权利。向从业人员提供安全防护用具和安全防护服装,是施工单位的一项法定义务。施工单位购置的安全防护用具和安全防护服装必须符合国家标准或者行业标准。

(3)知情权。从业人员享有了解施工现场和工作岗位存在的危险因素、防范措施及事故应急措施的权利。从业人员了解施工现场和工作岗位存在的危险因素,如易燃易爆、有毒有害等危险物品及其可能对人体造成的伤害,高处作业、机械设备运转等存在的危险因素等,这不仅是从业人员的权利,也是提高防范意识、实现自我保护、有效预防事故的发生和将事故损失降低到最低程度的有效途径。同时,从业人员也有权了解危险岗位的操作规程和违章操作的危害。施工单位应当书面告知从业人员危险岗位的操作规程和违章操作的危害,不得隐瞒、忽略,更不能欺骗从业人员,这既是施工单位的法定义务,也是法律赋予从业人员的知情权。这有利于提高从业人员的安全生产意识和事故防范能力,减少事故发生。

(4)建议权。《安全生产法》第五十三条规定:"生产经营单位的从业人员有权了解其作业场所和工作岗位存在的危险因素、防范措施及事故应急措施,有权对本单位的安全生产工作提出建议。"

(5)对安全生产工作中存在的问题提出批评、检举和控告的权利。施工从业人员直接从事施工作业,对本岗位、本工程项目的作业条件、作业程序和作业方式中存在的安全问题有最直接的感受,能够提出一些切中要害的、符合实际的合理化建议和批评意见,有利于施工单位和工程项目不断改进安全生产工作,减少工作当中的失误。对安全生产工作中存在的问题,如施工单位和工程项目违反安全生产法律、法规、规章等行为，从业人员有权向建设行政主管部门、负有安全生产监督管理职责的部门直至监察机关、地方人民政府等进行检举、控告，这有利于有关部门及时了解、掌握施工单位安全生产工作中存在的问题，并采取措施，制止和查处施工单位违反安全生产法律、法规的行为，防止生产安全事故的发生。对从业人员的检举、控告，建设行政主管部门和其他有关部门应当查清事实，认真处理，不得压制和打击报复。

(6)有权拒绝违章指挥和强令冒险作业。违章指挥、强令冒险作业，侵犯了从业人员的合法权利，是严重的违法行为，也是导致安全事故的重要因素。法律赋予从业人员有权拒绝违章指挥和强令冒险作业的权利，对于维护正常的生产秩序，有效防止安全事故发生，保护从业人员自身的人身安全，具有十分重要的意义。

(7)现场紧急撤人避险权利。在施工中发生危及人身安全的紧急情况时，从业人员有权立即停止作业或者在采取必要的应急措施后撤离危险区域。建筑活动具有不可预测的风险，从业人员在施工过程中有可能会突然遇到直接危及人身安全的紧急情况，此时如果不停止作业或者撤离作业场所就会造成重大的人身伤亡事故。法律赋予从业人员在上述紧急情况下可以停止作业以及撤离作业场所的权利，这对于保证从业人员人身安全是十分重要的。

(8)享有工伤保险和伤亡赔偿权。工伤保险是为了保障从业人员在工作中遭受事故伤害和患职业病后获得医疗救治、经济补偿和职业康复的权利。根据《工伤保险条例》规定，施工单位应当参加工伤保险，为本单位全部职工缴纳工伤保险费。2011 年 4 月 22 日颁布的《建筑法》修正案规定："建筑施工企业应当依法为职工参加工伤保险缴纳工伤保险费。鼓励企业为从事危险作业的职工办理意外伤害保险，支付保险费。"根据《安全生产法》规定："因生产安全事故受到损害的从业人员，除依法享有工伤社会保险外，依照有关民事法律尚有获得赔偿的权利的，有权向本单位提出赔偿要求。"赔偿责任，是指行为人因其行为导致他人财产或人身受到损害时，行为人以自己的财产弥补受害人损失的责任，其主要作用是弥补受害人的经济损失。施工从业人员因事故受到损害的，如果施工单位对事故的发生负有责任，除依法享有工伤社会保险外，还有权向本单位提出赔偿要求。

(9)获得安全生产教育和培训的权利。即从业人员有获得本职工作所需的安全生产知识、安全生产教育和培训的权利。使从业人员提高安全生产技能，增强事故预防和应急处理能力。

2.从业人员的义务

施工单位的从业人员在享有安全生产保障权利的同时，也必须履行相应的安全生产方面的义务。主要包括以下几方面：

(1)遵守有关安全生产的法律、法规和规章的义务。施工单位的从业人员在施工过程中，应当遵守有关安全生产的法律、法规和规章。这些安全生产的法律、法规和规章是总结安全生产的经验教训，根据科学规律和法定程序制定的，是实现安全生产的基本要求和保证，严格遵守是每一个从业人员的法律义务。

(2)遵守安全施工的强制性标准、本单位的规章制度和操作规程的义务。施工现场的从业人员是建设活动的具体承担者之一,其是否能严格遵守工程建设强制性标准、安全生产规章制度和安全操作规程,直接决定着施工过程能否安全。

(3)正确使用安全防护用具、机械设备的义务。

①从业人员应当正确使用安全防护用具。从业人员应当熟悉、掌握安全防护用具的构造、功能,掌握正确使用的有关知识,在作业过程中按照规则和要求正确佩戴和使用。

②从业人员应当正确使用机械设备。从业人员应当熟悉和了解所使用的机械设备的构造和性能,掌握安全操作知识和技能,遵照安全操作规程进行操作。

(4)接受安全生产教育培训,掌握所从事工作应具备的安全生产知识的义务。建筑活动的复杂性和多样性决定了安全生产知识和安全生产技能的复杂性和多样性。要保障安全生产,从业人员必须具备安全生产知识、技能以及事故预防和应急处理能力。施工从业人员有权享有、有义务接受社会、单位和工程项目组织的安全生产教育培训。

(5)发现事故隐患或者其他不安全因素立即报告的义务。从业人员直接承担具体的作业活动,更容易发现事故隐患或者其他不安全因素。从业人员一旦发现事故隐患或者其他不安全因素,应当立即向现场安全管理人员或者本单位负责人报告,不得隐瞒不报或者拖延报告。

另外,生产经营单位使用被派遣劳动者的,被派遣劳动者享有《安全生产法》规定的从业人员的权利,并应当履行其规定的从业人员的义务。

3.从业人员的法律责任

从业人员不服从管理,违反安全生产规章制度、操作规程和劳动纪律,冒险作业的,由单位给予批评教育,依照有关规章制度给予处分;造成重大伤亡事故或者其他严重后果,依法追究其法律责任。通常情况下,所谓的法律责任包括行政责任和刑事责任。

(1)行政责任。行政责任是指违反有关行政管理的法律、法规的规定,但尚未构成犯罪的违法行为所应承担的法律责任。追究行政责任通常以行政处分和行政处罚两种方式来实施(见表2-1)。

表2-1　行政处罚与行政处分的种类

类别	一般规定	建设工程领域
行政处罚	(1)警告 (2)罚款 (3)没收违法所得,没收非法财物 (4)责令停产停业 (5)暂扣或者吊销许可证(执照) (6)行政拘留	(1)警告 (2)罚款 (3)没收违法所得 (4)责令限期改正,责令停业整顿 (5)取消一定期限内投标资格 (6)责令停止施工 (7)降低资质等级 (8)吊销资质证书 (9)责令停止执业、吊销执业资格证书等

续表

类别	一般规定	建设工程领域
行政处分	(1)警告 (2)记过 (3)记大过 (4)降级 (5)撤职 (6)开除	—

①行政处分。行政处分是指国家机关、企事业单位根据法律、法规和规章的有关规定，按照管理权限，由所在单位或者其上级主管机关对犯有违法和违纪行为的国家工作人员及国有企业、国有控股公司有关人员所给予的一种制裁处理。

②行政处罚。行政处罚指国家行政机关对违法行为所实施的强制性惩罚措施。

(2)刑事责任。刑事责任是指责任主体违反国家刑事法律规定所应承担的法律后果。根据《刑法》的规定，从业人员在安全生产中触犯《刑法》的，应承担以下刑事责任：

第134条规定：在生产、作业中违反有关安全管理的规定，因而发生重大伤亡事故或者造成其他严重后果的，处三年以下有期徒刑或者拘役；情节特别恶劣的，处三年以上七年以下有期徒刑。

强令他人违章冒险作业，或者明知存在重大事故隐患而不排除，仍冒险组织作业，因而发生重大伤亡事故或者造成其他严重后果的，处五年以下有期徒刑或者拘役；情节特别恶劣的，处五年以上有期徒刑。

第135条规定：安全生产设施或者安全生产条件不符合国家规定，因而发生重大伤亡事故或者造成其他严重后果的，对直接负责的主管人员和其他直接责任人员，处三年以下有期徒刑或者拘役；情节特别恶劣的，处三年以上七年以下有期徒刑。

第136条规定：违反爆炸性、易燃性、放射性、毒害性、腐蚀性物品的管理规定，在生产、储存、运输、使用中发生重大事故造成严重后果的，处三年以下有期徒刑或者拘役；后果特别严重的，处三年以上七年以下有期徒刑。

第137条规定：建设单位、设计单位、施工单位、工程监理单位违反国家规定，降低工程质量标准，造成重大安全事故的，对直接责任人员，处五年以下有期徒刑或者拘役，并处罚金；后果特别严重的，处五年以上十年以下有期徒刑，并处罚金。

第139条规定：违反消防管理法规，经消防监督机构通知采取改正措施而拒绝执行，造成严重后果的，对直接责任人员，处三年以下有期徒刑或者拘役；后果特别严重的，处三年以上七年以下有期徒刑。

在安全事故发生后，负有报告职责的人员不报或者谎报事故情况，贻误事故抢救，情节严重的，处三年以下有期徒刑或者拘役；情节特别严重的，处三年以上七年以下有期徒刑。

一、单选题

1.《建设工程安全生产管理条例》规定，施工单位应当在施工组织设计中编制安全技术措施和施工现场临时用电方案，对下列达到一定规模的危险性较大的分部分项工程编制专项施工方案，并附具安全验算结果，经（　　）、总监理工程师签字后实施，由专职安全生产管理人员进行现场监督。

A. 企业负责人　　B. 施工单位技术负责人

C. 项目经理　　D. 工班长

2.《建设工程安全生产管理条例》规定，建设工程实行施工总承包的，总承包单位和分包单位对分包工程的安全生产（　　）。

A. 不承担责任　　B. 承担部分责任

C. 承担主要责任　　D. 承担连带责任

3.《环境保护法》第四十二条规定：（　　）通过暗管、渗井、渗坑、灌注或者篡改、伪造监测数据，或者不正常运行防治污染设施等逃避监管的方式违法排放污染物。

A. 可以　　B. 严禁　　C. 不得　　D. 禁止

4.《消防法》规定，因施工等特殊情况需要使用明火作业的，应当按照规定事先办理（　　）。

A. 审批手续　　B. 备案手续　　C. 许可手续　　D. 保险手续

5.《消防法》规定，（　　）在具有火灾、爆炸危险的场所吸烟、使用明火。

A. 可以　　B. 允许　　C. 不得　　D. 禁止

6. 依据《安全生产法》的规定，从业人员有权对本单位安全生产工作中存在的问题提出（　　）。

A. 异议、检举、控告　　B. 批评、告发、控告

C. 批评、检举、复议　　D. 批评、检举、控告

7. 下列选项中，不属于《安全生产法》设定的从业人员相应的法定义务有（　　）。

A. 接受安全培训，掌握安全生产技能

B. 听从单位负责人的安排

C. 正确佩戴和使用劳动防护用品

D. 发现事故隐患或者其他不安全因素及时报告

8. 依据《安全生产法》的规定，从业人员在施工过程中发现有直接危及人身安全的紧急情况时，享有停止作业或者在采取可能的应急措施后撤离作业场所的权利，这种权利也被称之为（　　）。

A. 拒绝权　　B. 紧急避险权　　C. 建议权　　D. 控告权

9. 依据《安全生产法》的规定，生产经营单位的从业人员有权了解其作业场所和工作岗位存在的危险因素、防范措施及(　　)。

A. 劳动用工情况　　B. 安全技术措施

C. 安全投入资金情况　　D. 事故应急措施

10. 从业人员有权拒绝(　　)和强令冒险作业的权利。

A. 违章指挥　　B. 人员调动　　C. 带病工作　　D. 加班安排

11.《刑法》第 135 条规定：安全生产设施或者安全生产条件不符合国家规定，因而发生重大伤亡事故或者造成其他严重后果的，对直接负责的主管人员和其他直接责任人员，给予哪种处罚？(　　)

A. 处三年以下有期徒刑或者拘役　　B. 处五年以下有期徒刑或者拘役

C. 处五年以上有期徒刑　　D. 处三年以上七年以下有期徒刑

12.《刑法》第 139 条规定，在安全事故发生后，负有报告职责的人员不报或者谎报事故情况，贻误事故抢救，情节特别严重的，给予哪种处罚？(　　)

A. 处三年以下有期徒刑或者拘役　　B. 处五年以下有期徒刑或者拘役

C. 处五年以上有期徒刑　　D. 处三年以上七年以下有期徒刑

13.《刑法》第 134 条规定，强令他人违章冒险作业，因而发生重大伤亡事故或者造成其他严重后果的，给予哪种处罚？(　　)

A. 处三年以下有期徒刑或者拘役　　B. 处五年以下有期徒刑或者拘役

C. 处五年以上有期徒刑　　D. 处三年以上七年以下有期徒刑

项目三 高处作业安全管理

隧道及地下工程施工现场绝大多数作业涉及高处作业，比如隧道施工中初期支护、防水层铺设、二次衬砌施工，地铁施工中的地铁车站主体结构的钢筋绑扎、模板安装，区间盾构施工中的管片拼装、盾构机维保，等等。高处作业事故主要包括两个方面，即高处作业落物和高处坠落，其他事故类型还有起重伤害、触电、机械伤害等。从受伤部位来看，物体打击造成死亡的部位大部分都在头部。高处坠落后头部着地或受冲击，易造成脑外伤或内脏损伤而致命，四肢、躯干、腰椎等部位受冲击往往造成重伤甚至终生残疾。在中国，施工现场40%的死亡事故是由高空坠落造成的。

能力目标

1. 培养高处作业安全防护意识。
2. 能正确佩戴个人安全防护用品。
3. 具备高处作业安全检查和事故隐患排查能力。

知识目标

1. 了解常用的安全防护用品。
2. 掌握安全帽、安全带的佩戴方法。
3. 掌握高处作业的安全要点。

知识结构图

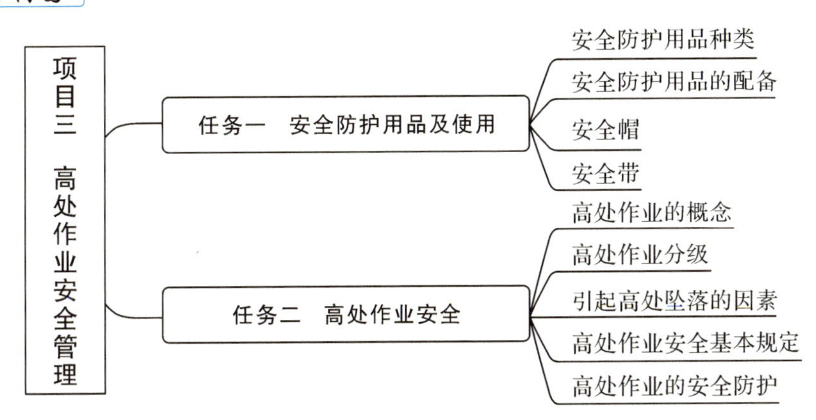

任务一　安全防护用品及使用

未正确佩戴安全防护用品的事故

2007年12月6日，某工地的架子工小张在进行脚手架的拆卸工作，上到脚手架后，小张随手将随身的安全带挂钩挂到脚下的脚手管子上，然后拿起扳手开始松脚手管上的螺丝，突然脚下一滑，身体失去平衡，从脚手架上摔了下来。虽然小张佩戴了安全帽，却没有将安全帽的下领带系上，安全帽在他坠落的过程中脱落，小张的头撞上了脚手架的管子，当场死亡。

分析与决策

1. 你认为这次事故的原因是什么？
2. 高处作业应当佩戴哪些安全防护用品？
3. 怎样正确佩戴安全防护用品？

安全防护用品，也称劳动保护用品（图3－1），是指由用人单位为劳动者配备的，使其在劳动过程中免遭或者减轻事故伤害及职业病危害的个体防护装备。劳动防护用品是由用人单位提供的，保障劳动者安全与健康的辅助性、预防性措施，不得以劳动防护用品替代工程防护设施和其他技术、管理措施。

图3－1 安全防护用品展示图

资料：用人单位劳动防护用品管理规范的通知

一、安全防护用品的种类

根据《用人单位劳动防护用品管理规范的通知》(安监总厅安健〔2015〕124 号)的规定，劳动防护用品分为以下十大类：

(1)防御物理、化学和生物危险、有害因素对头部伤害的头部防护用品，比如安全帽、工作帽。

(2)防御缺氧空气和空气污染物进入呼吸道的呼吸防护用品，比如防尘口罩、防毒面具等。

(3)防御物理和化学危险、有害因素对眼面部伤害的眼面部防护用品，比如护目镜、防护罩。

(4)防噪声危害及防水、防寒等的听力防护用品，比如耳塞、耳罩、防噪声帽。

(5)防御物理、化学和生物危险、有害因素对手部伤害的手部防护用品，比如防腐蚀、防化学药品手套，绝缘手套，搬运手套，防火防烫手套等。

(6)防御物理和化学危险、有害因素对足部伤害的足部防护用品，比如绝缘鞋、保护足趾安全鞋、防滑鞋、防油鞋、防静电鞋等。

(7)防御物理、化学和生物危险、有害因素对躯干伤害的躯干防护用品，比如防护服。

(8)防御物理、化学和生物危险、有害因素损伤皮肤或引起皮肤疾病的护肤用品。

(9)防止高处作业劳动者坠落或者高处落物伤害的坠落防护用品，比如安全带、安全绳和防坠器等。

(10)其他防御危险、有害因素的劳动防护用品。

资料：个体防护装备选用规范

二、安全防护用品的配备

用人单位应按照识别、评价、选择的程序，结合劳动者作业方式和工作条件，并考虑其个人特点及劳动强度，发放防护功能和效果适用的劳动防护用品，并监督其正确佩戴使用。

(1)施工现场的从业人员必须戴安全帽、穿工作鞋和工作服。

(2)雨季施工应提供雨衣、雨裤和雨鞋，冬季严寒地区应提供防寒工作服。

(3)高处作业人员应衣着灵便、穿软底鞋，禁止赤脚或穿拖鞋、硬底鞋、高跟鞋和带钉易滑的鞋上岗。悬空作业时，必须正确系挂安全带。

(4)从事电钻、砂轮等手持电动工具作业，操作人员必须穿绝缘鞋、戴绝缘手套和防护眼镜。

(5)从事蛙式夯实机、振动冲击夯作业，操作人员必须穿具有电绝缘功能的保护足趾安全鞋、戴绝缘手套。

(6)从事可能飞溅渣屑的机械设备作业，操作人员必须戴防护眼镜。

(7)从事脚手架作业，操作人员必须穿灵便的紧口工作服、系带的高腰布面胶底防滑鞋，戴工作手套，高处作业时，必须系安全带。

(8)从事电气作业,操作人员必须穿电绝缘鞋和灵便的紧口工作服。

(9)从事焊接作业,操作人员必须穿阻燃防护服、电绝缘鞋、鞋盖,戴绝缘手套和焊接防护面罩、防护眼镜等劳动防护用品,且符合下列要求:

①在高处作业时,必须戴安全帽与面罩连接式焊接防护面罩,系阻燃安全带。

②从事清除焊渣作业,应戴防护眼镜。

③在封闭的室内或容器内从事焊接作业,必须戴焊接专用防尘防毒面罩。

(10)从事塔式起重机及垂直运输机械作业,操作人员必须穿系带的高腰布面胶底防滑鞋、紧口工作服,戴手套;信号指挥人员应穿专用标志服装,强光环境条件作业,应戴有色防护眼镜。

三、安全帽

安全帽主要是为了保护头部不受到伤害,它可以在以下几种情况下保护人的头部不受伤害或降低头部伤害的程度:

(1)飞来或坠落下来的物体击向头部时。

(2)当作业人员从 2 m 及以上的高处坠落下来时。

(3)当头部有可能触电时。

(4)在低矮的部位行走或作业,头部有可能碰撞到尖锐、坚硬的物体时。

安全帽的结构如图 3-2 所示。

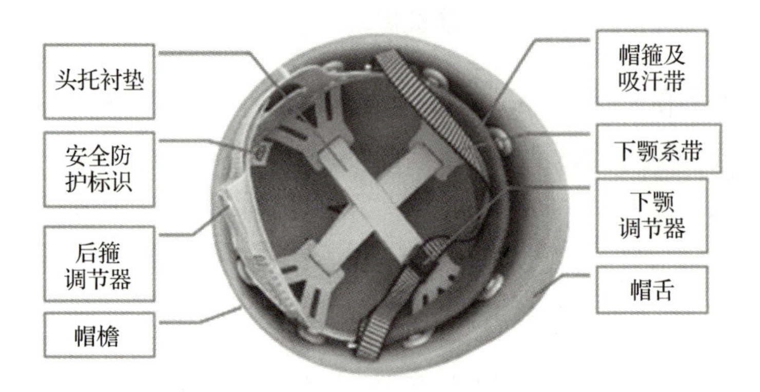

图 3-2 安全帽结构图

安全帽的佩戴要符合标准,使用要符合规定。如果佩戴和使用不正确,就起不到充分的防护作用。一般应注意下列事项:

(1)戴安全帽前应将帽后调整带按自己头型调整到适合的位置,然后将帽内弹性带系牢。缓冲衬垫的松紧由带子调节,人的头顶和帽体内顶部的空间垂直距离一般在 25~50 mm,最好不要小于 32 mm。这样才能保证在遭受到冲击时,帽体有足够的空间可供缓冲,平时也有利于头和帽体间的通风。

(2)不要把安全帽歪戴,也不要把帽沿戴在脑后方。否则,会降低安全帽对于冲击的防护作用。

(3)安全帽的下领带必须扣在颌下，并系牢，松紧要适度。这样不致于被大风吹掉，或者是被其他障碍物碰掉，或者由于头的前后摆动，使安全帽脱落。

(4)安全帽体顶部除了在帽体内部安装了帽衬外，有的还开了小孔通风。但在使用时不要为了透气而随便再行开孔。因为这样做会使帽体的强度降低。

(5)由于安全帽在使用过程中，会逐渐损坏。所以要定期检查，检查有没有龟裂、下凹、裂痕和磨损等情况，发现异常现象要立即更换，不准再继续使用。任何受过重击(不论有无损坏现象)、有裂痕的安全帽，均应报废。

(6)严禁使用只有下颌带与帽壳连接的安全帽，也就是帽内无缓冲层的安全帽。

(7)施工人员在现场作业中，不得将安全帽脱下，搁置一旁，或当坐垫使用。

(8)由于安全帽大部分是使用高密度低压聚乙烯塑料制成，具有硬化的性质，所以不易长时间地在阳光下暴晒。

(9)新安全帽，首先检查是否有劳动部门允许生产的证明及产品合格证，再看是否破损、薄厚不均，缓冲层及调整带和弹性带是否齐全有效。不符合规定要求的立即调换。

(10)在现场室内作业也要戴安全帽，特别是在室内带电作业时，更要认真戴好安全帽，因为安全帽不但可以防碰撞，而且还能起到绝缘作用。

(11)平时使用安全帽时应保持整洁，不能接触火源，不要任意涂刷油漆，不准当凳子坐，防止丢失。如果丢失或损坏，必须立即补发或更换。

图 3-3 安全帽佩戴规定

(12)无安全帽一律不准进入施工现场，如图 3-3 所示。

四、安全带

安全带是防止高处作业人员发生坠落或发生坠落后将作业人员安全悬挂的个体防护装备，2 m 及以上高处作业时需配置和正确佩戴安全带。安全带按作业类别分为围杆作业安全带、区域限制安全带、坠落悬挂安全带三类，如表 3-1 所示。

表 3-1 安全带按作业类别分类

类别	定义
围杆作业安全带	通过围绕在固定构造物上的绳或带将人体绑定在固定构造物附近，使作业人员的双手可以进行其他操作的安全带
区域限制安全带	用以限制作业人员的活动范围，避免其到达可能发生坠落区域的安全带
坠落悬挂安全带	高处作业或登高人员发生坠落时，将作业人员安全悬挂的安全带

常用全身式坠落悬挂安全带的结构如图 3-4 所示。

图 3-4　全身式坠落悬挂安全带结构

安全带的使用和维护有以下几点要求：

(1)思想上必须重视安全带的作用。无数事例证明，安全带是"救命带"。可是有少数人觉得系安全带麻烦，上下行走不方便，特别是一些小活、临时活，认为"有扎安全带的时间活都干完了"。殊不知，事故发生就在一瞬间，所以高处作业必须按规定要求系好安全带。

(2)安全带使用前应检查绳带有无变质、卡环是否有裂纹、卡簧弹跳性是否良好。

(3)高处作业如安全带无固定挂处，应采用适当强度的钢丝绳或采取其他方法。禁止把安全带挂在移动或带尖锐棱角或不牢固的物件上。

(4)高挂低用。将安全带挂在高处，人在下面工作就叫作高挂低用。这是一种比较安全合理的科学系挂方法。它可以使有坠落发生时的实际冲击距离减小。与之相反的是低挂高用。就是安全带拴挂在低处，而人在上面作业。这是一种很不安全的系挂方法，因为当坠落发生时，实际冲击的距离会加大，人和绳都要受到较大的冲击负荷。所以安全带必须高挂低用，杜绝低挂高用。

(5)安全带要拴挂在牢固的构件或物体上，要防止摆动或碰撞，绳子不能打结使用，钩子要挂在连接环上。

(6)安全带绳保护套要保持完好，以防绳被磨损。若发现保护套损坏或脱落，必须加上新套后再使用。

(7)安全带严禁擅自接长使用。如果使用 3m 及以上的长绳时必须要加缓冲器，各部件不得任意拆除。

(8)安全带在使用前要检查各部位是否完好无损。安全带在使用后，要注意维护和保管。要经常检查安全带缝制部分和挂钩部分，必须详细检查捻线是否发生断裂和残损等。

(9)安全带不使用时要妥善保管，不可接触高温、明火、强酸、强碱或尖锐物体，不要存放在潮湿的仓库中保管。

(10)安全带在使用两年后应抽验一次，频繁使用应经常进行外观检查，发现异常必须立即更换。定期或抽样试验用过的安全带，不准再继续使用。

练习题

一、判断题

1. 受过一次强冲击的安全帽应及时报废,不能继续使用。(　　)

二、单选题

1. 安全带的正确挂扣方法是(　　)。

A. 低挂高用　　B. 高挂低用　　C. 平挂平用　　D. 都可以

2. 安全带使用注意事项,说法错误的是(　　)。

A. 不要在安全绳上打结

B. 高处作业时可以单挂安全绳,没有必要同时使用两条安全绳

C. 不要将安全绳用作维修绳索或调运绳索

D. 高处作业如无固定挂处,应采用适当强度的钢丝绳或采取其他方法悬挂

3. 电工登高作业应该佩戴哪种安全带?(　　)

A. 围杆作业安全带　　B. 区域限制安全带

C. 坠落悬挂安全带　　D. 全身式安全带

4. 下列关于安全帽的使用,说法错误的是(　　)。

A. 严禁使用只有下颌带与帽壳连接的安全帽,也就是严禁使用帽内无缓冲层的安全帽

B. 施工人员在现场作业中,不得将安全帽脱下,搁置一旁,或当坐垫使用

C. 为了透气,可以在安全帽体顶部随便再行开孔

D. 不要把安全帽歪戴,也不要把帽舌戴在脑后方

三、火眼金睛

安全防护用品及使用安全隐患排查

任务二　高处作业安全

地铁车站预留洞口高处坠落事故

在某地铁车站施工现场，中铁某局通风班一名员工搬运风管半成品从站厅层临时加工区到临时成品区，在一次搬运中，他没有注意脚下具体情况，将预留洞孔(尺寸为 1m×1m)的盖板移动踢走，再次行走中从站厅该预留孔洞跌落至站台临边防护栏杆上，最后跌落至站台板，高空跌落后失去知觉，被救护车拉走救治。

分析与决策

1. 你认为这次事故的原因是什么？
2. 高处作业应采取哪些防护措施？
3. 在高处作业应遵守哪些安全规定？

一、高处作业的概念

按照作业标准《建筑施工高处作业安全技术规范》JGJ 80—2016 的规定，高处作业是指在坠落高度基准面 2 m 及以上、有可能坠落的高处进行的作业。坠落高度基准面是指通过可能坠落范围内最低处的水平面。当发生相对落差为 2 m 及以上的高处坠落时，一般情况下会引起伤残或死亡，需要采取必要措施防止坠落发生。

二、高处作业分级

按照行业标准《高处作业分级》GB/T 3608—2008 的规定，高处作业按作业点可能坠落的坠落高度划分，分为四个级别：

一级高处作业，作业高度在 2～5 m，坠落半径为 3 m。

二级高处作业，作业高度在 5～15 m，坠落半径为 4 m。

三级高处作业，作业高度在 15～30 m，坠落半径为 5 m。

四级高处作业：作业高度大于 30 m，坠落半径为 6 m。

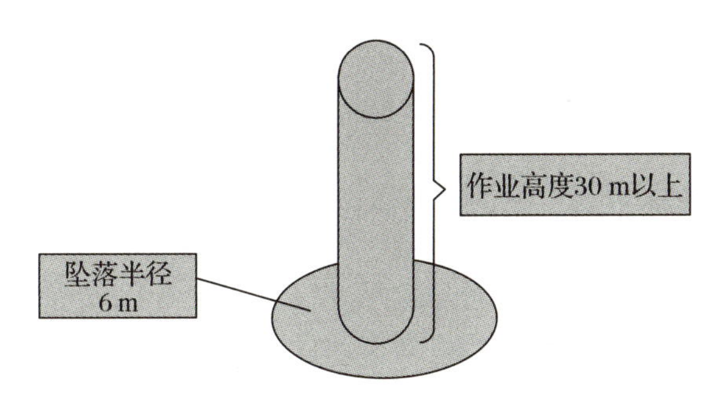

图 3－5　坠落高度与坠落半径之间的关系图

如图 3－5 所示，坠落高度越高，坠落时的冲击能量越大，造成的伤害越大，危险性也越大。同时，坠落高度越高，坠落半径也越大，坠落时的影响范围也越大。因此对不同高度的高处作业，防护设施的设置及其范围有所不同，才能有效减少第三者或本人伤害。

三、引起高处坠落的因素

在高处作业，许多因素容易引起坠落。在国家标准《高处作业分级》GB/T 3608—2008 中列出了直接引起坠落的 11 种客观危险因素：

（1）阵风风力五级（风速 8.0m/s）以上。

（2）GB/T 4200—2008《高温作业分级》规定的Ⅱ级或Ⅱ级以上的高温作业。

（3）平均气温等于或低于 5℃的作业环境。

（4）接触冷水温度等于或低于 12℃的作业。

（5）作业场地有冰、雪、霜、水、油等易滑物。

（6）作业场所光线不足，能见度差。

（7）作业活动范围与危险电压带电体的距离小于表 3－2 的规定。

表 3－2　作业活动范围与危险电压带电体的距离

危险电压带电体的电压等级/kV	≤10	35	63～110	220	330	500
距离/m	1.7	2.0	2.5	4.0	5.0	6.0

（8）摆动，立足处不是平面或只有很小的平面，即任一边小于 500 mm 的矩形平面、直径小于 500 m 的圆形平面或具有类似尺寸的其他形状的平面，致使作业者无法维持正常姿势。

（9）GB 3869—1997[①] 规定的Ⅲ级或Ⅲ级以上的体力劳动强度。

① 根据国家标准化管理委员会 2017 年第 6 号公告和强制性标准整合精简结论，自 2017 年 3 月 23 日起，该标准废止。

(10)存在有毒气体或空气中含氧量低于19.5%的作业环境。

(11)可能会引起各种灾害事故的作业环境和抢救突然发生的各种灾害事故。

四、高处作业安全基本规定

资料：建筑施工高处作业安全技术规范

(1)施工中凡涉及临边与洞口作业、攀登与悬空作业、操作平台、交叉作业及安全网搭设的，应在施工组织设计或施工方案中制订高处作业安全技术措施。

(2)高处作业施工前，应按类别对安全防护设施进行检查、验收，验收合格后方可进行作业，并应做验收记录。验收可分层或分阶段进行。

(3)高处作业施工前，应对作业人员进行安全技术交底，并应记录。应对初次作业人员进行培训。

(4)应根据要求将各类安全警示标志悬挂于施工现场各相应部位，如图3-6所示，夜间应设红灯警示。高处作业施工前，应检查高处作业的安全标志、工具、仪表、电气设施和设备，确认其完好后，方可进行施工。

图3-6 高处作业安全警示标志

(5)高处作业人员应根据作业的实际情况配备相应的高处作业安全防护用品，并应按规定正确佩戴和使用相应的安全防护用品、用具。

(6)对施工作业现场可能坠落的物料，应及时拆除或采取固定措施。高处作业所用的物料应堆放平稳，不得妨碍通行和装卸。工具应随手放入工具袋；作业中的走道、通道板和登高用具，应随时清理干净；拆卸下的物料及余料和废料应及时清理运走，不得随意放置或向下丢弃。传递物料时不得抛掷。

(7)高处作业应按现行国家标准《建设工程施工现场消防安全技术规范》GB 50720—2011的规定，采取防火措施。

(8)在雨、霜、雾、雪等天气进行高处作业时，应采取防滑、防冻和防雷措施，并应及时清除作业面上的水、冰、雪、霜。

当遇有6级及以上强风、浓雾、沙尘暴等恶劣天气，不得进行露天攀登与悬空高处作业。雨雪天气后，应对高处作业安全设施进行检查，当发现有松动、变形、损坏或脱落等现象时，应立即修理完善,维修合格后方可使用。

(9)对需临时拆除或变动的安全防护设施,应采取可靠措施,作业后应立即恢复。

(10)应有专人对各类安全防护设施进行检查和维修保养,发现隐患应及时采取整改措施。

五、高处作业的防护

1. 临边作业防护

临边作业是指在工作面边沿无围护或围护设施高度低于 800 mm 的高处作业,包括楼板边、楼梯段边、屋面边、阳台边、各类坑、沟、槽等边沿的高处作业。

坠落高度基准面 2 m 及以上进行临边作业时,应在临空一侧设置防护栏杆。临边作业的防护栏杆应由横杆、立杆及挡脚板组成,如图 3-7 所示,并应符合下列规定:防护栏杆应为两道横杆,上杆距地面高度应为 1.2 m,下杆应在上杆和挡脚板中间设置;当防护栏杆高度大于 1.2 m 时,应增设横杆,横杆间距不应大于 600 mm;防护栏杆立杆间距不应大于 2 m;挡脚板高度不应小于 180 mm。

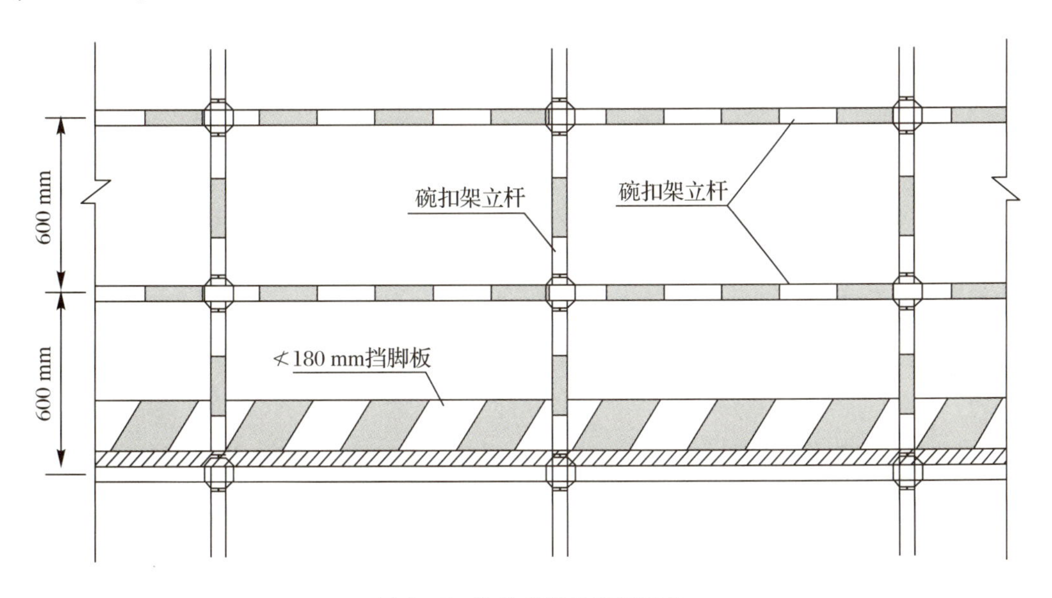

图 3-7 防护栏杆的设置要求

当采用钢管作为防护栏杆杆件时,横杆及栏杆立杆应采用脚手钢管,并应采用扣件、焊接、定型套管等方式进行连接固定;当采用其他材料作防护栏杆杆件时,应选用与钢管材质强度相当的材料,并应采用螺栓、销轴或焊接等方式进行连接固定。应确保防护栏杆在上下横杆和立杆任何部位处,均能承受任何方向 1 kN 的外力作用。当栏杆所处位置有发生人群拥挤、物件碰撞等可能时,应加大横杆截面或加密立杆间距。

2.洞口作业防护

洞口作业是指在地面、楼面、屋面和墙面等有可能使人和物料坠落，其坠落高度大于或等于2m的洞口处的高处作业，包括施工现场及通道附近深度在2 m及2 m以上的桩孔、沟槽与管道孔洞等边沿作业，如施工预留的上料口、通道口、施工口等。

洞口作业时，应采取防坠落措施，并应符合下列规定：

(1)当竖向洞口短边边长小于500 mm时，应采取封堵措施；当垂直洞口短边边长大于或等于500mm时，应在临空一侧设置高度不小于1.2m的防护栏杆，并应采用密目式安全立网或工具式栏板封闭，设置挡脚板。竖向洞口防护措施如图3-8所示。

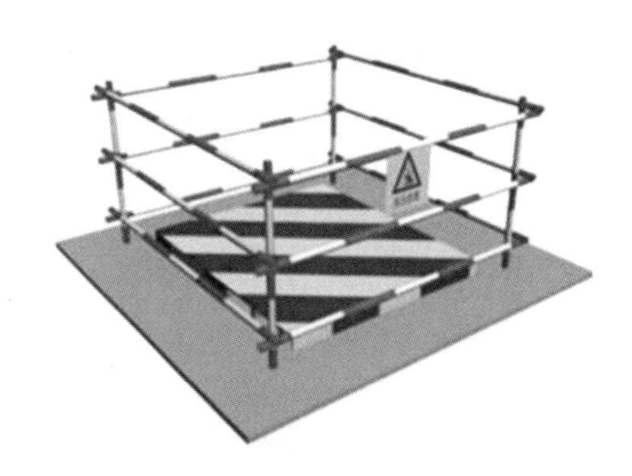

图3-8　竖向洞口作业防坠落措施

(2)当非竖向洞口短边边长为250～500 mm时，应采用承载力满足使用要求的盖板覆盖，盖板四周搁置应均衡，且应防止盖板移位。

(3)当非竖向洞口短边边长为500～1500 mm时，应采用盖板覆盖或防护栏杆等措施，并应固定牢固。

(4)当非竖向洞口短边边长大于或等于1500 mm时，应在洞口作业侧设置高度不小于1.2 m的防护栏杆，洞口应采用安全平网封闭。

3.攀登作业防护

攀登作业是指借助登高用具或登高设施进行的高处作业。

登高作业应借助牢固可靠的施工通道、梯子及其他攀登设施和用具。当采用单梯时梯面应与水平面成75°夹角，踏步不得缺失，梯格间距宜为300mm，不得垫高使用，上下单梯时手中不得持物。梯子踏面载荷不应大于1.1kN，同一梯子上不得两人同时作业，且脚手架操作层上严禁架设梯子作业。

深基坑施工应设置扶梯、入坑踏步及专用载人设备或斜道等设施。采用斜道时，应加设间距不大于400 mm的防滑条等防滑措施。作业人员严禁沿坑壁支撑或乘运土工具上下。

一、判断题

1. 高处作业上下投掷工具、材料和杂物时，方应设安全警戒区，有明显警戒标志，并设专人监护。(　　)

二、单选题

1. 凡坠落高度基准面(　　)的高处进行的作业均称为高处作业。

A. 2 m　　B. 2 m 及 2 m 以上　　C. 3 m 及 3 m 以上　　D. 5 m 及 5 m 以上

2. 使用单梯时，梯面应与水平面成(　　)夹角，踏步不得缺失，梯格间距宜为 300 mm，不得垫高使用。

A. 45°　　B. 60°　　C. 75°　　D. 80°

3. 施工现场中，临边作业是指工作面边沿无围护设施或围护设施高度低于(　　)cm 时的高处作业。

A. 30　　B. 60　　C. 80　　D. 100

三、多选题

1. 下列属于高空坠落环境方面原因的是(　　)。

A. 阵风风力 5 级(风速 8.0 m/s)以上的高处作业

B. 作业场所光线不足，能见度差

C. 作业场所有冰、雪、霜、水、油等易滑物

D. “洞口临边”无防护设施或安全设施不牢固、或已损坏未及时处理

四、火眼金睛

高处作业安全
隐患排查

项目四

起重吊装作业安全管理

隧道及地下工程施工在很多情况下需要借助机械工具，其中的起重机械工具是比较常用的设备，它对提升施工效率起着非常重要的作用。但在起重吊装作业中安全管理工作也凸显出极大的重要性，其安全管理体现的不仅是施工质量，还体现出对施工人员生命健康的保障。在起重吊装过程中，稍有不慎就可能发生吊物坠落、挤压碰撞、触电、高处坠落、机车倾翻或其他事故，受伤害人员多，财产损失巨大。

能力目标

1. 培养起重吊装作业安全意识。
2. 培养起重吊装作业安全检查和事故隐患排查能力。

知识目标

1. 熟悉吊钩和钢丝绳的使用注意事项。
2. 掌握吊钩和钢丝绳安全检查的方法和报废标准。
3. 掌握起重吊装作业的安全要点。

知识结构图

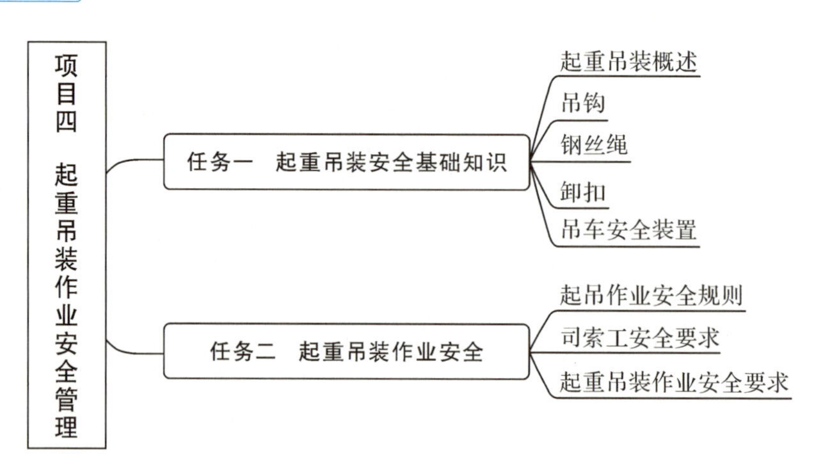

任务一　起重吊装安全基础知识

起重机钢丝绳断裂事故

某公司使用一台轮胎式起重机从平板车卸钢管，装卸队没有检查吊钩吊具，也不掌握这批钢管数量及每捆钢管的重量，装卸工人仅凭以往常规装卸经验进行装卸作业，只用两根直径 15 mm 的 6×37 钢丝绳起吊，后经计算，每捆钢管的重量大大超出了钢丝绳的许用承载能力。在吊装过程中，钢丝绳突然断裂，整捆钢管坠落至地面，所幸没有发生人身伤亡。

分析与决策

1. 起重吊装时可能会发生哪些类型的安全事故？
2. 怎样检查钢丝绳、吊钩等吊具、锁具是否合格？
3. 怎样进行钢丝绳的负荷计算？

一、起重吊装概述

1. 起重吊装作业的概念

起重吊装作业是利用各种力学知识，借助各种起重吊运工具、设备和地形场地，根据起重物的不同结构、形状、重量、重心及起重的要求，采用不同的方式方法，将物体吊运到指定位置。

2. 吊车吊装原理

起重吊装作业的设备包括桥式起重机、门式起重机、塔式起重机、移动式起重机、升降机、轻小型起吊等设备，本节内容主要讲解移动式起重机（履带式起重机、轮胎式起重机和汽车起重机）的起重吊装安全知识。

以汽车起重机（汽车吊）为例，见图 4-1，汽车吊是装在普通汽车底盘或特制汽车底盘上的一种起重机，其行驶驾驶室与起重操纵室分开设置。这种起重机的优点是机动性好，转移迅速。缺点是工作时须支腿，不能负荷行驶，也不适合在松软或泥泞的场地上工作。在起重机工作时，汽车的轮胎没有受力，只有依靠四条液压支腿将整个汽车吊抬起来，同时展开起重机的各个部分进行起重作业；当遇到转移起重机时，需要将起重机的各个部分收回到汽车上，使汽车恢复到车辆运输功能状态进行转移。

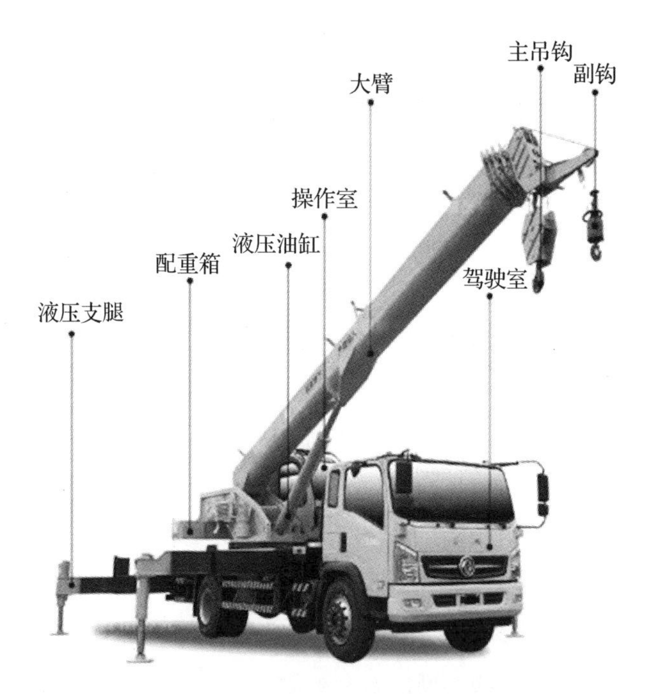

图 4-1　汽车吊工作原理示意图

3.起重吊装作业危险特征

(1)作业环境复杂,起重吊装作业由司机、指挥、绑挂人员等多人配合协同作业;在它的作业范围内,还包含其他设备及作业人员,作业场所的限制也比较多,危险性较大。

(2)操作过程复杂,起重机械通常都具有外形庞大的结构和比较复杂的机构。一般都能够进行起升、运行、变幅、回转等多种动作。此外,起重机构的零部件较多,如吊钩、钢丝绳等,且经常与作业人员直接接触,起重机司机准确操纵有相对高的难度。

(3)起重机外形尺寸较大,自身重量较大,对场地及基础要求较高。

(4)吊装物件的重量较大,部分物件重心的确定较复杂。

(5)需要在较大的范围内运行,活动空间较大。

(6)起重吊装是一项需要良好配合的作业。很多吊装作业需要多人配合或者多机配合,协调配合难度较大,危险性较高。

4.吊装作业的分级与分类

吊装作业按吊装重物的重量分为三级,按吊装作业级别分为三类,见表 4-1。

表 4-1　吊装作业的分级与分类

吊装重物的重量	吊装作业分级	吊装作业分类
大于 80 t	一级吊装作业	大型吊装作业
等于 40 t 至小于等于 80 t	二级吊装作业	中型吊装作业
小于 40 t	三级吊装作业	一般吊装作业

二、吊钩

1. 吊钩的分类

吊钩按制造方法可分为锻造吊钩和片式吊钩。

吊钩又可分为单钩和双钩。单钩一般用于小起重量，最大起重量不大于 80 t。双钩多用于较大的起重量，通常大于 80 t 的起重设备都采用双钩。

2. 吊钩危险断面

(1)钩身水平断面 A—A。吊钩按曲梁理论计算，其钩身部分应力最大的断面为 A—A 和 B—B，见图 4-2。因此这两个断面称为危险断面。

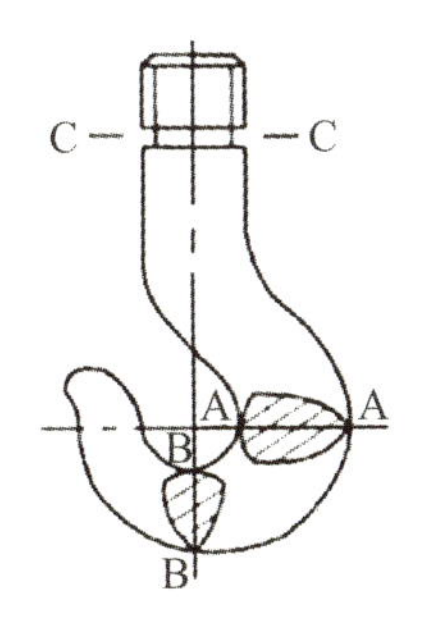

图 4-2　吊钩危险断面

(2)钩身垂直断面 B—B。B—B 断面虽然受力不如 A—A 断面大，却是吊索强烈磨损的部位。随着断面面积减小，承载能力下降，应按实际磨损的断面尺寸计算。

(3)钩柄尾部的螺纹部位 C—C 断面。螺纹根部应力集中，容易受到腐蚀，会在缺陷处断裂。

3. 吊钩使用要求

(1)吊钩应固定牢靠，转动部位应灵活，钩体表面光洁，无裂纹及任何有损伤钢丝绳的缺陷，吊钩上的缺陷不得补焊。

(2)为防止吊钩自行脱钩，吊钩上宜设置防止意外脱钩的安全装置。

(3)吊钩卸去检验载荷后，不应有任何明显的缺陷和变形，开口度的增加量不应超过原尺寸的 15%。

(4)检验合格的吊钩，应在吊钩低应力区打印标记，包括额定起重量、厂标或厂名、检验标志、生产编号等内容。

(5)吊钩出现下列情况之一时应予报废:

①裂纹;

②危险断面磨损达原尺寸的 10%;

③开口度比原尺寸增加 15%;

④钩身扭转变形超过 10°;

⑤吊钩危险断面或吊钩颈部产生塑性变形;

⑥片钩衬套磨损达原尺寸的 50%时,应更换衬套;

⑦片钩心轴磨损达原尺寸的 5%时,应更换心轴。

三、钢丝绳

1.钢丝绳的概念

钢丝绳是将数条或数十条钢丝捻成一股,再将数股配上纤维材料捻制而成的绳索,是吊装中的主要绳索,可用作起吊、牵引、捆扎等。钢线的材料为优质的炭钢,强度为 150～180 kg/mm^2。钢丝绳多由六股旋捻而成,中心为麻制或钢丝制成的芯,绳芯主要作用增加钢丝绳弹性和韧性、润滑钢丝、减轻摩擦,提高钢丝绳使用寿命。钢丝绳的结构见图 4-3。

钢丝绳按钢丝绳绳股及丝数不同可分为 6×19、6×37 和 6×61 三种,起重作业中最常用的是 6×19 和 6×37 钢丝绳。

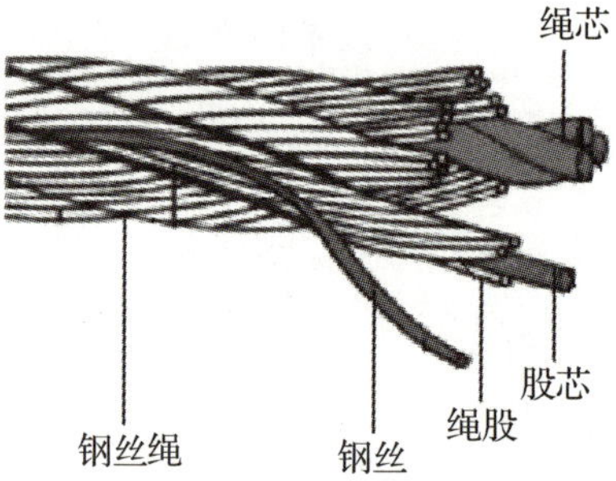

图 4-3　钢丝绳的结构

2.钢丝绳吊索

钢丝绳吊索,又叫千斤索或千斤绳、绳扣,用于连接起重机吊钩和被吊装设备。钢丝绳吊索两端的绳套可根据工作需要装上桃形环、卡环或吊钩等吊索附件,见图 4-4。

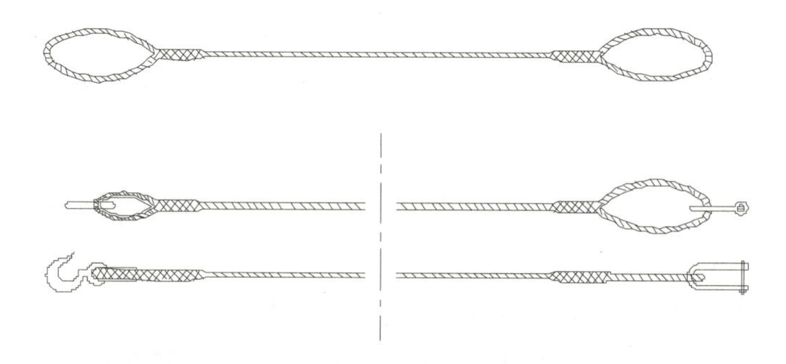

图 4-4　钢丝绳吊索

钢丝绳允许工作载荷=钢丝绳破断拉力/安全系数。钢丝绳破断拉力可以查找标准或手册中钢丝绳的力学性能表(如表 4-2 所示),也可以查看钢丝绳标牌信息。对于安全系数,当利用吊索上的吊钩、卡环钩挂重物上的起重吊环时,应不小于 6;当用吊索直接捆绑重物,且吊索与重物棱角间采取了妥善的保护措施时,应取 6～8;当吊重、大或精密的重物时,除应采取妥善保护措施外,安全系数应取 10。

表 4-2 6×19 钢丝绳的主要数据

直径/mm		钢丝总截面积/(mm^2)	线质量/(kg/100m)	钢丝绳容许拉应力/(N/mm^2)				
				1400	1550	1700	1850	2000
钢丝绳	钢丝			钢丝破断拉力总和不小于/kN				
6.2	0.4	14.32	13.53	20.0	22.1	24.3	26.4	28.6
7.7	0.5	22.37	21.14	31.3	34.6	38.0	41.3	44.7
9.3	0.6	32.22	30.45	45.1	49.9	54.7	59.6	64.4
11.0	0.7	43.85	41.44	61.3	67.9	74.5	81.1	87.7
12.5	0.8	57.27	54.12	80.10	88.7	97.3	105.5	114.5
14.0	0.9	72.49	68.50	101.0	112.0	123.0	134.0	144.5
15.5	1.0	89.49	84.57	125.0	138.5	152.0	165.5	178.5
17.0	1.1	103.28	102.30	151.5	167.5	184.0	200.0	216.5
18.5	1.2	128.87	121.80	180.0	199.5	219.0	238.0	257.5

3.钢丝绳报废标准

钢丝绳的报废标准是由一个捻节内的钢丝断数而决定的。钢丝绳的捻节距就是任一条钢丝绳股环绕一周的轴向距离。如图 4-5 所示,6 股绳的捻节距就是在绳上的一条母线上数 6 节的间距。钢丝绳的结构型式断丝标准如表 4-3 所示。

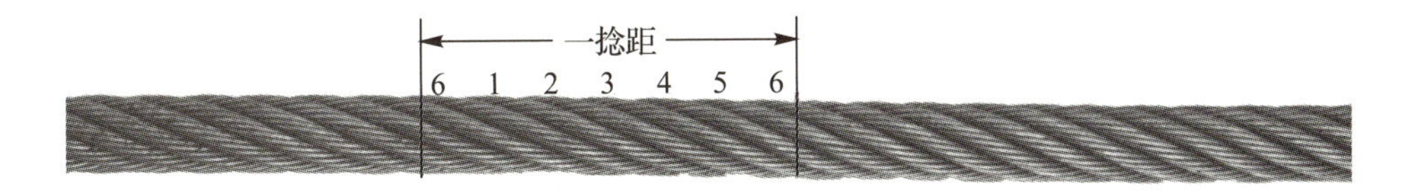

图 4-5 钢丝绳的捻节距

表 4-3 钢丝绳的结构型式断丝标准

钢丝绳原有的安全系数	6×19+1 麻芯		6×37+1 麻芯		6×61+1 麻芯		18×19+1 麻芯	
	交捻	顺捻	交捻	顺捻	交捻	顺捻	交捻	顺捻
k<6	12	6	22	11	36	18	36	18
6≤k≤7	14	7	26	13	38	19	38	19
k>7	16	8	30	15	48	20	40	20

当钢丝在径向有磨损或腐蚀时，其径向磨损或腐蚀量达原直径的 10%～40%，则应将表 4－3的断丝数按表 4－4 折减，并按折减后的断丝数予以报废。

当磨损或腐蚀量超过直径的 40%时，不论其断丝数多少都一概报废。

表 4－4　钢丝绳磨损或腐蚀率对应折减系数

磨损或腐蚀率	对应折减系数
10%	85%
15%	75%
20%	70%
25%	60%

此外，遇到以下情况之一时，也应报废钢丝绳。

(1)钢丝绳直径减少量达 7%时。

(2)出现整股断裂时。

(3)钢丝绳有明显的内部腐蚀时。

(4)局部外层钢丝绳呈“笼”状畸变时。

(5)钢丝绳纤维芯发生扭结、变折塑性变形、麻芯脱出，受电弧高温灼伤影响钢丝绳性能的。

四、卸扣

卸扣有连接作用，如钢丝绳扣和吊耳无法直接连接，可通过卸扣进行连接，这样钢丝绳不需直接连在吊耳上，卸扣比较圆滑，不会对钢丝绳有磨损作用，卸扣也可以与钢丝绳锁具配套作为捆绑锁具使用，如图 4－6 所示。

(a)U 型卸扣

(b)卸扣与吊耳的连接

(c)卸扣作为捆绑锁具

图 4－6　锁扣及其应用

卸扣使用注意事项：

(1)作业前，检查所有卸扣型号是否匹配，连接处是否牢固、可靠。

(2)禁止使用螺栓或者金属棒代替销轴。

(3)起吊过程中不允许有较大的冲击与碰撞。

(4)销轴在承吊孔中应转动灵活,不允许有卡阻现象。

(5)卸扣本体不能承受横向弯矩作用,即承载力应在本体平面内。

(6)在本体平面内承载力存在不同角度时,卸扣的最大工作载荷也有所调整。

(7)以卸扣承载的两腿锁具间的最大夹角不得大于 120°。

(8)卸扣在与钢丝绳锁具配套作为捆绑锁具使用时,卸扣的横销部分应与钢丝绳锁具的锁眼进行连接,以免在锁具提升时,钢丝绳与卸扣发生摩擦,造成横销转动,导致横销与扣体脱离,如图 4-7 所示。

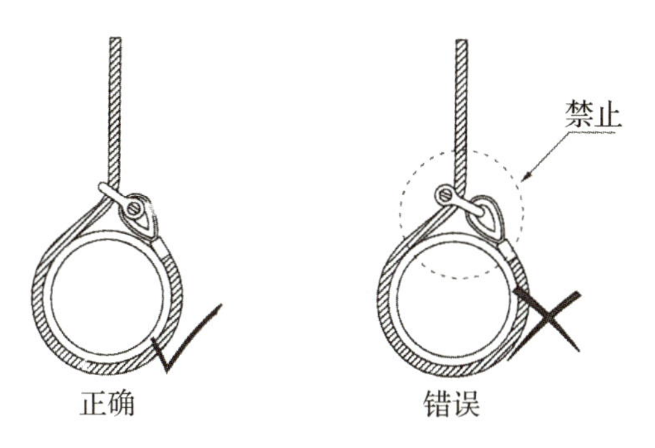

图 4-7　卸扣的横销部分与钢丝绳锁具的锁眼连接

五、吊车安全装置

为了保证起重机械安全运行,避免造成人身伤亡及机械损坏等事故,在起重设备上配备各种安全防护装置是必须的。了解安全防护装置的构造、工作原理和使用要求,对起重机的操作人员和日常维护保养人员来说是非常重要的。下面以汽车吊为例:

(1)起重量指示器(角度盘,也叫重量限位器)。装在臂杆根部接近驾驶位置的角度指示,它随着臂杆仰角而变化,反映出臂杆对地面的夹角,知道了臂杆不同位置的仰角,根据起重机的性能表和性能曲线,就可知在某仰角时的幅度值、起重量、起升高度等各项参考数值。

(2)过卷扬限制器(也称超高限位器)。装在臂杆端部滑轮组上限制钩头起升高度,防止发生过卷扬事故的安全装置。它保证吊钩起升到极限位置时,能自动发出报警信号或切断动力源停止起升,以防过卷。

(3)力矩限制器,力矩限制器是当荷载力矩达到额定起重力矩时就自动切断起升或变幅动力源,并发出禁止性报警信号的安全装置,是防止超载造成起重机失稳的限制器。

(4)防臂杆后仰装置和防背杆支架,防臂杆后仰装置和防背杆支架,是当臂杆起升到最大额定仰角时,不再提升的安全装置,它防止臂杆仰角过大时造成后倾。

一、判断题

1. 当用吊索直接捆绑重物，且吊索与重物棱角间采取了妥善的保护措施时，钢丝绳的安全系数应取 6～8。（　　）

二、单选题

1. 关于钢丝绳报废的标准，下列说法错误的是（　　）。

A. 钢丝绳直径减少量达 10%时　　B. 出现整股断裂时

C. 钢丝绳有明显的内部腐蚀时　　D. 局部外层钢丝绳显“笼”状畸变时

2. 钢丝绳在一个捻节距内断丝数达钢丝绳总丝数的（　　），就应报废更新。

A. 5%　　B. 7%　　C. 10%　　D. 15%

3. 当钢丝绳磨损或腐蚀量超过直径的（　　）时，不论其断丝数多少都一概报废。

A. 20%　　B. 30%　　C. 40%　　D. 50%

4. 吊钩的危险断面磨损达原尺寸的（　　）时，就应该报废。

A. 5%　　B. 10%　　C. 15%　　D. 20%

5. 被吊物体重量为 40 t，那么按吊装重物的重量其吊装属于（　　）吊装。

A. 一级　　B. 二级　　C. 三级　　D. 四级

6. 关于卸扣使用注意事项，下列说法错误的是（　　）。

A. 作业前，检查所有卸扣型号是否匹配，连接处是否牢固、可靠

B. 可以使用螺栓或者金属棒代替销轴

C. 销轴在承吊孔中应转动灵活，不允许有卡阻现象

D. 卸扣本体不能承受横向弯矩作用，即承载力应在本体平面内

7. 以卸扣承载的两腿锁具间的最大夹角不得大于（　　）。

A. 90°　　B. 100°　　C. 110°　　D. 120°

8. 关于起重吊装作业的危险特征，下列说法错误的是（　　）。

A. 作业环境复杂　　B. 操作过程复杂

C. 起重机对场地及基础要求较小　　D. 需要良好配合的作业

三、多选题

1. 吊钩使用要求，下列说法正确的是（　　）。

A. 吊钩应固定牢靠，转动部位应灵活，钩体表面光洁，无裂纹及任何有损伤钢丝绳的缺陷，吊钩上的缺陷不得补焊

B. 为防止吊钩自行脱钩，吊钩上宜设置防止意外脱钩的安全装置

C. 吊钩卸去检验载荷后，不应有任何明显的缺陷和变形，开口度的增加量不应超过原尺寸的10％

D. 检验合格的吊钩，应在吊钩低应力区打印标记，包括额定起重量、厂标或厂名、检验标志、生产编号等内容

四、火眼金睛

吊具锁具安全隐患排查

任务二　起重吊装作业安全

某地铁起重伤害事故

2014年12月3日，在某市地铁3号线施工现场发生一起汽车起重机倾覆事故，驾驶员违章操作，将汽车吊支腿架设在沟槽边缘土质松软且易坍塌的地面上，并且未在左前侧支腿下方垫设垫板，当钢筋吊运至汽车吊左侧时，超载13.7％，左前液压支腿处压力加大，致使汽车吊左前液压支腿下陷，最终导致汽车吊整体倾覆。事故造成3人死亡，1人受伤，同时造成5辆小轿车不同程度受损，直接经济损失450万元。

分析与决策

1. 你认为这次事故的原因是什么？
2. 吊车司机、指挥者、司索工应承担哪些安全方面职责？
3. 起重吊装作业要遵守哪些安全管理要求？

资料：建筑施工起重吊装安全技术规范

一、起吊作业安全规则

1. 作业前的准备

(1)起重机进入现场，应检查作业区域周围有无障碍物。起重机应停放在

作业点附近平坦坚硬的地面上。地面松软不平或强度不足时，地面必须采用足够强度、厚度的钢板垫实，使起重机处于水平状态。

(2)起吊前，司索人员应确认本次起吊用的钢丝绳、吊具、吊钩等均处于完好状态，核算起吊重量在吊车最大起重载荷的允许范围内。

2.作业规则

(1)变幅应平稳，严禁猛然起落臂杆。

(2)作业时，臂杆可变倾角不得超过制造厂规定：起重机臂杆长 35 m 时，应为 30°～80°。制造厂无规定时，最大倾角不得超过 78°。

(3)变幅角度或回转半径应与起重量相适应。

(4)回转前要注意周围(特别是尾部)不得有人和障碍物。

(5)必须在回转运动停止后，方可改变转向，当不再回转时，应锁紧回转制动器。

3.提升和降落的规则

(1)起吊前，应检查确定臂杆长度、臂杆倾角、回转半径及允许负荷间的相互关系，每一数据都应在规定范围以内，绝不许超出规定，强行作业。

(2)应定期检查起吊钢丝绳及吊钩的完好情况，保证有足够的强度。

(3)起吊前，要检查蓄能器力矩限制器、过绕断路装置、报警装置等是否灵敏可靠。

(4)为防止作业时离合器突然脱开，应用离合器操纵杆加以锁紧。

(5)禁止在起重机作业时，对运转部位进行修理、调整、保养等工作。

(6)作业中如突然发生故障，应立即卸载，停止作业，进行检查和修理。

(7)当重物悬在空中时，司机不得离开操作室。

(8)起吊钢丝绳从卷筒上放出时，剩余量不得少于 3 圈。

二、司索工安全要求

司索工主要从事地面工作，必须持证上岗。按操作工序安全要求如下：

1.准备吊钩

对吊物的重量和重心估计要准确，如果是目测估算，应增大 20%来选择吊钩；每次吊装都要对吊具进行认真检查，如果是旧吊索应根据情况降级使用，绝不可侥幸超载或使用已报废的吊具。

2.捆绑吊物

(1)对吊物进行必要的分类、清理和检查，吊物不能被其他物体挤压，被埋或被冻的物体要完全挖出。切断与周围管、线的一切联系，防止造成超载。

(2)清除吊物表面或空腔内浮摆的杂物，将可移动的零件锁紧或捆牢，形状或尺寸不同的物品不经特殊捆绑不得混吊，防止坠落伤人。

(3)吊物捆扎部位的毛刺要打磨平滑，尖棱利角应加垫物，防止起吊吃力后损坏吊索；表面光滑的吊物应采取措施来防止起吊后吊索滑动或吊物滑落。

(4)捆绑吊挂后余留的不受力绳索应系在吊物或吊钩上，不得留有绳头悬索，以防在吊运过程中挂人或物。

(5)吊运大而重的物体应加诱导绳，诱导绳长应能使司索工既可握住绳头，同时又能避开吊物正下方，以便发生意外时司索工可利用该绳控制吊物。

3.挂钩起吊

(1)吊钩要位于被吊物重心的正上方，不准斜拉吊钩硬挂，防止提升后吊物翻转、摆动。

(2)吊物高大需要垫物攀高挂钩、摘钩时，脚踏物一定要稳固垫实，禁止使用易滚动物体(如圆木、管子、滚筒等)做脚踏垫物。攀高必须系安全带，防止人员坠落跌伤。

(3)挂钩要坚持“五不挂”：超重或吊物重量不明不挂；重心位置不清楚不挂；尖棱利角和易滑工件无衬垫物不挂；吊具及配套工具不合格或报废不挂；包装松散、捆绑不良不挂等。

(4)当多人吊挂同一吊物时，应由专人指挥，在确认吊挂完备，所有人员都站在安全位置以后，才可发出起钩信号。

(5)起吊时，地面人员不应站在吊物倾翻、坠落波及的地方；如果作业场地为斜面，则应站在斜面上方(不可在死角)，防止吊物坠落后继续沿斜面滚移伤人。

4.摘钩卸载

(1)吊物运输到位前，应选择好安放位置，卸载时不要挤压电气线路和其他管线，不要阻塞通道。

(2)针对不同吊物种类应采取不同措施加以支撑、楔住、垫稳、归类摆放，不得混码、互相挤压、悬空摆放，防止吊物滚落、侧倒、塌垛。

(3)摘钩时应等所有吊索完全松弛再进行，确认所有吊索从钩上卸下再起钩，不允许抖绳摘索，更不能利用起重机抽索。

5.搬运过程的指挥

(1)无论采用何种指挥信号，必须规范、准确、明了。

(2)指挥者所处位置应能全面观察作业现场，并使司机、司索工都能清楚看到。

(3)在作业进行的整个过程中(特别是重物悬挂在空中时)，指挥者和司索工都不得擅离职守，应密切注意观察吊物及周围情况，发现问题，及时发出指挥信号。

三、起重吊装作业安全要求

(1)必须编制吊装作业施工组织设计，并应充分考虑施工现场的环境、道路、架空电线等情况。作业前应进行技术交底;作业中,未经技术负责人批准,不得随意更改。

(2)要严格遵守起重作业中“十不吊”的原则:

①指挥信号不明不准吊;

②斜牵斜拉不准吊;

③被吊物重量不明或超负荷不准吊;

④散物捆扎不牢或物料装放过满不准吊;

⑤吊物上有人不准吊;

⑥埋在地下物不准吊;

⑦机械安全装置失灵不准吊;

⑧现场光线暗看不清吊物起落点不准吊;

⑨棱刃物与钢丝绳直接接触无保护措施不准吊;

⑩六级以上强风不准吊。

(3)参加起重吊装的人员应经过严格培训,取得培训合格证后,方可上岗。

(4)作业前,应检查起重吊装所使用的起重机滑轮、吊索、卡环和地锚等,应确保其完好,符合安全要求。

(5)吊装作业区四周应设置明显标志,严禁非操作人员入内,严禁在已吊起的构件下面或起重臂下旋转范围内作业或行走。夜间施工必须有足够的照明。

(6)起重设备通行的道路应平整坚实。

(7)吊装大、重、新结构构件和采用新的吊装工艺时,应先进行试吊,将构件吊离地面 200～300 mm 后停止起吊,并检查起重机的稳定性、制动装置的可靠性、构件的平衡性和绑扎的牢固性等,待确认无误后,方可继续起吊。已吊起的构件不得长久停滞在空中。

(8)大雨天、雾天、大雪天及六级以上大风天等恶劣天气应停止吊装作业。事后应及时清理冰雪并应采取防滑和防漏电措施。雨雪过后作业前,应先试吊,确认制动器灵敏可靠后方可进行作业。

(9)起重机靠近架空输电线路作业或在架空输电线路下行走时,必须与架空输电线始终保持不小于国家现行标准《施工现场临时用电安全技术规范》(JGJ 46—2019)规定的安全距离。当需要在小于规定的安全距离范围内进行作业时,必须采取严格的安全保护措施,并应经供电部门审查批准。

(10)采用双机抬吊时,宜选用同类型或性能相近的起重机,负载分配应合理,单机载荷不得超过额定起重量的 80%。两机应协调起吊和就位,起吊的速度应平稳缓慢。

(11)起吊过程中,在起重机行走、回转、俯仰吊臂、起落吊钩等动作前,起重司机应鸣声示意。一次只宜进行一个动作,待前一动作结束后,再进行下一动作。

(12)对起吊物进行移动、吊升、停止、安装时的全过程应用旗语或通用手势信号进行指挥,信号不明不得起动，上下相互协调联系应采用对讲机。

（13）吊装带有棱角的重物，钢丝绳、吊带要用半圆钢管、木块、橡皮等加垫保护。重物就位后未牢固固定前，不许解开吊装索具。

一、判断题

1. 当重物悬在空中时，司机可以离开操作室对周围作业环境进行检查。（　　）

2. 如果起吊时作业场地为斜面，地面人员应站在斜面下方，防止吊物坠落后继续沿斜面滚移伤人。（　　）

二、单选题

1. 捆绑吊物时，下列说法错误的是（　　）。

A. 形状或尺寸不同的物品不经特殊捆绑不得混吊

B. 吊物捆扎部位的毛刺要打磨平滑，尖棱利角应加垫物

C. 捆绑吊挂后余留的不受力绳索应剪断

D. 吊运大而重的物体应加诱导绳牵引

2. 大雨天、雾天、大雪天及（　　）大风天等恶劣天气应停止吊装作业。

A. 六级以上　　B. 五级以上　　C. 四级以上　　D. 三级以上

3. 架空线路为 35 kV 时，起重臂、钢丝绳和物件端部距离架空电线在垂直和水平方向的安全距离是（　　）米。

A. 1.5、1.5　　B. 3.0、2.0　　C. 4.0、3.5　　D. 5.0、4.0

4. 起吊重物（　　）长时间停留在空中，吊装物下严禁人员停留或行走。

A. 可以　　B. 暂时　　C. 不得　　D. 随时

5. 吊装前先进行试吊，将重物吊离地面（　　）mm 左右，检查各处受力情况，确认可靠，方准正式吊动。

A. 50～100　　B. 100～150　　C. 150～200　　D. 200～300

6. 采用双机抬吊时，宜选用同类型或性能相近的起重机，负载分配应合理，单机载荷不得超过额定起重量的（　　）。

A. 90%　　B. 80%　　C. 70%　　D. 60%

三、多选题

1. 关于起重吊装作业规则，下列说法正确的是（　　）。

A. 起重机进入现场，应检查作业区域周围有无障碍物

B. 起重机应停放在作业点附近平坦的地面上

C. 回转前要注意周围(特别是尾部)不得有人和障碍物

D. 作业中如突然发生故障,应立即卸载,停止作业,进行检查和修理

2. 关于起重吊装的作业原则,下列说法正确的是(　　)。

A. 指挥信号不明不准吊

B. 斜牵斜拉不准吊

C. 被吊物重量不明或超负荷不准吊

D. 散物捆扎不牢或物料装放过满不准吊

四、火眼金睛

起重吊装安全隐患排查

项目五 施工现场临时用电安全管理

隧道及地下工程施工现场用电设备种类多、用电容量大。伴随着施工进行，机械设备、施工机具、配电设备、照明器具移动频繁，而施工现场往往条件差，潮湿环境多、交叉作业多、供电线路复杂。在施工用电线路的敷设、电气元件、线缆的选配及用电装置的设置等方面常存在一些不足，容易引发触电伤亡事故。因此，加强施工现场临时用电管理，普及安全用电知识，规范施工作业用电，对保证施工安全具有十分重要的意义。

能力目标

1. 培养施工现场临时用电作业安全意识。
2. 培养施工现场临时用电作业安全检查和隐患排查能力。

知识目标

1. 了解施工现场临时用电的原则。
2. 熟悉用电管理方面的基础知识。
3. 熟悉配电箱及开关箱设置的技术要求。
4. 掌握外电线路防护及线路敷设的技术要求。
5. 掌握照明供电的要求。

知识结构图

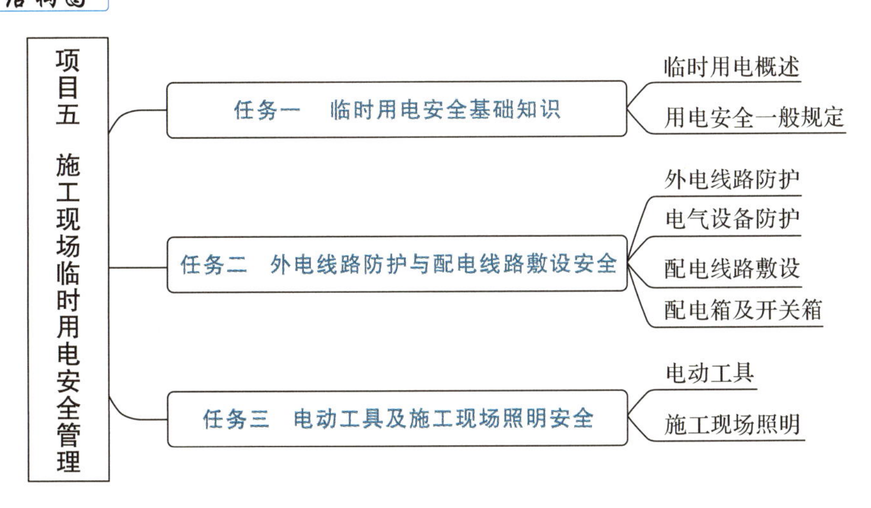

任务一　临时用电安全基础知识

一、临时用电概述

按照《施工现场临时用电安全技术规范》(JGJ 46—2019)的要求,施工现场临时用电工程专用的电源中性点直接接地的220/380V三相五线制低压电力系统,必须采用三级配电系统、TN－S接零保护系统和二级漏电保护系统。

资料:施工现场临时用电安全技术规范

1. 三级配电系统

三级配电系统指施工现场从电源进线开始至用电设备之间,经过三级配电装置配送电力,即由总配电箱(一级箱)或配电室的配电柜开始,依次经由分配电箱(二级箱)、开关箱(三级箱)到用电设备。这种分三个层次逐级配送电力的系统称为三级配电系统。三级配电系统结构形式见图5－1。

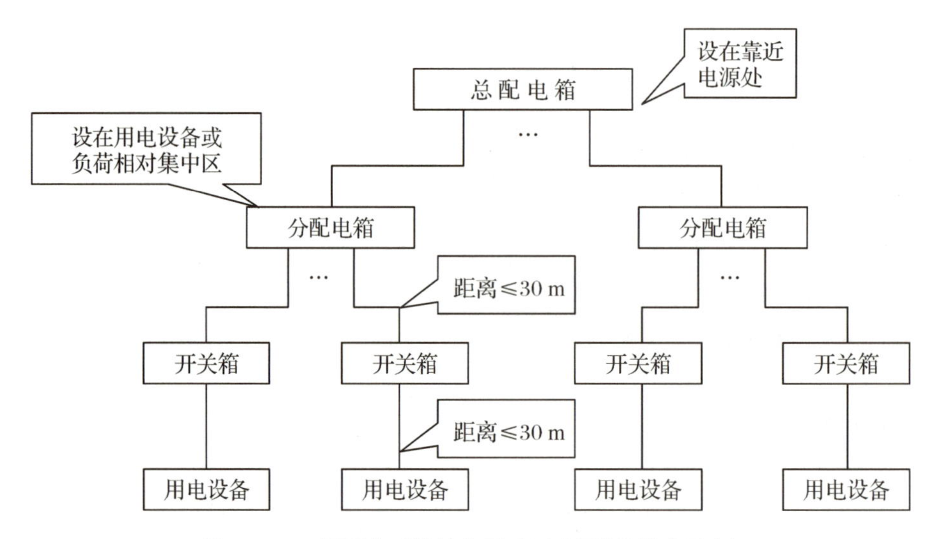

图5－1　三级配电系统结构形式示意图(放射式配电)

2. TN－S接零保护系统

TN－S系统就是工作零线与保护零线分开设置的接零保护系统。T指的是电源中性点直接接地,N指的是电气设备外露可导电部分通过零线接地,S指的是工作零线(N线)与保护零线(PE线)分开的系统。TN－S接零保护系统见图5－2。

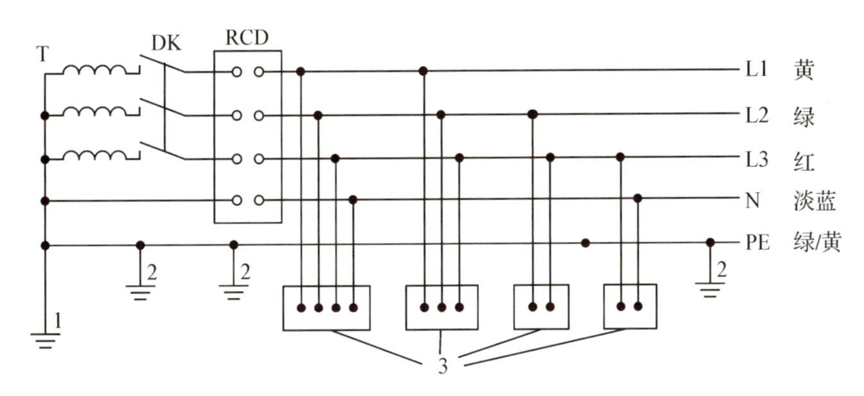

1—工作接地；2—PE 线重复接地；3—电气设备金属外壳；L1、L2、L3—相线；N—工作零线；PE—保护零线；DK—总电源隔离开关；RCD—总漏电保护器；T—变压器

图 5－2 TN－S 接零保护系统

3. 二级漏电保护系统

二级漏电保护系统是指在施工现场基本供配电系统的总配电箱和开关箱首、末二级配电装置中，设置漏电保护器，漏电保护器设置见图 5－3。现在也有很多地区实行“三级配电，三级保护”，即现场施工用电必须做到总配电箱、分配电箱和开关箱中均要安装漏电保护器。

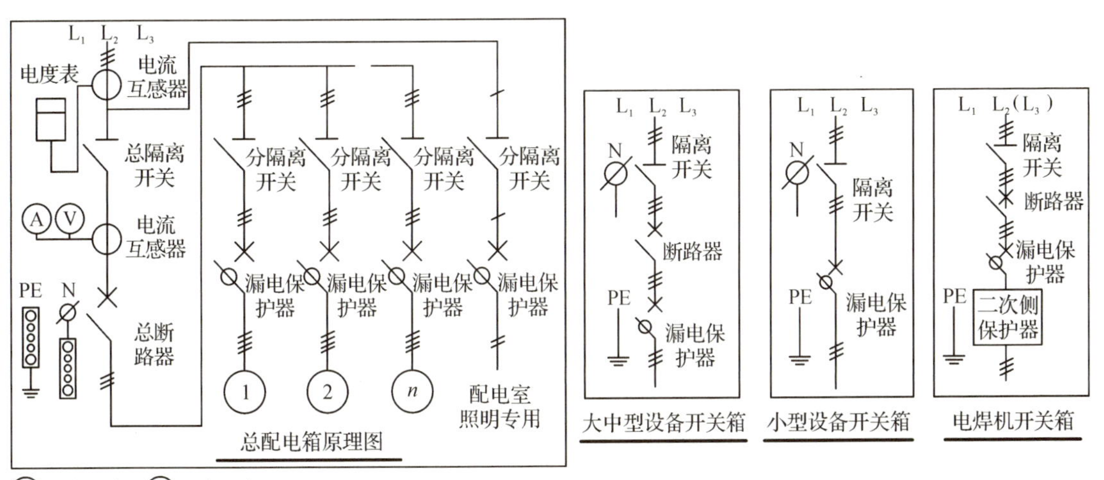

图 5－3 漏电保护器设置

二、用电安全一般规定

施工单位和工程项目应建立健全用电安全责任制，制订电气防火和用电安全措施，做好施工现场的用电安全管理。

电工必须取得建筑电工特种作业操作资格证书，持证上岗。

安装、巡检、维修或拆除临时用电设备和线路，必须由电工完成，并应有人监护。

电器操作人员必须通过相关安全教育培训和技术交底后方可工作。

用电设备的使用人员应保管和维护所用设备，发现问题及时报告解决。

暂时停用的开关箱，必须分断电源隔离开关，并应关门上锁。

移动电气设备时，必须经电工切断电源并做妥善处理后进行。

任务二　外电线路防护及配电线路敷设安全

外电线路触电事故

某项目部购买了一批钢筋运至施工现场旁边，项目部租用了一辆吊车卸钢筋。吊车卸完了车上的两卷线材（主要是指直径 5～9 mm 的热轧圆钢和 10 mm 以下的螺纹钢，大多通过卷线机卷成盘卷供应，也称盘条或盘圆）、四卷螺纹钢，项目部钢筋加工负责人要求吊车司机贾某将原来堆在钢筋棚旁的一卷线材往钢筋棚处移动一下。贾某按照指示将线材吊了起来，线材刚离开地面，吊起的线材开始摆动，在摆动中吊车的钢丝绳与附近的高压线接触起，扶线材的工人李某被电流击倒在地上，吊车司机贾某也感觉到手麻。吊车司机听到有人喊“高压线打着火呢！”“赶紧往起吊”，在吊起来的过程中吊车钢丝绳与高压线分离，项目部钢筋工刘某看到李某倒在地上就跑过来做人工呼吸和胸外挤压。吊车司机贾某立刻拨打了 120 急救电话。大约 20 分钟后，120 急救车赶到现场，李某经医院抢救无效而死亡。

分析与决策

1. 你认为这次事故的原因是什么？

2. 施工现场临时用电存在哪些安全隐患？施工现场临时用电作业要遵守哪些安全管理要求？

一、外电线路防护

外电线路指的是施工现场临时用电工程配电线路以外的电力线路。在施工过程中必须与外电线路保持一定的安全距离，防止因碰触造成的触电事故。

（1）在建工程不得在外电架空线路正下方施工、搭设作业棚、建造生活设施或堆放构件、架具、材料及其他杂物等。

(2)在建工程(含脚手架)的周边与外电架空线路的边线之间的最小安全操作距离应符合表5－1中的规定。

表5－1　在建工程(含脚手架)的周边与外电架空线路的边线之间的最小安全操作距离

外电线路电压等级/kV	<1	1～10	35～110	220	330～500
最小安全操作距离/m	4.0	6.0	8.0	10	15

注:上、下脚手架的斜道不宜设在有外电线路的一侧。

(3)施工现场的机动车道与外电架空线路交叉时,架空线路的最低点与路面的最小垂直距离应符合表5－2中的规定。

表5－2　施工现场的机动车道与架空线路交叉时的最小垂直距离

外电线路电压等级/kV	<1	1～10	35
最小垂直距离/m	6.0	7.0	7.0

(4)起重机严禁越过无防护设施的外电架空线路作业。在外电架空线路附近吊装时,起重机的任何部位或被吊物边缘在最大偏斜时与架空线路边线的最小安全距离应符合表5－3中的规定。

表5－3　起重机与架空线路边线的最小安全距离

电压/kV 安全距离/m	<1	10	35	110	220	330	500
沿垂直方向	1.5	3.0	4.0	5.0	6.0	7.0	8.5
沿水平方向	1.5	2.0	3.5	4.0	6.0	7.0	8.5

(5)施工现场开挖沟槽边缘与外电埋地电缆沟槽边缘之间的距离不得小于0.5m,如图5－4所示。

图5－4　开挖沟槽边缘与外电埋地电缆沟槽边缘之间的距离

(6)当达不到规范的规定时,必须采取绝缘隔离防护措施,并应悬挂醒目的警示标志。架设防护设施时,必须经有关部门批准,采用线路暂时停电或其他可靠的安全技术措施,并应有电气工程技术人员和专职安全人员现场监护。防护设施与外电线路之间的安全距离不应小于表5-4中所列数值。

表5-4 防护设施与外电线路之间的最小安全距离

外电线路电压等级/kV	10	35	110	220	330	500
最小安全距离/m	1.7	2.0	2.5	4.0	5.0	6.0

(7)当防护隔离措施无法实现时,必须与有关部门协商,采取停电、迁移外电线路或改变工程位置等措施,未采取上述措施的严禁施工。

(8)在外电架空线路附近开挖沟槽时,必须会同有关部门采取加固措施,防止外电架空线路电杆倾斜、悬倒。

二、电气设备防护

(1)电气设备现场周围不得存放易燃易爆物、污染源和腐蚀介质,否则应予清除或做防护处置,其防护等级必须与环境条件相适应。

(2)电气设备设置场所应能避免物体打击和机械损伤,否则应做防护处置。

三、配电线路敷设

施工现场配电线路指的是由总配电箱到用电设备的线路,包括架空线路和电缆线路。

1. 架空线路

(1)架空线必须采用绝缘导线。架空线必须架设在专用电杆上,严禁架设在树木、脚手架及其他设施上。

(2)架空线路相序排列应符合下列规定:

①动力、照明线在同一横担上架设时,导线相序排列是:面向负荷从左侧起依次为L1、N、L2、L3、PE。

②动力、照明线在二层横担上分别架设时,导线相序排列是:上层横担面向负荷从左侧起依次为L1、L2、L3;下层横担面向负荷从左侧起依次为L1(L2、L3)、N、PE。

(3)架空线路的档距不得大于35 m,架空线路的线间距不得小于0.3 m,靠近电杆的两导线的间距不得小于0.5 m。

(4)架空线路宜采用钢筋混凝土杆。钢筋混凝土杆不得有露筋、宽度大于0.4mm的裂纹和扭曲;木杆不得腐朽,其梢径不应小于140 mm。

(5)电杆埋设深度宜为杆长的1/10加0.6 m,回填土应分层夯实。在松软土质处宜加大埋入深度或采用卡盘等加固。

2. **电缆线路**

(1)电缆中必须包含全部工作芯线和用作保护零线或保护线的芯线。电缆线路必须采用五芯电缆。五芯电缆必须包含淡蓝、绿/黄二种颜色绝缘芯线。淡蓝色芯线必须用作 N 线;绿/黄双色芯线必须用作 PE 线,严禁混用。

(2)电缆线路应采用埋地或架空敷设,严禁沿地面明设,并应避免机械损伤和介质腐蚀。埋地电缆路径应设方位标志。

(3)电缆直接埋地敷设的深度不应小于 0.7 m,并应在电缆紧邻上、下、左、右侧均匀敷设不小于 50 mm 厚的细砂,然后覆盖砖或混凝土板等硬质保护层,如图 5－5 所示。

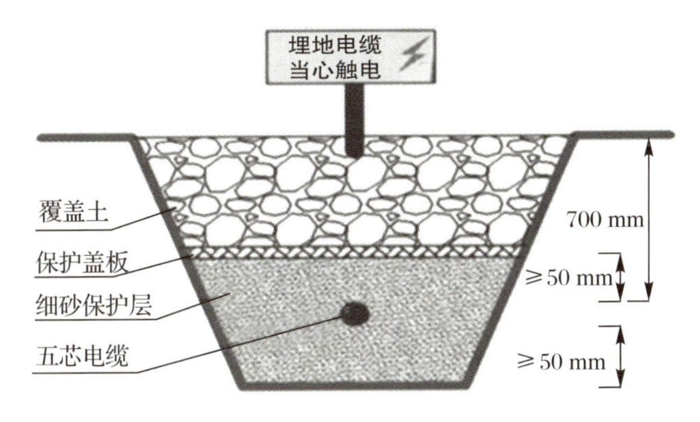

图 5－5　电缆直接埋地敷设要求

(4)埋地电缆在穿越建筑物、构筑物、道路、易受机械损伤、介质腐蚀场所及引出地面从 2.0 m 高到地下 0.2 m 处,必须加设防护套管,防护套管内径应不小于电缆外径的 1.5 倍。

(5)埋地电缆与其附近外电电缆和管沟的平行间距不得小于 2 m,交叉间距不得小于 1 m。

(6)埋地电缆的接头应设在地面上的接线盒内,接线盒应能防水、防尘、防机械损伤,并应远离易燃、易爆、易腐蚀场所。

(7)架空电缆应沿电杆、支架或墙壁敷设,并采用绝缘子固定,绑扎线必须采用绝缘线,固定点间距应保证电缆能承受自重所带来的载荷,敷设高度应符合架空线路敷设高度的要求,但沿墙壁敷设时最大弧垂距地不得小于 2.0 m。

(8)架空电缆严禁沿脚手架、树木或其他设施敷设。

四、配电箱及开关箱

施工现场的配电箱包括总配电箱(配电柜)、分配电箱、开关箱三种。总配电箱和分配电箱是电源与用电设备之间的中枢环节,开关箱是配电系统的末端,是直接控制用电设备的装置,也是从业人员经常操作的设施。

1. 配电箱及开关箱的设置

(1)配电系统应设置配电柜或总配电箱、分配电箱、开关箱,实行三级配电。总配电箱以下可设若干分配电箱,分配电箱以下可设若干开关箱。

(2)总配电箱应设在靠近电源的区域,分配电箱应设在用电设备或负荷相对集中的区域,分配电箱与开关箱的距离不得超过 30 m,开关箱与其控制的固定式用电设备的水平距离不宜超过 3 m。

(3)每台用电设备必须有各自专用的开关箱,严禁用同一个开关箱直接控制 2 台及 2 台以上用电设备(含插座)。

(4)动力配电箱与照明配电箱宜分别设置。当合并设置为同一配电箱时,动力和照明应分路配电;动力开关箱与照明开关箱必须分设。

(5)配电箱、开关箱应装设在干燥、通风及常温场所,不得装设在有严重损伤作用的瓦斯、烟气、潮气及其他有害介质中,亦不得装设在易受外来固体物撞击、强烈振动、液体浸溅及热源烘烤场所。

(6)配电箱、开关箱周围应有足够 2 人同时工作的空间和通道,不得堆放任何妨碍操作、维修的物品,不得有灌木、杂草。

(7)配电箱、开关箱应采用冷轧钢板或阻燃绝缘材料制作,钢板厚度应为 1.2~2.0 mm,其中开关箱箱体钢板厚度不得小于 1.2 mm,配电箱箱体钢板厚度不得小于 1.5 mm,箱体表面应做防腐处理。

(8)配电箱、开关箱应装设端正、牢固。固定式配电箱、开关箱的中心点与地面的垂直距离应为 1.4~1.6 m,如图 5-6 所示。移动式配电箱、开关箱应装设在坚固、稳定的支架上,其中心点与地面的垂直距离宜为 0.8~1.6 m。

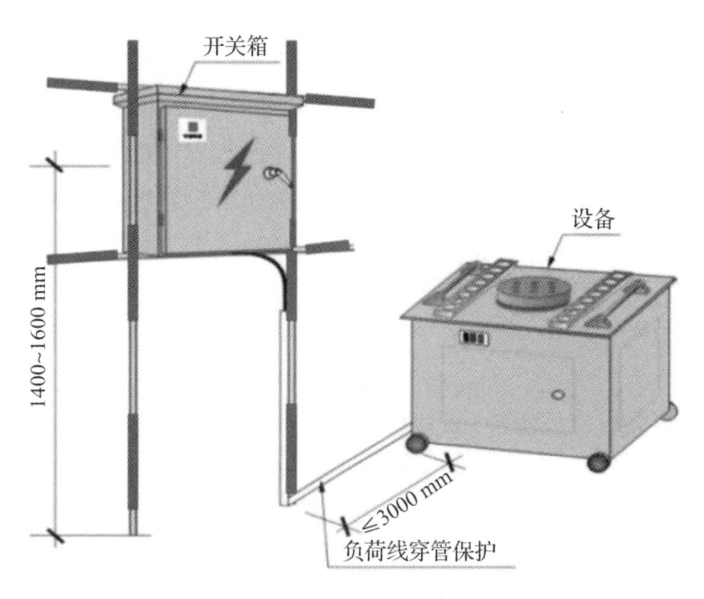

图 5-6 开关箱的设置要求

2. 配电箱及开关箱的使用与维护

(1)配电箱、开关箱箱门应配锁,并应由专人负责。

(2)配电箱、开关箱应定期检查、维修。检查、维修人员必须是专业电工。检查、维修时必须按规定穿、戴绝缘鞋、手套,必须使用电工绝缘工具,并应做检查、维修工作记录。

(3)对配电箱、开关箱进行定期维修、检查时,必须将其前一级相应的电源隔离开关分闸断电,并悬挂“禁止合闸、有人工作”停电标志牌,严禁带电作业,如图 5-7 所示。

图 5-7 停电标志牌

(4)配电箱、开关箱必须按照下列顺序操作:

①送电操作顺序为:总配电箱→分配电箱→开关箱。

②停电操作顺序为:开关箱→分配电箱→总配电箱。

但出现电气故障的紧急情况可除外。

(5)施工现场停止作业 1 h 以上时,应将动力开关箱断电上锁。

(6)配电箱、开关箱内不得放置任何杂物,并应保持整洁。

(7)配电箱、开关箱内不得随意挂接其他用电设备。

(8)配电箱、开关箱内的电器配置和接线严禁随意改动。熔断器的熔体更换时,严禁采用不符合原规格的熔体代替。漏电保护器每天使用前应启动漏电试验按钮试跳一次,试跳不正常时严禁继续使用。

(9)配电箱、开关箱的进线和出线严禁承受外力,严禁与金属尖锐断口、强腐蚀介质和易燃易爆物接触。

一、判断题

1. 起重机可以越过无防护设施的外电架空线路作业。( )

2. 在施工现场专用变压器供电的 TN-S 接零保护系统中,电气设备的金属外壳必须与工作零线连接。( )

二、单选题

1. 在建工程的周边与 10 kV 外电架空线路的边线之间必须保持( )最小安全操作距离。

A. 4 m　　B. 6 m　　C. 8 m　　D. 10 m

2. 施工现场开挖沟槽边缘与外电埋地电缆沟槽边缘之间的距离不得小于( )。

A. 0.5 m　　B. 1 m　　C. 1.5 m　　D. 2 m

3. 下列配电系统中,不属于三级配电的是( )。

A. 总配电箱　　B. 分配电箱　　C. 开关箱　　D. 变压器

4. 架空电缆沿墙壁敷设时最大弧垂距地不得小于（　　）。

A. 1 m　　B. 2 m　　C. 3 m　　D. 4 m

5. 埋地电缆与其附近外电电缆和管沟的平行间距不得小于（　　），交叉间距不得小于 1m。

A. 0.5 m　　B. 0.7 m　　C. 1 m　　D. 2 m

6. 电缆直接埋地敷设的深度不应小于（　　），并应在电缆紧邻上、下、左、右侧均匀敷设不小于 50mm 厚的细砂，然后覆盖砖或混凝土板等硬质保护层。

A. 0.5 m　　B. 0.7 m　　C. 1 m　　D. 2 m

7. 施工现场工作接地 N 线使用（　　）导线。

A. 黄色　　B. 蓝色　　C. 绿色　　D. 绿/黄色

8. 开关箱应设置在用电设备邻近的地方，与用电设备（固定式）水平间距不宜超过（　　）。

A. 3 m　　B. 10 m　　C. 20 m　　D. 30 m

三、多选题

1. 关于停电、送电操作顺序，说法正确的是（　　）。

A. 送电操作顺序：总配电箱→分配电箱→开关箱

B. 送电操作顺序：开关箱→分配电箱→总配电箱

C. 停电操作顺序：总配电箱→分配电箱→开关箱

D. 停电操作顺序：开关箱→分配电箱→总配电箱

四、火眼金睛

临时用电安全隐患排查

任务三　电动工具及施工现场照明安全

手持式电动工具触电事故

某公司安装工朱某，用手持式电动工具电钻在角铁架上钻孔。由于该电钻三芯插头损坏，于是朱某便把电钻三芯导线中的工作零线和保护零线扭在一起，与另一根火线分别插入三孔插座的两个孔内。当他钻几个孔后，由于位置改变，导线拖动，工作零线打结后比火线短，首先脱离插座，致电钻外壳带 220V 电压，通过身体、铁架、大地形成回路触电死亡。

分析与决策

1. 你了解手持式电动工具的分类和区别吗？

2. 该事故发生的原因是什么？

3. 使用手持式电动工具要遵守哪些安全管理要求？

一、电动工具

电动工具主要指手持式电动工具，如电钻、电锤、电刨、切割机、热风枪等。手持式电动工具按电击保护方式，分为Ⅰ类工具、Ⅱ类工具和Ⅲ类工具。

1. Ⅰ类工具(即普通型电动工具)

Ⅰ类工具在防止触电的保护方面不仅依靠基本绝缘，而且它还包含一个附加的安全预防措施，其方法是将可触及的可导电的零件与已安装的固定线路中的保护(接地)导线连接起来，以这样的方式来使可触及的可导电的零件在基本绝缘损坏的事故中不成为带电体。Ⅰ类工具是金属外壳的，插头为三脚插头。

2. Ⅱ类工具

Ⅱ类工具即绝缘结构全部为双重绝缘结构的电动工具，在防止触电的保护方面不仅依靠基本绝缘，而且还提供双重绝缘或加强绝缘的附加安全预防措施，保证在故障状态下，当基本绝缘损坏失效时，由附加绝缘和加强绝缘提供触电保护。在一般性的加工场所应选用Ⅱ类工具。

这类工具外壳有金属和非金属两种，但手持部分是非金属，Ⅱ类工具在明显部位标有符号“回”，其插头为二脚插头。

3. Ⅲ类工具

Ⅲ类工具额定电压不超过50V，防止触电的保护依靠由安全电压供电和在工具内部不会产生比安全电压高的电压。其供电装置为供电变压器或者充电器和电池包。

手持式电动工具使用起来非常方便，在工地上被广泛使用。但是，由于操作过程中要紧握在使用者的手中，一旦外壳带电，电流就会通过人体，造成危险的触电后果。因此，使用手持式电动工具应加倍注意以下十个安全问题。

(1)空气湿度小于75%的一般场所可选用Ⅰ类或Ⅱ类手持式电动工具，其金属外壳与PE线的连接点不得少于2处。

(2)在潮湿场所或金属构架上操作时，必须选用Ⅱ类或Ⅲ类手持式电动工具。在潮湿场所或金属构架上严禁使用Ⅰ类手持式电动工具。

(3)在金属容器、管道、锅炉等狭窄场所必须选用由安全隔离变压器供电的Ⅲ类手持式电动工具,其开关箱和安全隔离变压器均应设置在狭窄场所外面,并连接 PE 线。

(4)手持式电动工具的负荷线应采用耐气候型的橡皮护套铜芯软电缆,并不得有接头。

(5)手持式电动工具的外壳、手柄、插头、开关、负荷线等必须完好无损,使用前必须做绝缘检查和空载检查,在绝缘合格、空载运转正常后方可使用。

(6)使用Ⅰ类手持电动工具时,使用人必须穿戴符合规定的防护用品,设置合格的防护用具,并按规定采取相应防触电的安全保护措施,如应在电源电路中安装漏电保护器,或使用人戴绝缘手套、穿绝缘鞋或站在绝缘垫上。

二、施工现场照明

1.照明设置的一般规定

(1)在坑洞内作业、夜间施工或作业厂房、料具堆放场、道路、仓库、办公室、食堂、宿舍及自然采光差等场所,应设一般照明、局部照明或混合照明。

(2)停电后作业人员需要及时撤离现场的特殊工程,例如夜间进行高处作业的工程以及自然采光很差的隧道、深坑、孔洞等场所,还必须装设有独立自备电源(一般指自备发电机组)供电的应急照明。

2.照明供电的选择

(1)一般场所,照明供电电压宜为 220V。

(2)隧道、比较潮湿或灯具离地面高度低于 2.5m 等较容易触电的场所,照明电源电源应不大于 36 V。

(3)潮湿和易于触及带电体的危险场所(井下作业面),照明电源电压不得大于 24 V。

(4)行灯电压不得大于 36V。

3.照明器的选择

照明器按下列环境条件确定:

(1)正常湿度一般场所,选用密闭型防水照明器。

(2)潮湿或特别潮湿的场所,选用密闭型防水照明器或配有防水灯头的开启式照明器。

(3)含有大量尘埃但无爆炸和火灾危险的场所,选用防尘型照明器。

(4)有爆炸和火灾危险的场所,按危险场所等级选用防爆型照明器。

(5)存在较强振动的场所,选用防振型照明器。

(6)有酸碱等强腐蚀介质的场所,采用耐酸碱型照明器。

4.照明装置

(1)照明灯具的金属外壳必须与 PE 线相连接,照明开关箱内必须装设隔离开关、短路与过载保护电器和漏电保护器。

(2)室外 220 V 灯具距地面不得低于 3 m,室内 220 V 灯具距地面不得低于 2.5 m。普通灯具与易燃物距离不得小于 300 mm;聚光灯、碘钨灯等高热灯具与易燃物距离不宜小于 500 mm,且不得直接照射易燃物。达不到规定安全距离时,应采取隔热措施。

(3)对夜间影响飞机或车辆通行的在建工程及机械设备,必须设置醒目的红色信号灯,其电源应设在施工现场总电源开关的前侧,并应设置外电线路停止供电时的应急自备电源。

一、判断题

1. 移动有电源线的机械设备,如电焊机、水泵、小型木工机械等,必须先切断电源,不能带电搬动。(　　)
2. 操作手电钻或电锤等旋转工具一定要戴线手套。(　　)
3. 使用手持式电动工具时不需要佩戴安全防护用品。(　　)

二、单选题

1. 在一般性的作业场所应选择(　　)类手持式电动工具。

A. Ⅰ　　B. Ⅱ　　C. Ⅲ　　D. Ⅳ

2. 在潮湿场所或金属构架上操作时,选用哪种手持式电动工具?(　　)

A. Ⅰ类或Ⅱ类手持式电动工具　　B. Ⅰ类或Ⅲ类手持式电动工具

C. Ⅱ类或Ⅲ类手持式电动工具　　D. 都可以

3. 隧道、比较潮湿或灯具离地面高度低于 2.5m 等较容易触电的场所,照明电源电源不应大于(　　)。

A. 12V　　B. 24V　　C. 36V　　D. 42V

4. 普通灯具与易燃物距离不得小于(　　)mm;聚光灯、碘钨灯等高热灯具与易燃物距离不宜小于(　　)mm,且不得直接照射易燃物。

A. 200,300　　B. 300,500　　C. 400,500　　D. 500,1000

5. 室外 220V 照明灯具距地面不得低于(　　),室内 220V 照明灯具距地面不得低于(　　)。

A. 2m,2m　　B. 3m,2m　　C. 3m,2.5m　　D. 3m,3m

三、多选题

1. 关于Ⅰ类和Ⅱ类手持式电动工具的区别,下列说法正确的是(　　)。

A. Ⅰ类工具是带接地线的,电缆插头是三插的

B. Ⅰ类工具是不带接地线的,电缆插头是二插

C. Ⅱ类工具是不带接地线的,电缆插头是二插

D. Ⅱ类工具是带接地线的，电缆插头是三插的

2. 关于照明器的选择，下列说法正确的是（　　）。

A. 潮湿或特别潮湿的场所，选用密闭型防水照明器或配有防水灯头的开启式照明器

B. 含有大量尘埃但无爆炸和火灾危险的场所，选用防尘型照明器

C. 有爆炸和火灾危险的场所，选用防爆型照明器

D. 存在较强振动的场所，选用防振型照明器

四、火眼金睛

电动工具及现场照明安全隐患排查

项目六 施工现场消防安全管理

隧道及地下工程施工现场大量使用机械设备、照明电器等用电设备，部分工地现场建筑材料存放不合理，易燃物质未能做到有效阻隔，导致施工现场存在严重的消防安全隐患，加之用电多、电气线路的架设不合理，稍有不慎，极易发生火灾事故，造成严重的生命和财产损失。

能力目标

1. 培养施工现场防火意识。
2. 培养使用防火器材的操作能力。
3. 培养消防作业安全检查和事故隐患排查能力。

知识目标

1. 了解我国的消防工作方针。
2. 熟悉防火和灭火基本方法。
3. 掌握防火器材使用。
4. 掌握施工现场的消防措施。

知识结构图

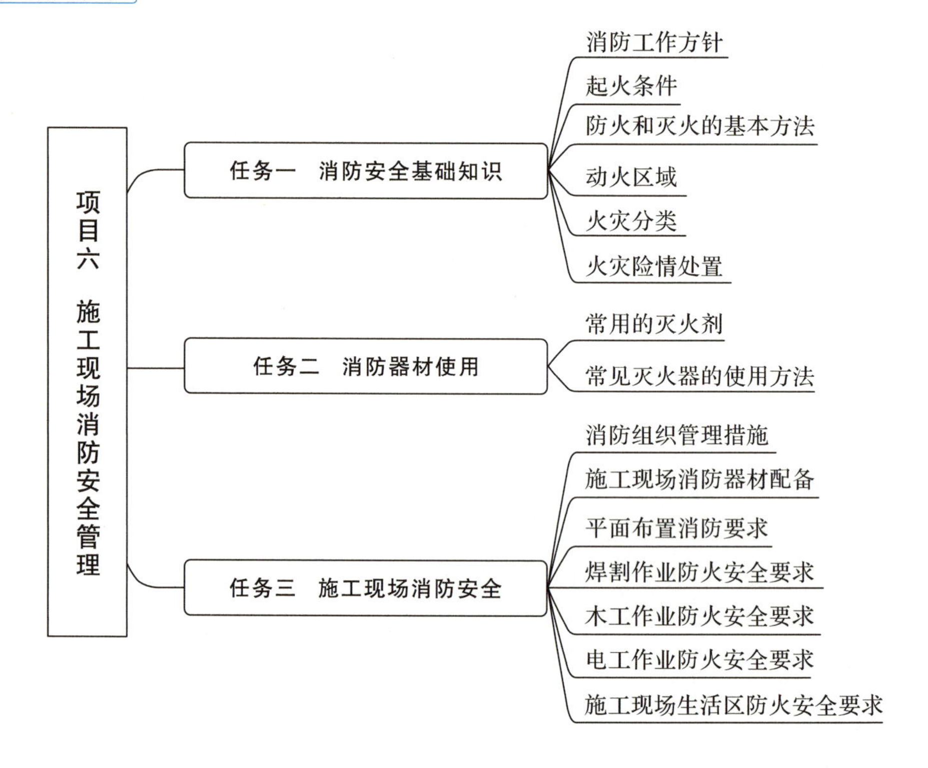

任务一 消防安全基础知识

地铁工地火灾事故

2008年12月31日下午4时30分左右，某市正在施工的地铁2号线施工点发生火灾事故。事故原因是施工人员在进行模钢板切割的过程中，因钢板掉落地下引发防水材料着火，现场烟雾较大并从隧道两端冒出。截至当天下午5时30分左右，施工段内的火被扑灭，井下64人全部安全撤离，周边地区的交通秩序恢复正常。

分析与决策

1. 你知道我国的消防工作方针吗？
2. 你认为这次事故的施工现场动火区域属于哪个等级？动火之前应当办理哪些手续？
3. 遇到类似火灾险情如何处置？

一、消防工作方针

我国消防工作方针是“预防为主,防消结合”。预防为主,就是在消防工作中要把“预防”火灾的工作放在首位。积极开展防火安全教育,提高人民群众对火灾的警惕性;健全防火组织,严密防火制度;经常进行防火检查,消除火灾隐患,把可能引起火灾的因素消灭,减少火灾事故的发生。防消结合,就是在积极做好防火工作的同时,在组织上、思想上、物质上和技术上做好灭火战斗的准备,一旦发生火灾,能够迅速、及时、有效地将火扑灭。

二、起火条件

在一定温度下,与空气(氧)或其他氧化剂进行剧烈化合反应而发生的热效发光现象的过程称为燃烧,俗称起火。任何燃烧事件的发生必须具备以下 3 个条件:

(1)存在能燃烧的物质。凡能与空气中的氧或其他氧化剂起剧烈化合反应的物质,都可称为可燃物质,如木材、油漆、纸张、天然气、汽油、酒精等。

(2)有助燃物。凡能帮助和支持燃烧的物质都叫助燃物,如空气、氧气等。

(3)有能使可燃物燃烧的火源,如火焰、火星和电火花等。

只有上述三个条件同时具备,并相互作用才能燃烧、起火。

三、防火和灭火的基本方法

1.防火的基本方法

根据燃烧的条件,防火要从防止燃烧入手,即控制可燃物、隔离助燃物、消除着火源、阻止火势蔓延等。

(1)控制可燃物。使用难燃或不燃的材料代替可燃材料,限制易燃物品的储存量。

(2)隔离助燃物。对使用、生产易燃易爆化学品的生产设备实行密闭操作,防止与空气接触形成可燃混合物,隔绝空气。

(3)消除着火源。在爆炸危险场所安装整体防爆电器设备,仓库、油库严禁吸烟、严禁明火作业、防静电。

(4)阻止火势蔓延。在建筑物之间设防火墙或留防火间距,初期扑救、防止新的燃烧条件生成。

2.灭火的基本方法

根据燃烧的特点,灭火的方法主要有冷却法、隔离法、窒息法和抑制法等。

(1)冷却法。将灭火剂,例如水,直接喷洒到燃烧物上,把燃烧物的温度降到其燃点以下,使燃烧停止,或者将灭火剂喷洒在火源附近的物体上,使其不受火焰辐射热的威胁,避免形成新的火点等。

（2）隔离法。将正在燃烧的物质和未燃烧的物质隔离，中断可燃物质的供给，使火势不能蔓延。例如，将火源附近的可燃、易燃和助燃的物品搬走，关闭可燃气体、液体管路的阀门，设法阻拦流散的液体等。

（3）窒息法。隔绝空气，使可燃物无法获得氧化剂助燃而停止燃烧。例如：二氧化碳灭火器，就是使用喷射出来的灭火剂隔绝空气或稀释燃烧区空气中的含氧量，燃烧物质得不到充足的氧气而熄灭。

（4）抑制法。就是根据燃烧的游离基连锁反应机理将有抑制作用的灭火剂喷洒到燃烧区，使燃烧反应过程产生的游离基消失，从而终止燃烧反应。如我们熟知的干粉、1211 等均属这类灭火剂。

四、动火区域

根据工程选址位置、周围环境、平面布置、施工工艺和施工部位不同，施工现场动火区域一般可分为三个等级。

1. 一级动火区域

一级动火区域，也称为禁火区域。在施工现场凡属下列情况之一的，均属一级动火区域。

（1）在生产或者储存易燃易爆物品场区内进行施工作业。

（2）周围存在生产或储存易燃易爆品的场所，在防火安全距离范围内进行施工作业。

（3）施工现场内储存易燃易爆危险物品的仓库、库区。

（4）施工现场木工作业区，木器原料、成品堆放区。

（5）在密闭的室内、容器内、地下室等场所，进行配制或者调和易燃易爆液体和涂刷油漆等作业。

2. 二级动火区域

凡属下列情况之一的，均属二级动火区域。

（1）禁火区域周围动火作业区。

（2）登高焊接或者金属切割作业区。

（3）木结构或砖木结构临时职工食堂的炉灶处。

3. 三级动火区域

凡属下列情况之一的，均属三级动火区域。

（1）无易燃易爆危险物品处的动火作业。

（2）施工现场燃煤茶炉处。

（3）冬季燃煤取暖的办公室、宿舍等生活设施。

在一、二级动火区域施工，必须认真遵守消防法规，严格按照有关规定，建立健全防火安全制度。动火作业前必须按照规定程序办理动火审批手续，取得动火证；动火证必须注明动火地点、动火时间、动火人、现场监护人、批准人和防火措施。没经过审批的，一律不得实施明火作业。

五、火灾分类

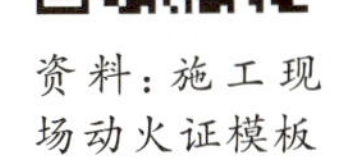

资料：施工现场动火证模板

火灾依据物质燃烧特性，可划分为A、B、C、D、E五类。

(1)A类火灾，指固体物质火灾。这种物质往往具有有机物质性质，一般在燃烧时产生灼热的余烬。如木材、煤、棉、毛、麻纸张等火灾。

(2)B类火灾，指液体火灾和可熔化的固体物质火灾。如汽油煤油、柴油、原油、甲醇、乙醇、沥青、石蜡等火灾。

(3)C类火灾，指气体火灾。如煤气、天然气、甲烷、乙烷、丙烷、氢气等火灾。

(4)D类火灾，指金属火灾。如钾、钠、镁、铝镁合金等火灾。

(5)E类火灾，指带电物体和精密仪器等物质的火灾。

六、火灾险情处置

在施工现场发生火灾时，一方面应迅速报警，另一方面应组织人力积极扑救。

1.火灾处置的基本原则

(1)先控制，后消灭。

(2)救人重于救火。

(3)先重点，后一般。

(4)正确使用灭火器材。

2.火灾处置的基本要点

(1)立即报告。无论在任何时间、地点，一旦发现起火都要立即报告工程项目消防安全领导小组。

(2)集中力量。主要利用灭火器材控制火势，集中灭火力量在火势蔓延的主要方向进行扑救以控制火势蔓延。

(3)消灭飞火。组织人力监视火场周围的建筑物、物料堆放等场所，及时扑灭未燃尽飞火。

(4)疏散物料。安排人力和设备，将受到火势威胁的物料转移到安全地带，阻止火势蔓延。

(5)积极抢救被困人员。人员集中的场所发生火灾，要由熟悉情况的人做向导，积极寻找和抢救被围困的人员。

3.火灾救助

发生火灾时，应立即报警。我国火警电话号码为“119”。火警电话拨通后，要讲清起火的单位和详细地址，讲清起火的部位、燃烧的物质和火灾的程度以及着火的周边环境等情况，以便消防部门根据情况派出相应的灭火力量。

报警后，起火单位要尽量迅速地清理通往火场的道路，以便消防车能顺利迅速地进入扑救现场。同时，应派人在起火地点的附近路口或单位门口迎候消防车辆，使之能迅速准确地到达火场，投入灭火战斗。

一、判断题

1. 火场上扑救原则是先人后物、先重点后一般、先控制后消灭。(　　)
2. 发现火灾时，单位或个人应该先自救，如果自救无效，火越烧越大时，再拨打火警电话119。(　　)

二、单选题

1. 我国消防工作的方针是(　　)。
   A. 安全第一，预防为主　　B. 预防为主，防消结合
   C. 以人为本，预防为主　　D. 设备第一，防消结合
2. 发生燃烧的必要条件是(　　)。
   A. 可燃物　　B. 助燃物　　C. 着火源　　D. 以上都是
3. 凡能与空气中的氧或其他氧化剂起剧烈化合反应的物质是(　　)。
   A. 可燃物　　B. 助燃物　　C. 着火源　　D. 可燃产物
4. 下列不属于火源的是(　　)。
   A. 火焰　　B. 火星　　C. 电火花　　D. 木材
5. 在爆炸危险场所安装整体防爆电器设备，仓库、油库严禁吸烟、严禁明火作业、防静电，这些属于防止火灾发生的哪种方法？(　　)
   A. 控制可燃物　　B. 隔离助燃物　　C. 消除着火源　　D. 阻止火势蔓延
6. 设防火墙或留防火间距，属于防止火灾发生的哪种方法？(　　)
   A. 控制可燃物　　B. 隔离助燃物　　C. 消除着火源　　D. 阻止火势蔓延
7. 下列不属于均属二级动火区域的是(　　)。
   A. 禁火区域周围动火作业区
   B. 登高焊接或者金属切割作业区
   C. 木结构或砖木结构临时职工食堂的炉灶处
   D. 施工现场木工作业区，木器原料、成品堆放区
8. 动火作业前必须按照规定程序办理(　　)，取得动火证。
   A. 动火审批手续　　B. 消防审批手续　　C. 施工作业手续　　D. 安全检查手续

9. 火灾依据物质燃烧特性，可划分为(　　)类。

A. 三　　B. 四　　C. 五　　D. 六

10. 汽油、煤油、柴油等液体火灾和沥青、石蜡等可熔化的固体物质火灾属于(　　)火灾。

A. A类　　B. B类　　C. C类　　D. D类

三、多选题

1. 灭火的基本方法有(　　)。

A. 冷却法　　B. 隔离法　　C. 窒息法　　D. 抑制法

2. 下列措施属于灭火的方法中隔离法的是(　　)。

A. 将火源附近的可燃、易燃和助燃的物品搬走

B. 关闭可燃气体、液体管路的阀门

C. 设法阻拦流散的液体

D. 将水直接喷洒到燃烧物

3. 下列属于一级动火区域的是(　　)。

A. 在生产或者贮存易燃易爆物品场区内进行施工作业

B. 周围存在生产或贮存易燃易爆品的场所，在防火安全距离范围内进行施工作业

C. 施工现场内贮存易燃易爆危险物品的仓库、库区

D. 施工现场木工作业区，木器原料、成品堆放区

任务二　消防器材使用

一、常用的灭火剂

可用于灭火的物质有很多种，常使用的灭火剂有水、泡沫、二氧化碳、四氯化碳、卤代烷、干粉、惰性气体等。

1. 水

水是不燃液体，它是最常用、来源最丰富、使用最方便的灭火剂，在扑灭火灾中应用的最广泛。但是电器失火不能使用水来灭火。

2. 泡沫灭火剂

除了用于扑救一般固体物质火灾外，还能扑救油类等可燃液体火灾，但不能扑救带电设备和醇、酮、酯、醚等有机溶剂的火灾。

3. 二氧化碳灭火剂

可用于扑救电气精密仪器、油类和酸类火灾,不能扑救钾、钠、镁、铝等物质火灾。

4. 1211 灭火剂

可用于扑救电气设备、油类、化工化纤原料初起火灾。

5. 干粉灭火剂

可用于扑救电气设备火灾,石油产品、油漆、有机溶剂火灾,天然气火灾,不宜扑救精密仪器等机电产品火灾。

二、常见灭火器的使用方法

1. 干粉灭火器

手提式干粉灭火器,见图 6-1,使用时可手提或肩扛灭火器快速奔赴火场,在距燃烧处 5 m 左右放下灭火器。如在室外,应选择站在上风方向。使用前,先把灭火器上下颠倒几次,使筒内干粉松动。如使用的是内装式或贮压式干粉灭火器,应先拔下保险销,一只手握住喷嘴,另一只手用力压下压把,干粉便会从喷嘴喷射出来,手提式干粉灭火器的使用见图 6-2。如使用的是外置式干粉灭火器,则一只手握住喷嘴,另一只手提起提环,握住提柄,干粉便会从喷嘴喷射出来。

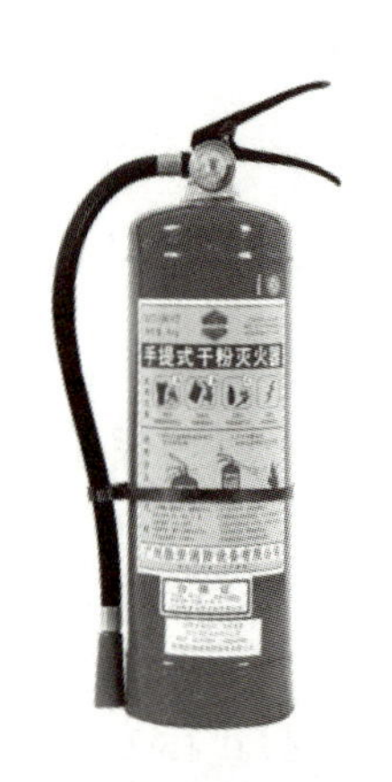

图 6-1 手提式干粉灭火器

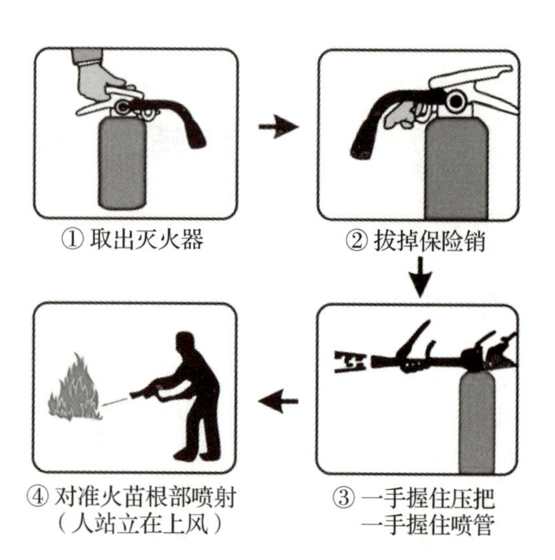

图 6-2 手提式干粉灭火器的使用

使用干粉灭火器应注意灭火过程中应始终保持直立状态,不得横卧或颠倒使用,否则不能喷粉;同时注意干粉灭火器灭火后防止复燃,因为干粉灭火器的冷却作用甚微,在着火点存在着炽热物的条件下,灭火后易产生复燃。

2. 二氧化碳灭火器

手提式二氧化碳灭火器，见图 6－3，使用时可将灭火器提到或扛到火场，在距燃烧处 5 m 左右放下灭火器。操作者应先将开启把上的铅封除掉，拔下保险销，一手握住喇叭筒根部的手柄，另一只手将开启压把压下，打开灭火器进行灭火。对没有喷射软管的二氧化碳灭火器，应把喇叭筒往上扳 70°～90°。使用时，不能直接用手抓住喇叭筒外壁或金属连线管，防止手被冻伤。

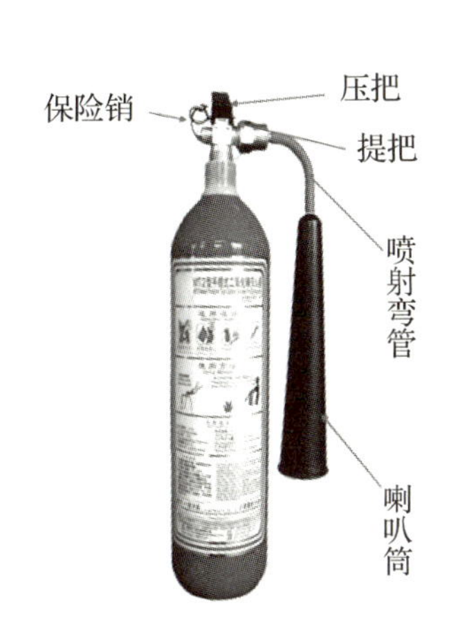

图 6－3 手提式二氧化碳灭火器

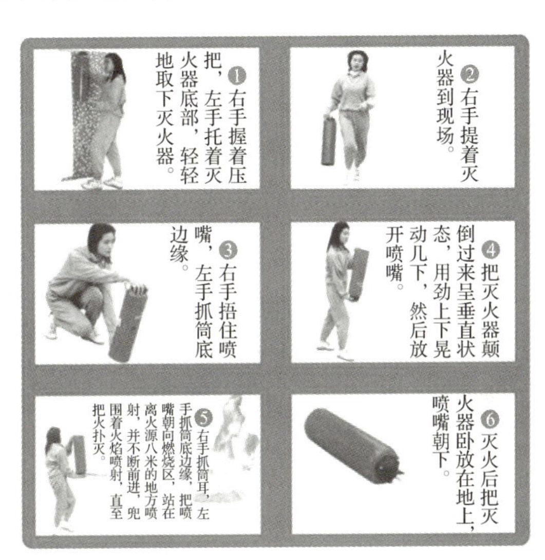

图 6－4 手提式泡沫灭火器的使用

3. 泡沫灭火器

使用手提式泡沫灭火器时，可手提筒体上部的提环，迅速奔赴火场。这时应注意不得使灭火器过分倾斜，更不可横拿或颠倒，以免两种药剂混合而提前喷出。当距离着火点 10 m 左右时，即可将筒体颠倒过来，一只手紧握提环，另一只手扶住筒体的底圈，把灭火器颠倒过来呈垂直状态，用力上下晃动几下，然后放开喷嘴，把喷嘴朝向燃烧区，站在离火源 8 m 左右的地方将射流对准燃烧物，并不断前进，兜围着火焰喷射，直至把火扑灭，如图 6－4 所示。

4. 1211 灭火器

1211 灭火器的使用方法与干粉灭火器相同。在窄小的室内灭火时，灭火后操作者应迅速撤离，因 1211 灭火剂也有一定的毒性，以防对人体的伤害。注意事项同干粉灭火器。

一、单选题

1. 下列(　　)是扑救精密仪器火灾的最佳选择。

A. 二氧化碳灭火剂　　B. 干粉灭火剂　　C. 泡沫灭火剂　　D. 水

2. 下列(　　)是扑救木材火灾的最佳选择。

A. 1211 灭火剂　　B. 干粉灭火剂　　C. 泡沫灭火剂　　D. 水

3. 用灭火器进行灭火的最佳位置是(　　)。

A. 下风位置　　B. 上风位置　　C. 侧风位置　　D. 都可以

二、多选题

1. 泡沫灭火剂可以扑救(　　)。

A. 固体物质火灾　　B. 油类等可燃液体火灾

C. 带电设备火灾　　D. 醇、酮、酯、醚等有机溶剂的火灾

2. 扑救电气设备火灾不能用(　　)。

A. 二氧化碳灭火剂　　B. 干粉灭火剂　　C. 泡沫灭火剂　　D. 水

任务三　施工现场消防安全

施工工地宿舍火灾事故

2012 年 10 月 10 日,某隧道工地生活区民工宿舍发生重大火灾事故,导致 13 人死亡,25 人受伤,直接经济损失 1183.86 万元。

事故调查组对施工现场查看发现,施工单位安全管理混乱,施工现场防火安全责任不明确,防火制度形同虚设;现场搭建的办公、住宿等临时用房耐火等级低,现场电气线路私接乱拉,宿舍内使用电炉子等大功率电器和灯具,无任何防火安全措施;施工现场未设置消防设施、无临时消防水池,发生火灾后,无法有效组织扑救初起火;施工单位对员工未进行过消防安全培训,施工人员防火意识差,未掌握基本的自救逃生方法,致使许多人无法逃生而遇难。

分析与决策

1. 假如你是安全员,应当从哪些方面排查火灾隐患?

2. 假如你是项目领导,应当采取哪些措施来预防施工现场火灾隐患?

一、消防组织管理措施

1. 建立消防组织体系

施工现场应当成立以项目负责人为组长、各部门参加的消防安全领导小组,建立健全消防

管理制度，组织开展消防安全检查防止发生火灾事故，负责指挥、协调、调度扑救工作。

2. 成立义务消防队

义务消防队由消防安全领导小组确定，发生火灾时，按照领导小组指挥，积极参加扑救工作。

资料：建设工程施工现场消防安全技术规范

3. 编制消防预案

工程项目部应当根据工程实际情况，编制火灾事故应急救援预案，有效组织开展消防演练。

4. 组织消防检查

安全部门负责日常监督检查工作，安全巡视的同时进行消防检查，推动消防安全制度的贯彻落实。

5. 消防安全教育

施工现场项目部在安全教育的同时，开展形式多样的宣传教育，普及消防知识，提高员工防火警惕性。

6. 建立动火审批制度

施工作业用火时，应当经施工现场防火负责人审查批准后，方可在指定的地点、时间内作业。动火作业应设动火监护人。

二、施工现场消防器材配备

(1)总平面超过 1200 m^2 的大型临时设施，应当按照消防要求配备灭火器，并根据防火的对象、部位，设立一定数量、容积的消防水池，配备不少于 4 套的取水桶、消防铣、消防钩。同时，要备有一定数量的黄沙池等器材、设施，并留有消防车道。图 6－5 为某施工现场消防器材柜。

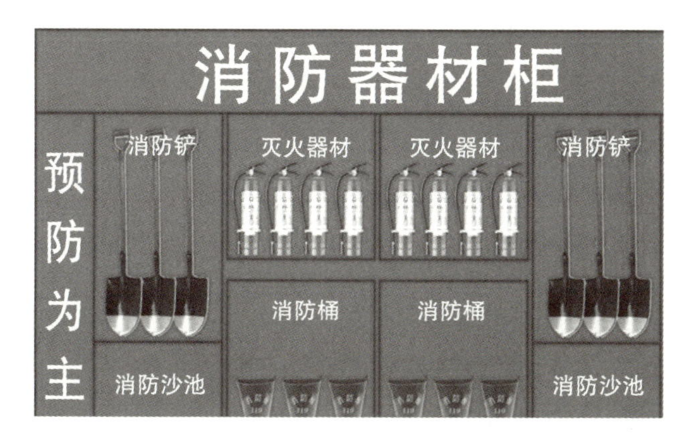

图 6－5 某施工现场消防器材柜

(2)一般临时设施区域，配电室、动火处、食堂、宿舍等重点防火部位，每 100 m^2 应当配备两个 10 L 灭火器。

(3)临时木工间、油漆间、机具间等，每 25 m^2 应配备一个种类合适的灭火器；油库、危险品仓库、易燃堆料场应配备数量足够、种类适合的灭火器。

三、平面布置消防要求

(1)施工现场要明确划分出禁火作业区、仓库区和生活办公区，各区域之间一定要有可靠的防火间距：

①禁火作业区距离生活区不小于 15 m，距离其他区域不小于 25 m；

②易燃、可燃的材料堆料场及仓库距离修建的建筑物和其他区不小于 20 m；

③易燃的废品集中场地距离修建的建筑物和其他区不小于 30 m；

④防火间距内，不应堆放易燃和可燃的材料。

(2)施工现场的道路应畅通，夜间要有足够的照明。

(3)施工现场必须设置消防车通道，其宽度应不小于 3.5 m。

(4)施工现场应设有足够的消防水源。

(5)临时生活设施的规划和搭建，必须符合下列要求：

①临时生活设施应尽可能搭建在距离修建的建筑物 20 m 以外的地区；

②临时宿舍与厨房、锅炉房、变电所和汽车库之间的防火距离不小于 15 m；

③临时宿舍距火灾危险性大的生产场所不得小于 30 m；

④在独立的场地上修建成批的临时宿舍，应当分组布置，并留有安全通道。

(6)在施工现场明显和便于取用的地点配置适当数量的灭火器。

四、焊割作业防火安全要求

(1)金属焊割作业时必须注意以下几个方面的问题：

①乙炔气瓶应安装回火防止器，防止回火发生事故；

②乙炔瓶应放置在距离明火 10 m 以外的地方，严禁倒放；

③乙炔瓶和氧气瓶，使用时两者的距离不得小于 5 m；不得放置在高压线下面或在太阳下暴晒；

④每天操作前都必须对乙炔瓶和氧气瓶进行认真的检查；

⑤电焊机应有良好的隔离防护装置，电焊机的绝缘电阻不得小于 1 mΩ；

⑥电焊机的接线柱、接线孔等应装在绝缘板上，并有防护罩；

⑦电焊机应放置在避雨、干燥、通风的地方；

⑧室内焊接时，电焊机的位置、线路敷设和操作地点的选择应符合防火安全要求，作业前必

须进行检查,焊接导线要有足够的截面;

⑨严禁将焊接导线搭在氧气瓶、乙炔瓶、发生器、煤气、液化气等易燃易爆设备上。

(2)金属焊割作业前要明确作业任务,认真了解作业环境,划定动火危险区域,并设立明显标志,危险区内的一切易燃易爆品都必须移走。

(3)刮风天气,要注意风力的大小和风向变化,防止把火星吹到附近的易燃物上,必要时应派人监护。

(4)高处金属焊割作业,要根据作业高度、风向、风力划定火灾危险区域,大雾天气和六级风时应当停止作业。

五、木工作业防火安全要求

(1)施工现场的木工作业场所,严禁动用明火。

(2)木工作业场地和个人工具箱内严禁存放油料和易燃易爆物品。

(3)经常对作业场所的电气设备及线路进行检查,发现短路、电气打火和线路绝缘老化破损等情况及时维修。

(4)熬胶使用的炉子,应在单独房间里进行,用后要立即熄灭。

(5)木工作业完工后,必须将现场清理干净,锯末、刨花要堆放在指定的地点。

六、电工作业防火安全要求

(1)根据负荷合理选用导线截面,不得随意在线路上接入过多负载。

(2)保持导线支持物良好完整,防止布线过松。

(3)导线连接要牢固。

(4)经常检查导线的绝缘电阻,保持绝缘层的强度和完整。

(5)不得带电安装和修理电气设备。

七、施工现场生活区防火安全要求

(1)生活区应当建立消防安全责任制度。

(2)在生活区内应设置消防栓或不小于 20 m^3 容量的蓄水池。

(3)每栋宿舍两端应当挂设灭火器,如宿舍较长还应在正面适当增挂。

(4)严禁将易燃易爆物品带入宿舍。

(5)宿舍内严禁私自乱接拉电线,严禁使用电炉等电加热器具。

(6)夏天使用蚊香一定要放在金属盘内,并与可燃物保持一定距离。

(7)宿舍内禁止乱丢烟头、火柴棒,不准躺在床上吸烟。

(8)宿舍床下保持干净无杂物,禁止堆放废纸、包装箱等易燃物。

一、判断题

1. 高处金属焊割作业，大雾天气和五级风及以上时应当停止作业。(　　)

2. 在木工房里熬胶使用的炉子，用后要立即熄灭。(　　)

3. 施工现场生活区的宿舍内禁止乱丢烟头、火柴棒，不准躺在床上吸烟。(　　)

4. 在施工现场明显和便于取用的地点配置适当数量的灭火器。(　　)

二、单选题

1. 施工作业用火时，应当经(　　)审查批准后，方可在指定的地点、时间内作业。

A. 总工　　B. 安全总监

C. 技术员　　D. 施工现场防火负责人

2. 一般临时设施区域，配电室、动火处、食堂、宿舍等重点防火部位，每 100 m^2 面积应当配备(　　)灭火器。

A. 1 个 10 L　　B. 两个 10 L　　C. 1 个 20 L　　D. 2 个 20 L

3. 施工现场禁火作业区、仓库区和生活办公区之间防火间距错误的是(　　)。

A. 禁火作业区距离生活区不小于 15 m

B. 禁火作业区距离其他区域不小于 25 m

C. 易燃、可燃的材料堆料场及仓库距离修建的建筑物和其他区不小于 25 m

D. 易燃的废品集中场地距离修建的建筑物和其他区不小于 30 m

4. 施工现场必须设置消防车通道，其宽度应不小于(　　)m。

A. 2.5　　B. 3　　C. 3.5　　D. 4

5. 关于临时生活设施的规划和搭建，下列说法正确的是(　　)。

A. 临时生活设施应尽可能搭建在距离修建的建筑物 10 m 以外的地区

B. 临时宿舍与厨房、锅炉房之间的防火距离不小于 15 m

C. 临时宿舍与变电所和汽车库之间的防火距离不小于 20 m

D. 临时宿舍距火灾危险性大的生产场所不得小于 25 m

6. 金属焊割作业时，乙炔瓶应放置在距离明火(　　)m 以外的地方，严禁倒放。

A. 3　　B. 5　　C. 8　　D. 10

7. 金属焊割作业时，乙炔瓶和氧气瓶，使用时两者的距离不得小于(　　)m。

A. 3　　B. 5　　C. 8　　D. 10

8. 关于焊接作业的消防安全，下列说法错误的是(　　)。

A. 电焊机应有良好的隔离防护装置，电焊机的绝缘电阻不得小于 1 MΩ

B. 电焊机的接线柱、接线孔等应装在绝缘板上，并有防护罩

C. 电焊机应放置在避雨、干燥、通风的地方

D. 金属焊割作业前必须将危险区内的一切易燃易爆品移走

9. 关于木工作业防火安全要求，下列说法错误的是（　　）。

A. 冬天时，可以在施工现场的木工作业场所烤火取暖

B. 木工作业场地和个人工具箱内严禁存放油料和易燃易爆物品

C. 经常对作业场所的电气设备及线路进行检查，发现短路、电气打火和线路绝缘老化破损等情况及时维修

D. 木工作业完工后，必须将现场清理干净，锯末、刨花要堆放在指定的地点

三、多选题

1. 总平面超过 1200 m^2 的大型临时设施，现场配备消防器材包括（　　）。

A. 灭火器　　B. 消防水池

C. 不少于 4 套的取水桶、消防铣、消防钩　　D. 黄沙池

2. 关于施工现场生活区防火安全要求，下列说法正确的是（　　）。

A. 每栋宿舍两端应当挂设灭火器，如宿舍较长还应在正面适当增挂

B. 严禁将易燃易爆物品带入宿舍

C. 宿舍内严禁私自乱接拉电线，严禁使用电炉等电加热器具

D. 夏天不许在宿舍内点蚊香，防止发生火灾

四、火眼金睛

消防安全隐患排查

项目七 地铁车站施工安全管理

地铁车站一般具备建设工期紧、工程量大、参建单位多、地层和周边构筑物复杂、施工工序多、技术要求高等特点，这些特点决定了其存在巨大的风险，安全管理的过程非常复杂，管理难度很大，一旦发生工程事故，易造成重大的人员伤亡和财产损失，影响工程进度，并给社会造成不良的影响。因此在地铁车站施工过程中应加强施工安全管理。

能力目标

1. 培养地铁车站施工作业安全意识。
2. 培养地铁车站全过程施工安全指导、检查和隐患排查能力。

知识目标

1. 熟悉地铁施工临近管线安全管理的内容和安全控制措施。
2. 掌握地铁车站围护结构施工安全要点。
3. 掌握地铁车站深基坑施工安全要点。
4. 掌握地铁车站主体结构施工安全要点。

知识结构图

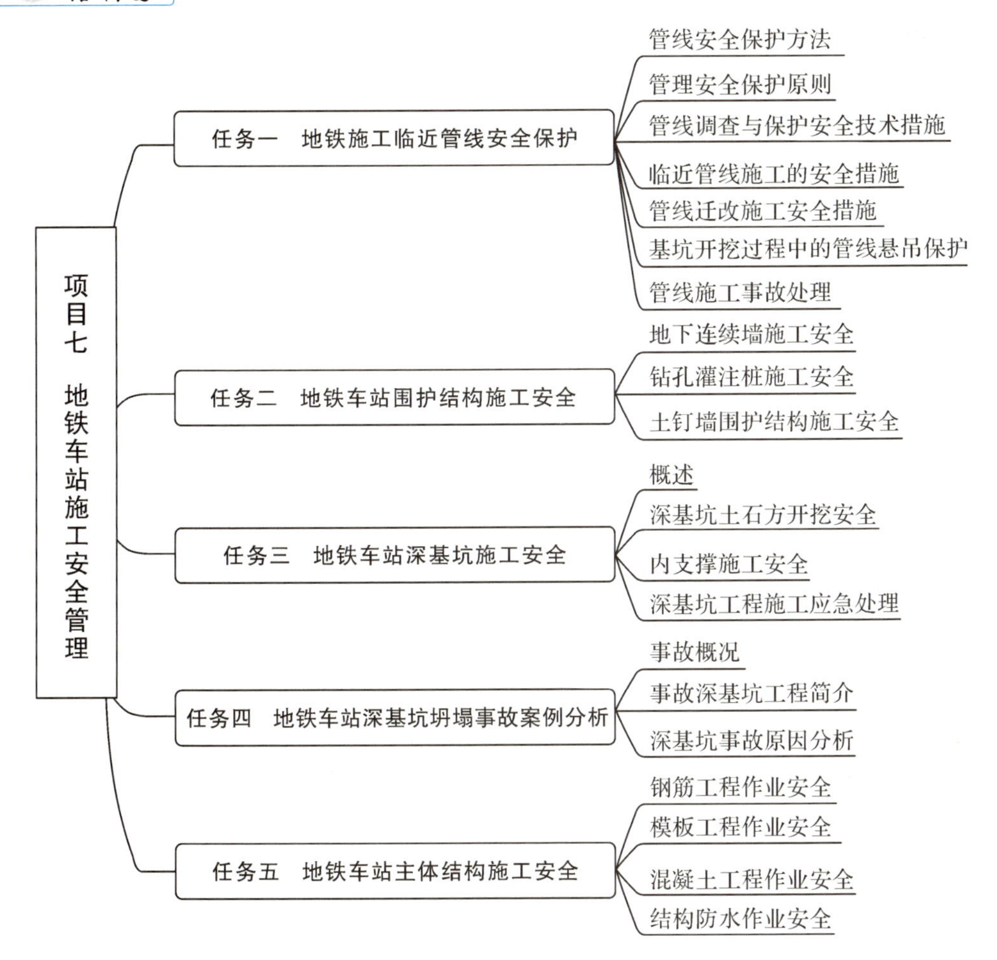

任务一 地铁施工临近管线安全保护

地铁车站临近管线破坏事故

某市地铁施工时在两个月内连续发生两次管线破坏事故。

1.2009年4月14日，地铁2号线体育场车站挖掘机司机在不清楚管线具体埋深的情况下，当挖至地表以下70cm处，不慎将该处的一根电信缆线挖断。

2.2009年6月14日，地铁1号线土建六标在西端头旋喷桩加固施工时，操作人员在钻进困难的情况下，擅自将钻机向北侧移动了40 cm进行钻孔，将作业区内一条埋深2m左右、东西走向的DN800自来水管道(混凝土管)打透,造成自来水外溢。

分析与决策

1. 你认为事故的直接原因和间接原因是什么?

2. 针对临近管线事故企业应当采取哪些安全措施?

地铁工程施工过程中会遇到众多的地下管线,包括水、电、气、热、通信等多类管线的干线与支线,这些管线是一定区域内单位和居民生产、生活的重要保障。当地铁车站深基坑施工和隧道下穿地下管线时,会造成土层扰动而影响管线安全,当地层位移过大时,可能会造成管线损坏,进而引发电力中断、煤气泄漏等事故,威胁人民生命及财产安全。

一、管线安全保护方法

地铁施工过程中,为提高邻近管线的安全性,应采取合理的管线安全保护措施,主要包括管线改迁、管线悬吊、管线加固、卸载保护和排水管导流等方法。

1. 管线改迁

管线保护最直接的方法就是改迁,即将管线迁出地铁车站或隧道范围外,减少或消除地铁施工对管线的影响。一般对通信、小径给排管道、少量电缆等便于割接的管线用改迁保护。另外,对于跨基坑保护风险较大或其他保护方法无效的管线,亦可采用改迁保护,如燃气、箱涵、与地铁结构冲突的管线等。

2. 管线悬吊

管线悬吊指的是利用柔性悬索或者刚性梁,对横跨基坑的管线进行悬吊的一种保护措施。有时,为了减小悬吊跨度、增加安全性,会在悬吊设施中部增设临时立柱或者斜拉锚索。管线悬吊在地铁施工(主要是车站、附属基坑)中应用相当广泛,适用于无法改迁或者改迁代价过高的各类管线。

3. 管线加固

许多管线虽然与地铁车站或隧道结构不冲突,但是易受沉降或交通疏解影响发生损坏,这种情况下就必须对管线进行加固保护。管线加固保护主要有以下几种方法。

(1)注浆加固。是施工中常用的一种加固方式,适用于对沉降敏感的管线,可以有效地加固土体,减少沉降,确保管线的安全。根据注浆的位置,分为地面注浆加固和洞内注浆加固。地面注浆加固是直接对管线周围的土体进行加固以保护管线的一种方法。洞内注浆加固可采用超前小导管注浆、深孔注浆、管棚施工等方式,对掌子面前方地层进行加固,从而保护影响范围内的管线。

(2) 包封加固。即对原有管线进行包封达到加固的目的，如套管保护、混凝土包封、箱涵包封等。例如，深圳地铁 5 号线兴东站，南侧砖墙电缆沟原处于人行道上，因车站主体施工交通疏解该处变更为临时车行道，原有结构无法满足行车要求。因此，在电缆沟砖墙外加筑钢筋混凝土侧墙，并加盖承重盖板，以保护原有砖墙结构。

(3) 换管加固。有些管线材质老化，或者离地铁施工区域过近，很容易受地铁施工的扰动而发生损坏。这种情况，采用注浆加固是无效的，必须将原有管道进行更换(包括材质更换)，以达到保护管线的目的。

(4) 内衬管加固。换管加固的代价相对较大，内衬管加固则是在雨、污水管线两端利用检查井或在管线上方开洞，敷设内衬管，以增强管道对沉降的承受能力。尽管内衬管加固法比较经济，但是实际施工比较困难，所以应用并不十分广泛。

(5)支撑加固。即沿线设置若干支撑点支撑管线，如打设支撑桩、设置支墩等。这种方法在给水管、燃气管等带压管道的拐弯处经常用到，亦适用于土体可能产生较大沉降而造成管线悬空的情况。

4.卸载保护

施工期间，场地内会大量堆放钢筋、支撑、水泥等材料。为了避免大幅增加下方管线的竖向载荷，应控制管线上方材料的堆放，这种减少载荷保护管线的方法即为卸载保护法。

5.排水管导流

排水管主要指污水管和雨水管，由于其特殊性，在条件允许的情况下，可以对其进行临时导流，以减少管线保护工作量。导流主要有以下几种方式：截流、合流和临时抽排。

二、管线安全保护原则

(1)必须进行管线调查复核，绘制平面图，标清带压管线阀门井位置，并在现场醒目标示。

(2)必须与权属单位联络对接，公示权属单位联系人姓名、24 小时应急抢修电话。

(3)必须对现场管理人员、操作人员进行培训和交底。

(4)必须落实管线动土作业前报审制度，动土作业前必须经过监理审批同意。

(5)必须对重要管线旁站并邀请权属单位派人现场监护。

(6)发现不明管线或不明漏水、漏气，必须立即停止作业，严禁盲目冒进。

(7)必须高度重视监测预警信息，及时采取措施。

(8)必须编制专项应急预案并演练，备足应急物资。

(9)发生管线事故，必须“及时上报、反应敏捷、措施得力、处置果断”。

三、管线调查与保护安全技术措施

1. 收集地下管线资料

向管线勘察单位、管线产权单位的相关人员仔细咨询，了解施工区域内的地下管线的种类、用途、数量、走向、埋置深度等。收集相关的图纸资料，以此作为制定地下管线防护措施的依据。

2. 实地勘测

根据已取得的管线资料，在施工影响范围内进行实地勘察，通过调查、测量、探沟、观测阀门井等形式，发现未知管线，摸清既有管线的走向、位置、埋深等基本参数，以及对现场施工的影响，为管线迁改的合理性、管线保护方案的制定提供原始的数据。

3. 管线现场标识

对原状管线，用三角旗或管线标识牌子进行标识，防止管线破坏，且便于后续寻找。

4. 管线调查报告

施工单位要根据既有管线的分布情况，汇总形成管线调查报告，并将各种地下管线叠加绘制成综合管线图，形成管线原状分布图，如图 7－1 所示，注明每种管线的名称、材质、管径、走向、埋设方式、深度以及施工现场周边相关管线控制阀的位置。

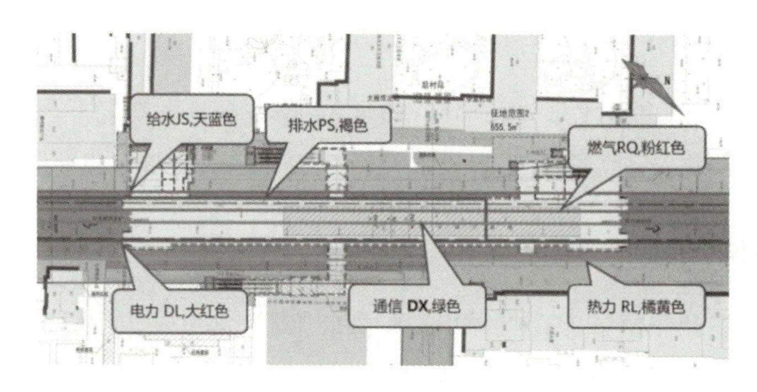

图 7－1　管线分布图

四、临近管线施工的安全措施

（1）现场采用醒目的标识牌，对各种管线进行标识，标识牌间距 15～20 m。

（2）各项工序施工前，技术人员对全体作业人员特别是设备操作人员现场进行管线交底，交代清楚管线的位置、埋深等。

（3）机械开挖作业，由专职人员进行指挥，燃气管线两侧 2 m、给水管线和通信管线两侧 1 m 范围内严禁进行机械挖土，并增加专职安全员旁站。

（4）在军用光缆附近施工时，必须提前通知军用光缆监护人员到现场进行监督。

（5）施工时严禁在燃气管线附属设施上方修建筑物、临时设施，覆盖泥土、堆渣，堆放建材等，并留出操作维修通道，以确保天然气公司能够对燃气附属设施进行正常的巡查和检修工作，在发生紧急事故后能够对燃气附属设施进行抢修。

(6)严禁重车碾压燃气管线，若存在埋地管线位于工地进出口位置等特殊情况，施工车辆需驶过燃气管线上方时，采取在管线上方路段铺设钢板等保护措施，防止重力直接作用于管线上造成管线损坏。

(7)施工中加强管线监测，建立各种管线的管理基准值，通过监测及时掌握管线变形情况及时调整施工工艺，确保管线保护管理在可控状态下进行。

五、管线迁改施工安全措施

(1)管线迁改施工前，需对管线的迁改位置进行放样确认，保证迁改位置的准确，避免因位置偏差发生意外，也便于绘制管线竣工图。

(2)相关作业前，对全体作业人员进行安全技术交底，明确相关管线保护的具体要求；重点管线必须编制专项施工方案。

(3)管线迁改主要由专业的施工队伍进行施工，并安排人员对现场进行监督，保证施工的安全进行。

(4)迁改管线需要进行割接的，在进行管道割接前，必须组织学习《有限空间安全作业五条规定》(国家安全生产监督管理总局令第69号)，对管理人员和作业层工人进行教育培训，同时将制度和规定在现场落地。有限空间安全作业五条规定如下：

①必须严格实行作业审批制度，严禁擅自进入有限空间作业。

②必须做到“先通风、再检测、后作业”，严禁通风、检测不合格作业。

③必须配备个人防中毒窒息等防护装备，设置安全警示标识，严禁无防护监护措施作业。

④必须对作业人员进行安全培训，严禁教育培训不合格上岗作业。

⑤必须制订应急措施，现场配备应急装备，严禁盲目施救。

(5)对于施工影响范围的管线，在施工过程中在管线上布设直接观测点，便于后期对管线进行保护监测，如图7-2、图7-3所示。

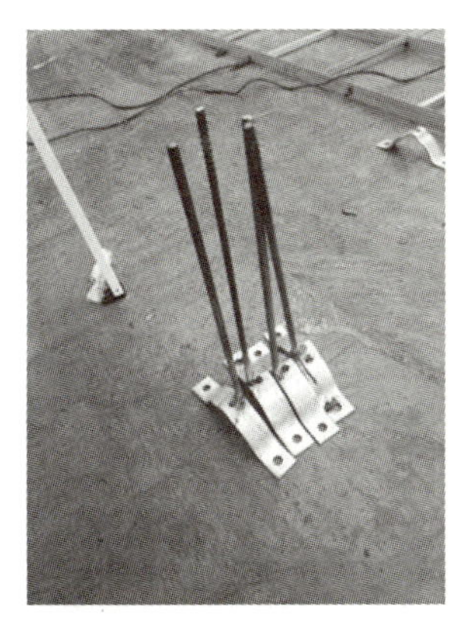

图7-2 管线监测点

图7-3 管线监测点埋设

(6)管线迁改后，需按照要求对裸土进行覆盖，及时恢复施工路面(或绿化)。有通行要求的位置，采用钢板先行铺设，再及时浇筑混凝土，铺设沥青路面。

六、基坑开挖过程中的管线悬吊保护

在基坑施工过程中，管线悬吊保护安全要点如下：

(1)管道漏水(气)时，必须修理好后才可悬吊。如跨基坑的管道较长或接口有断裂危险时，应更换钢管后悬吊或直接架设在钢梁上，如图 7-4 所示。

图 7-4 管线悬吊保护

(2)悬吊或架设管道的钢梁，连接应牢固。吊杆或钢梁与管底应密贴并保持管道原有坡度。为保持地下管线悬吊时的原有坡度，要求在管线下原状土开挖前悬吊。

(3)为保证悬吊工程质量，防止损坏管线，管线下部和附近的土方要求采用人工开挖。

(4)管线应在其下方的原状土开挖前吊挂牢固，经检查合格后，用人工开挖其下部土方。

(5)种类不同的管线，宜单独悬吊或架设，如同时悬吊或架设时，应取得有关单位同意并采取可靠措施。

(6)跨越基坑的便桥上不得设置管道悬吊，利用便桥墩台作悬吊支撑结构时，悬吊梁应独立设置，并不得与桥梁或桥面系统发生联系。

(7)支护桩或地下连续墙支护的基坑，可利用支护桩或地下连续墙做钢梁或钢丝绳悬吊的支撑结构，但必须稳固可靠，不得松动和变形。放坡开挖基坑的钢梁支撑墩柱或钢丝绳悬吊的锚桩，锚固端应置于边坡滑动土体以外并经计算确定。基坑较宽而中间增加支撑柱时，梁、柱连接应牢固。

(8)跨越基坑的悬吊管线两端应伸出基坑边缘外距离不小于 1.5m，其附近基坑应加强支护，并采取防止地面水流入基坑的措施。

(9)基坑土方及其他工序施工时，不得碰撞管道悬吊系统和利用其做起重架、脚手架或模板支撑等。

(10)基坑悬吊两端应设防护，行人不得通行。基坑两侧正在运行的地下管线应设标志，并不得在其上堆土或放材料、机械等，也不得修建临时设施。

(11)基坑回填土前，悬吊管线下应砌筑支墩加固，并按设计要求恢复管线和回填土。

(12)跨越基坑的便桥，是为交通和施工运输而设置的，当大型机械和车辆通过时，会产生一定的振动，引起管线接口松动。为保证安全，除柔性较大的直埋通信、电力电缆外，其他管线不能直接架设或悬吊在便桥上。

七、管线施工事故处理

1.应急抢险

发生管线设施断裂、爆裂、挖漏等事故时，施工单位应当根据应急处理预案，向有关产权单位抢修、抢险部门报告，并立即采取安全补救措施，进行不间断抢修、抢险作业，直至抢修、抢险完毕。

(1)如果施工期间给水管线破裂，迅速通知基坑内作业人员通过安全通道撤离，及时对溢水做好疏导工作；第一时间打开给水检查井，关闭阀门，尽可能地减小由于管线破裂造成的损失。

(2)当发生燃气管泄漏后，立即通知天然气公司关闭阀门，现场停止施工，熄灭火源、疏散人员至安全地带、设置警戒区域并保护好现场；用高压水稀释天燃气，使天然气浓度降到最低；严禁周围人员使用明火。待天然气公司关闭阀门，抢险人员到来后，配合天然气公司抢修人员进行抢修。

2.信息报送

施工单位应在第一时间对事故的处理、控制、进展、升级等情况进行信息收集，并向地铁公司相关处室报告。统一由地铁公司依事故轻重情况向外界如实报道。

3.恢复生产

管线抢修、抢险结束，经相关产权单位确定无二次渗漏等安全隐患后，应及时恢复施工，同时积极协调有关部门单位做好善后工作。

一、判断题

1.发现不明管线或不明漏水漏气，必须立即停止作业，严禁盲目冒进。(　　)

2.在管线附近施工不用对现场管理人员、操作人员进行培训和交底。(　　)

二、单选题

1.现场采用醒目的标识牌，对各种管线进行标识，标识牌间距为(　　)米。

A.5～10 m　　B.10～15 m　　C.15～20 m　　D.20～30 m

2.机械开挖作业，由专职人员进行指挥，燃气管线两侧(　　)m、给水管线和通信管线两侧(　　)m范围内严禁进行机械挖土，并增加专职安全员旁站。

A.2,1　　B.1,2　　C.2,3　　D.4,5

3. 跨越基坑的悬吊管线两端应伸出基坑边缘外距离不小于(　　)m,其附近基坑应加强支护,并采取防止地面水流入基坑的措施。

A. 1　　B. 1.5　　C. 2　　D. 2.5

4. 在军用光缆附近施工时,必须提前通知(　　)到现场进行监督。

A. 业主代表　　B. 监理人员　　C. 军用光缆监护人员　　D. 总监

5. 在管线附近施工时,应落实管线动土作业前报审制度,动土作业前必须经过(　　)审批同意。

A. 业主代表　　B. 监理　　C. 总工　　D. 安全总监

6. 为保证悬吊工程质量,防止损坏管线,管线下部和附近的土方要求采用(　　)开挖。

A. 人工　　B. 机械　　C. 设备　　D. 挖机

三、多选题

1. 发生管线事故,必须"(　　)"。

A. 及时上报　　B. 反应敏捷　　C. 措施得力　　D. 处置果断

2. 各项工序施工前,技术人员对全体作业人员特别是设备操作人员现场进行管线交底,交代清楚管线的(　　)等。

A. 走向　　B. 位置　　C. 埋深　　D. 坐标

任务二　地铁车站围护结构施工安全

钻机倒塌伤人事故

2020 年 8 月 10 日晚上,某市地铁 10 号线某站工地,一小型钻机发生倾斜倒塌事故,砸中两名正在施工的工人。事故发生时,现场一辆旋挖钻设备正在进行地铁的围护桩结构施工,由于河水倒灌冲刷,导致地下土层出现空洞,履带碾压的地面突然塌陷,导致车辆翻倒,旋挖钻管落地,砸中这两名正在施工的工人。

分析与决策

1. 地铁车站围护结构施工存在哪些安全隐患?

2. 地铁车站围护结构施工应当采取哪些安全措施?

地铁车站的围护结构,常采用钻孔灌注桩、地下连续墙、土钉墙等形式,其安全管理的重点各不相同。

一、地下连续墙施工安全

地下连续墙施工安全管理的重点在于导墙施工时防止附近大型机械使导墙变形坍塌风险,泥浆面不稳定和地下水位有变化时防止槽壁坍塌风险,成槽过程中防机械伤人风险,钢筋笼的焊接、吊装、接长过程中防触电、防火灾、防人员坠入槽孔风险以及起重吊装事故,混凝土灌注过程中防止人员摔倒、坠入槽孔风险等。在作业过程中的安全措施如下:

(1)地下连续墙施工与相邻建(构)筑物的水平安全距离不宜小于 1.5 m。

资料:建筑深基坑工程施工安全技术规范

(2)地下连续墙施工应设置施工道路,成槽机、履带吊应在平坦坚实的路面上作业、行走和停放。导墙养护期间,重型机械设备不宜在导墙附近作业或停留。

(3)位于暗浜区、扰动土区、浅部砂性土中的槽段或邻近建筑物保护要求较高时,宜先采用三轴水泥土搅拌桩对槽壁土体进行加固。

(4)地下连续墙施工,应考虑地下水位变化对槽壁稳定的影响。

(5)成槽施工时应符合下列规定:

①单元槽段应综合考虑地质条件、结构要求、周围环境、机械设备、施工条件等因素进行划分,单元槽段长度宜为 4~6 m。

②新拌制泥浆应经充分水化,贮放时间不应少于 24 h。泥浆配合比应按土层情况试配确定,遇土层极松散、颗粒粒径较大、含盐或受化学污染时,应配制专用泥浆。新拌制、循环泥浆性能指标应符合相关规范要求。

③槽内泥浆面不应低于导墙面 0.3 m,同时槽内泥浆面应高于地下水位 0.5 m 以上。

④单元槽段宜采用跳幅间隔施工顺序。

⑤成槽过程中,槽段边应根据槽壁稳定的要求控制施工载荷。

⑥成槽机、起重机外露传动系统应有防护罩,转盘方向轴应设有安全警告牌。

⑦成槽机、起重机工作时,回转半径内不应有障碍物,吊臂下严禁站人。

⑧在保护设施不齐全、监管人不到位的情况下,严禁人员下槽内清理障碍物。

(6)吊装钢筋笼时应符合下列规定:

①钢筋笼吊装所选用的吊车应满足吊装高度及起重量的要求,主吊和副吊应根据计算确定。钢筋笼吊点布置应根据吊装工艺和计算确定,并应进行整体起吊安全验算,按计算结果配置吊具、吊点加固钢筋、吊筋等。

②起重机械进场前进行检验,施工前进行调试,施工中应定期检验和维护。

③钢筋混凝土预制接头应达到设计强度的 100%后方可运输及吊放。

④钢筋笼吊装前必须对钢筋笼进行全面检查，防止有剩余的钢筋断头、焊接接头等遗留在钢筋笼上。

⑤钢筋笼采用双机抬吊作业时，应统一指挥，动作应配合协调，载荷分配应合理。

⑥履带吊起重钢筋笼时应先稍离地面试吊，确认钢筋笼已挂牢，钢筋笼刚度、焊接强度等满足要求时，再继续起吊。

⑦履带吊机在吊钢筋笼行走时，载荷不得超过允许起重量的70%，钢筋笼离地不得大于500 mm，并应栓好拉绳，缓慢行驶。

⑧风力大于6级时，应停止钢筋笼及预制地下连续墙板的起吊工作。

(7)水下混凝土应采用导管法连续浇筑，并应符合下列规定：

①导管管节连接应密封、牢固，施工前应试拼并进行水密性试验。

②钢筋笼吊放就位后应及时灌注混凝土，间隔不宜超过4 h。

③水下混凝土初凝时间应满足浇筑要求，水下浇筑时混凝土强度等级应按相关规范要求提高。

(8)应经常检查各种卷扬机、成槽机、起重机钢丝绳的磨损程度，并按规定及时更新。

二、钻孔灌注桩施工安全

钻孔灌注桩施工安全管理的重点在于钢筋笼的焊接、吊装、接长过程中防触电、防火灾、防人员坠入桩孔风险，钻机拼装、钻进过程中和钻孔完成后防倾覆、防踢孔、防物体打击、防人员坠入桩孔风险，混凝土灌注过程中防人员摔倒、防坠入桩孔风险。在作业过程中的安全措施如下：

(1)围护结构的灌注桩施工，当采用泥浆护壁的冲、钻、挖孔方法工艺时，应按有关规范要求控制桩底沉渣厚度与泥皮厚度。

(2)钢筋保护层厚度应满足设计要求，并应不小于30 mm。

(3)灌注桩施工时应保证钻孔内泥浆液面高出地下水位以上0.5 m，受水位涨落影响时，应高出最高水位1.5 m。

(4)钻机施工应符合下列要求：

①作业前应对钻机进行检查，各部件验收合格后才能使用。

②钻头和钻杆连接螺纹应良好，钻头焊接牢固，不得有裂纹。

③钻机钻架基础应夯实、整平，并满足地基承载能力，作业范围内地下无管线等地下障碍物。作业现场与架空输电线路的安全距离符合规定。

④钻进中，应随时观察钻机的运转情况，当发生异响、吊索具破损、漏气、漏渣以及其他不正常情况时，应立即停机检查，排除故障后，方可继续开工。

⑤桩孔净间距过小或采用多台钻机同时施工时，相邻桩应间隔施工，完成浇筑混凝土的桩与邻桩间距不应小于4倍桩径，或间隔施工时间宜大于36h。

⑥泥浆护壁成孔时发生斜孔、塌孔或沿护筒周围冒浆以及地面沉陷等情况应停止钻进，经采取措施后方可继续施工。

⑦采用气举反循环时，其喷浆口应遮拦，并应固定管端。

(5)对非均匀配筋的钢筋笼吊放安装时，应保证钢筋笼的安放方向与设计方向一致。

(6)混凝土浇注完毕后，应及时在桩孔位置回填土方或加盖盖板。

(7)遇有湿陷性土层，地下水位较低，既有建筑物距离基坑较近时，应避免采用泥浆护壁的工艺进行灌注桩施工。

三、土钉墙围护结构施工安全

土钉墙围护结构如图 7-5 所示，其安全管理的重点在于土方开挖时防支护未紧跟而造成边坡坍塌风险，喷射混凝土时防止作业人员不佩戴必要防护用具而造成人身伤害风险，支护时防止边坡上有危石滚落造成物体打击风险，土钉作业时防止触摸钻杆而造成人身伤害风险等。在作业过程中的安全措施如下：

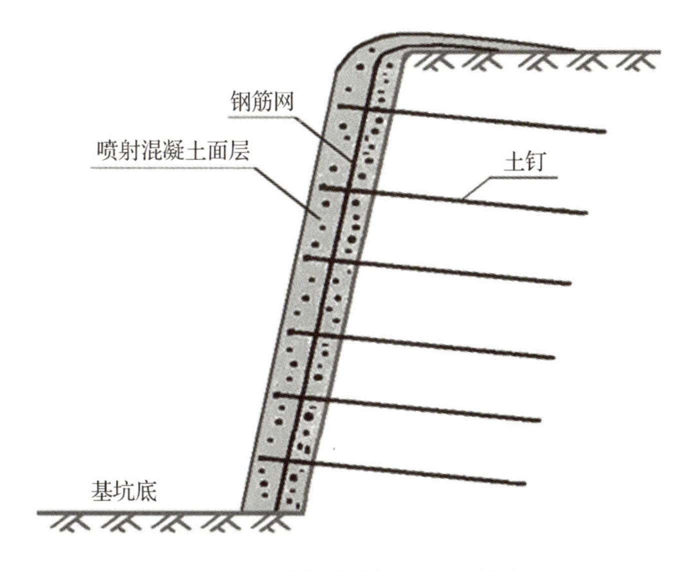

图 7-5　土钉墙围护结构示意图

(1)喷射混凝土和注浆作业人员应按规定佩戴防护用品。

(2)土钉墙支护，应先喷射混凝土面层后施工土钉。

(3)进入沟槽和支护前，应认真检查和处理作业区的危石、不稳定土层，确认沟槽土壁稳定。

(4)喷射管路安装应正确，连接处应紧固密封。管路通过道路时，应设置在地槽内并加盖保护。

(5)土钉必须和面层有效连接，应设置承压板或加强钢筋等构造措施，承压板、加强筋应分别与土钉螺栓、钢筋焊接连接。

(6)喷射支护施工应紧跟土方开挖面。每开挖一层土方后，应及时清理开挖面，安设骨架、挂网、喷射混凝土。并符合下列要求：

①骨架和挂网应安装稳固，挂网应与骨架连接牢固。

②喷射混凝土过程中，应设专人随时观察土壁变化状况，发现异常必须立即停止喷射，采取安全技术措施，确认安全后，方可继续进行。

(7)土钉墙支护应分段分片依次进行，同一分段内喷射应自下而上分层进行，随开挖随支护。

(8)施工中应随时观测土体状况。发现墙体裂缝、有坍塌征兆时，必须立即将施工人员撤出基坑、沟槽的危险区，并及时处理，确保安全。

(9)土钉宜在喷射混凝土终凝 3 h 后进行施工，钻孔应连续完成，作业时严禁人员触摸钻杆，搬运、安装土钉时，不得碰撞人、设备。

(10)遇有不稳定的土体，应结合现场实际情况采取防塌措施，并应符合下列要求：

①施工中应加强现场观测，掌握土体变化情况，及时采取应急措施。

②支护面层背后的土层中有滞水时，应设水平排水管，并将水引出支护层外。

③在修坡后应立即喷射一层砂浆、素混凝土或挂网喷射混凝土，待达到规定强度后方可设置土钉。

(11)土钉墙的土钉注浆和喷射混凝土层 12 小时后，或达到设计强度的 70%后，方可开挖下层土方。

一、判断题

1. 单元槽段宜采用连续施工顺序。(　　)

2. 在保护设施不齐全、监管人不到位的情况下，严禁人员下槽内清理障碍物。(　　)

二、单选题

1. 单元槽段应综合考虑地质条件、结构要求、周围环境、机械设备、施工条件等因素进行划分，单元槽段长度宜为(　　)。

A. 3～6 m　　B. 4～6 m　　C. 6～8 m　　D. 7～9 m

2. 地下连续墙施工与相邻建(构)筑物的水平安全距离不宜小于(　　)m。

A. 1　　B. 1.2　　C. 1.5　　D. 2

3. 钢筋混凝土预制接头应达到设计强度的(　　)后方可运输及吊放。

A. 60%　　B. 70%　　C. 100%　　D. 90%

4. 钢筋笼吊放就位后应及时灌注混凝土，间隔不宜超过(　　)。

A. 2 h　　B. 3 h　　C. 4 h　　D. 5 h

5. 槽内泥浆面不应低于导墙面(　　)m,同时槽内泥浆面应高于地下水位(　　)m 以上。

A. 0.3,0.5　　B. 0.2,0.3　　C. 0.3,0.4　　D. 0.4,0.5

6. 钢筋保护层厚度应满足设计要求,并不应小于(　　)mm。

A. 20　　B. 30　　C. 35　　D. 40

三、多选题

1. 位于(　　)中的槽段或邻近建筑物保护要求较高时,宜先采用三轴水泥土搅拌桩对槽壁土体进行加固。

A. 暗浜区　　B. 扰动土区　　C. 浅部砂性土　　D. 冻土

2. 吊装钢筋笼下列规定是正确的(　　)。

A. 起重机械进场前进行检验,施工前进行调试

B. 钢筋混凝土预制接头应达到设计强度的 100%后方可运输及吊放

C. 履带吊起重钢筋笼时应先稍离地面试吊

D. 风力大于 6 级时,应停止起吊工作

四、火眼金睛

地铁车站围护结构施工安全隐患排查

任务三　地铁车站深基坑施工安全

地铁车站工程深基坑滑坡事故

2001 年 8 月 20 日,某建筑公司正组织 10 人进行深基坑土方挖掘施工作业。大约 20 点左右,16 轴处土方突然开始发生纵向滑坡,当即有 2 人被土方掩埋,另有 2 人被埋至腰部以上,其他 6 人迅速逃离至基坑上。现场项目部接到报告后,立即准备组织抢险营救。20 时 10 分,16 轴至 18 轴处,发生第二次大面积土方滑坡,将另外 2 人也掩埋,并冲断了基坑内钢支撑 16 根。事故发生后,虽经项目部极力抢救,但被土方掩埋的 4 人终因窒息时间过长而死亡。

事故调查表明,该工程所处地基软弱,开挖范围内基本上均为淤泥质土,其中淤泥质黏土平均厚度达 9.65 m,土体坑剪强度低,灵敏度高达 5.9,这种饱和软土受扰动后,极易发生触变现

象。且施工期间遭百年一遇特大暴雨影响，造成长达 171 m 基坑纵向留坡困难，而在执行小坡处置方案时未严格执行有关规定，造成小坡坡度过陡，由此造成本次事故发生。

分析与决策

1. 你认为本次事故的原因是什么？
2. 针对深基坑施工应当采取哪些安全技术措施？

一、概述

1. 深基坑的概念

按照《危险性较大的分部分项工程安全管理办法》(住建部〔2018〕37 号)规定，深基坑是指开挖深度超过 5 m(含 5 m)或地下结构三层(含三层)以上，或深度虽未超过 5 米，但地质条件和周围环境及地下管线特别复杂的工程。

2. 地铁车站深基坑的特点

地铁车站深基坑开挖深度大、面积大、施工周期较长、施工难度大，并经常在密集的建筑群中施工，常受到场地、临近建筑物、地下管线等的影响，施工过程中除了保证基坑自身的安全，还要尽量减少对周围环境的影响。

3. 地铁深基坑施工安全管理重点

在基坑开挖过程中，严防一挖到底或掏挖而造成坍塌风险，采用钢管支撑开挖时防止支护不紧跟而导致坍塌风险，放坡开挖时防止边坡过陡而导致坍塌风险，开挖时防止挖掘机碰撞钢支撑掉落伤人风险，大型机械施工时防止人机混合作业而造成人身伤害风险，夜间施工时防止因视线不良或未穿戴反光衣而造成车辆伤害风险。

二、深基坑土石方开挖安全

资料：建筑施工土石方工程安全技术规范

根据支护形式分别采用无围护结构的放坡开挖、有围护结构无内支撑的基坑开挖以及有围护结构有内支撑的基坑开挖等开挖方式。深基坑土石方开挖前，施工单位应确定深基坑土石方开挖安全施工方案。

1. 一般安全规定

(1)基坑开挖必须遵循先设计后施工的原则，应按照分层、分段、分块、对称、均衡、限时的方法，确定开挖顺序。土石方开挖应防止碰撞支护结构。基坑开挖前，支护结构、基坑土体加固、降水等应达到设计和施工要求。

(2)挖土机械、运输车辆等直接进入基坑进行施工作业时，应采取保证坡道稳定的措施，坡道坡度不宜大于 1∶8，坡道的宽度应满足车辆行驶的安全要求。

(3)基坑开挖应符合下列安全要求：

①基坑周边、放坡平台的施工载荷应按照设计要求进行控制。基坑开挖的土方不应在邻近建筑及基坑周边影响范围内堆放，并应及时外运。若需要临时堆放的，必须在边坡 2 m 外堆放，堆土高度不得超过 1.5 m。

②基坑开挖应采用全面分层开挖或台阶式分层开挖的方式，分层厚度按土层确定，开挖过程中的临时边坡坡度按计算确定。

③机械挖土时，坑底以上 200～300 mm 范围内的土方应采用人工修底的方法挖除，放坡开挖的基坑边坡应采用人工修坡方法挖除，严禁超挖。基坑开挖至坑底标高应及时进行垫层施工，垫层应浇筑到基坑围护墙边或放坡开挖的基坑坡脚。

机械挖土应避免对工程桩产生不利影响，挖土机械不得直接在工程桩顶部行走；挖土机械严禁碰撞工程桩、围护墙、支撑、立柱和立柱桩、降水井管、监测点等，其周边 200～300 mm 范围内的土方应采用人工挖除。

基坑开挖深度范围内有地下水时，应采取有效的降水与排水措施，确保地下水在每层土方开挖面以下 50 cm，严禁带水挖土作业。

(4)基坑周边必须安装防护栏杆，防护栏杆高度不应低于 1.2 m。防护栏杆应安装牢固，材料应有足够的强度。

(5)施工作业人员上下基坑不能使用任何机械作为乘坐工具，禁止在坡壁开挖楼梯，必须在基坑底部搭建供施工人员上下的专用梯道，爬梯的材质、功能性、数量必须满足现场要求，牢固稳定，同时作为基坑发生异常情况时的应急逃生通道。

2.放坡开挖安全要点

(1)放坡开挖坡度应根据土层性质、开挖深度确定，各级边坡坡度不宜大于 1∶1.5，淤泥质土层中不宜大于 1∶2.0；多级放坡开挖的基坑，坡间放坡平台宽度不宜小于 3.0 m，且不应小于 1.5 m。

(2)放坡开挖的基坑应采用降水等固结边坡土体的措施。单级放坡基坑的降水井宜设置在坡顶，多级放坡基坑的降水井宜设置在坡顶、放坡平台。降水对周边环境有影响时，应设置隔水帷幕。基坑边坡位于淤泥、暗浜、暗塘等较软弱的土层时，应进行土体加固。

(3)放坡开挖的基坑，边坡表面应按下列要求采取护坡措施：

①护坡宜采用现浇钢筋混凝土面层，也可采用钢丝网水泥砂浆或钢丝网喷射混凝土等方式。

②护坡面层宜扩展至坡顶和坡脚一定的距离，坡顶可与施工道路相连，坡脚可与垫层相连。

③现浇钢筋混凝土和钢丝网水泥砂浆或钢丝网喷射混凝土护坡面层的厚度、强度等级及配筋情况根据设计确定。

④放坡开挖的基坑，坡顶应设置截水明沟，明沟可采用铁栅盖板或水泥预制盖板。

3.有内支撑的深基坑开挖安全要点

(1)有内支撑的基坑开挖施工应根据工程地质与水文地质条件、环境保护要求、场地条件、基坑平面尺寸、开挖深度,选择以下几种支撑型式:

①灌注桩排桩围护墙采用钢筋混凝土支撑。

②型钢水泥土搅拌桩墙,宜采用钢筋混凝土支撑,狭长形的基坑采用型钢支撑。

③板桩围护墙的结构形式,宜采用型钢支撑。

④地下连续墙,宜采用钢筋混凝土支撑。

除上述支撑型式外,也有采用型钢支撑与钢筋混凝土支撑的组合型式。

(2)对于基坑开挖深度超过6m或土质情况较差的基坑可以采用多道内支撑形式。多道内支撑基坑开挖遵循“分层支撑、分层开挖、限时支撑、先撑后挖”的原则,且分层厚度须满足设计工况要求。支撑与挖土相配合,严禁超挖,在软土层及变形要求较为严格时,应采用“分层、分区、分块、分段、抽条开挖,留土护壁,快挖快撑,先形成中间支撑,限时对称平衡形成端头支撑,减少无支撑暴露时间”等方式开挖。

(3)分层支撑和开挖的基坑上部可采用大型施工机械开挖,下部宜采用小型施工机械和人工挖土,在内支撑以下挖土时,每层开挖深度不得大于2 m,施工机械不得损坏和挤压工程桩及降水井。

(4)立柱桩及钢格构柱周边300 mm土层须采用人工挖除,格构柱内土方由人工清除。

三、内支撑施工安全

地铁车站深基坑的内支撑常采用钢筋混凝土支撑和钢管支撑两种形式,支撑系统的施工与拆除顺序,应与支护结构的设计工况相一致,应严格遵守先撑后挖的原则。

(1)支撑结构上不应堆放材料和运行施工机械,当需要利用支撑结构兼做施工平台或栈桥时,应进行专门设计。

(2)基坑开挖过程中应对基坑回弹引起的立柱上浮进行监测,施工单位根据监测数据调整施工参数,必要时采取相应的整改措施。

(3)混凝土冠梁、腰梁与支撑杆件宜整体浇筑,超长支撑杆件宜分段浇筑养护。混凝土支撑应达到设计强度的70%后方可进行下方土方的开挖。

(4)钢支撑的施工应符合下列安全要求:

①钢支撑吊装就位时,吊车及钢支撑下方禁止有人员站立,现场做好防下坠措施。

②支撑端头应设置封头端板,端板与支撑杆件应满焊。

③支撑与冠梁、腰梁的连接应牢固,钢腰梁与围护墙体之间的空隙应填充密实;采用无腰梁的钢支撑系统时,钢支撑与围护墙体的连接应满足受力要求。

(5)钢支撑的预应力施加应符合下列要求:

①支撑安装完毕后，应及时检查各节点的连接状况，经确认符合要求后方可施加预应力；预应力应均匀、对称、分级施加。

②预应力施加过程中应检查支撑连接节点，必要时应对支撑节点进行加固；预应力施加完毕后应在额定压力稳定后予以锁定。

③钢支撑使用过程应定期进行预应力监测，必要时应对预应力损失进行补偿。

(6)施工中若发现支撑松动、滑移、变形时，及时查找原因，采取核正、加固措施，重新施加预应力；施工时加强监测，支撑竖向挠曲变形在接近允许值时，必须及时采取措施，防止支撑挠曲变形过大，保证钢支撑受力稳定，确保基坑安全。

(7)除专门安全检查人员外，其余人员严禁在混凝土支撑梁、钢支撑梁上行走、停留、作业。

(8)支撑拆除应符合下列要求：

①施工单位必须依据拆除工程安全施工组织设计或安全专项施工方案，在拆除施工现场划定危险区域，并设置警戒线和相关的安全标志，应派专人监管。作业区下方安全警戒区域内严禁所有施工作业。

②进行拆除施工前，必须对施工作业人员进行书面安全技术交底。

③进行人工拆除作业时，作业人员应站在稳定的结构或脚手架上操作。拆卸下来的各种材料应及时清理，分类堆放在指定场所，严禁向下抛掷。

④钢支撑拆除作业时，应将起重机的钢丝绳先系在钢支撑两端，系完后检查是否安全可靠。拆除时应分级释放轴力，避免瞬间预加应力释放过大导致结构局部变形、开裂，同时对围护结构顶位移、墙心侧压力进行监测。

预加应力释放完成后拆除活动端的钢板楔块，拆下的钢楔块应集中放置在特制的容器内及时吊出，避免坠物伤人。

四、深基坑工程施工应急处理

1.基坑内边坡失稳的应急处理

(1)在失稳边坡外侧卸载或在内侧回填，稳定边坡。

(2)在坡脚设置排水明沟和集水坑，设置大功率水泵抽水。对相邻开挖的土层的坡面上采用钢丝网水泥砂浆抹面的方法进行护坡。

(3)在失稳的深坑周围打设井点进行降水。

(4)在深坑周围和坑内进行注浆加固。

(5)加设支撑。

2.基坑开挖引起坑底隆起失稳的应急处理

基底隆起失稳主要是基坑内支护体系未进稳水层，同时由于坑内外水头高差引起坑底土体的隆起。坑底隆起失稳应采用处理措施：

(1)立即停止基坑内降水,监测单位增加监测频率。

(2)立即停止土方开挖,将人员撤退至安全位置。

(3)必要时可进行基坑堆料反压。

(4)对基底实施注浆加固。

3.围护体系渗水、漏水的应急处理

(1)如渗水量极小,为轻微湿迹或缓慢滴水,而监测结果也未反映周边环境有险况,则只在坑底设排水沟,暂不做进一步修补。

(2)对渗水量很大,但没有泥砂带出,造成施工困难,而对周围环境影响不大的情况,采用“引流-修补”方法,采用快干水泥进行堵漏。

(3)对渗漏水量很大的情况,应查明原因,采取相应的措施:

①如漏水位置离地面不深处,可在支护体背面开挖至漏水位置下500～1000 mm,对支护体后用密实混凝土进行封堵。

②如漏水位置埋深比较大,则可采用压密注浆方法,浆液中掺入水玻璃,也可采用高压喷射注浆方法。

4.基坑水平变形过大的应急处理

(1)基坑水平变形速率较大的应急处理。

①变形速率达到报警值时,应立即停止挖土,加强监测,分析原因并采取相应措施。

②如无渗漏,则应对基坑加强监测,如有渗漏,则应立即采取措施堵漏。

③立即在基坑内侧堆填砂石施加载荷,控制围护桩体变形。

④检查支撑轴力、土压力、围护结构内力,分析原因并采取相应措施。

⑤增设坑内降水设备,降低地下水。

⑥报警处围护桩周边地面堆载物应立即全部搬除。在问题得到妥善处理前,禁止该侧施工车辆通过,减少施工动载荷。

(2)基坑累计水平变形值较大的应急处理。

①累计变形值达到报警值时,应立即停止挖土,加强监测。

②检查支撑轴力、土压力、围护支撑结构内力,分析原因并采取相应措施。

③如支撑轴力较大,应增加临时支撑,控制变形发展。

④对被动土区进行坑底加固,采用注浆、高压旋喷桩等,提高被动土区抗力。

⑤如果已挖至坑底,可加快垫层施工。为增强垫层的支撑作用,可加厚垫层,比如由原来的200厚加至300厚。垫层配筋,提高垫层混凝土强度等级。还可以在垫层中加槽钢或H型钢形成暗支撑。也可增设坑底支撑。

一、判断题

1. 除专门安全检查人员外，其余人员严禁在混凝土支撑梁、钢支撑梁上行走、停留、作业。(　　)

2. 钢支撑吊装就位时，吊车及钢支撑下方禁止有人员站立，现场做好防下坠措施。(　　)

二、单选题

1. 深基坑是指开挖深度超过(　　)或地下结构(　　)层(含三层)以上，或深度虽未超过(　　)，但地质条件和周围环境及地下管线特别复杂的工程。

A. 5,2,5　　B. 5,3,5　　C. 10,3,10　　D. 3,3,3

2. 在内支撑以下挖土时，每层开挖深度不得大于(　　)m。

A. 2　　B. 2.5　　C. 3　　D. 3.5

3. 机械挖土时，坑底以上(　　)范围内的土方应采用人工修底的方法挖除。

A. 200～300 mm　　B. 300～500 mm

C. 250～300 mm　　D. 250～350 mm

4. 淤泥质土层中不宜大于1∶2.0；多级放坡开挖的基坑，坡间放坡平台宽度不宜小于(　　)，且不应小于(　　)。

A. 3.0 m,1.5 m　　B. 3.5 m,1.5 m　　C. 3.0 m,2.5 m　　D. 3.0 m,2.5 m

5. 对于基坑开挖深度超过(　　)或土质情况较差的基坑可以采用多道内支撑形式。

A. 5 m　　B. 6 m　　C. 8 m　　D. 10 m

6. 若需要临时堆放的，必须在边坡(　　)外堆放，堆土高度不得超过(　　)。

A. 2 米,1.5 米　　B. 3 米,1.5 米　　C. 2 米,2.5 米　　D. 3 米,1.5 米

三、多选题

1. 多道内支撑基坑开挖遵循“(　　)”的原则。

A. 分层支撑　　B. 限时支撑　　C. 分层开挖　　D. 先撑后挖

2. 基坑开挖必须遵循先设计后施工的原则，应按照(　　)的方法，确定开挖顺序。

A. 分层、分段　　B. 分块、对称　　C. 分区域　　D. 均衡、限时

四、火眼金睛

地铁车站深基坑施工安全隐患排查

任务四　地铁车站深基坑坍塌事故案例分析

一、事故概况

2008 年 11 月 15 日下午 3 时 15 分，正在施工的某地铁车站深基坑现场发生大面积坍塌事故，造成 21 人死亡，24 人受伤，直接经济损失 4961 万元。

二、事故深基坑工程简介

事故基坑长 107.8 m，宽 21 m，开挖深度 15.7～16.3 m。设计采用 800 mm 厚地下连续墙结合四道（端头井范围局部五道）Φ609 钢管支撑的围护方案。地下连续墙深度为 31.5～34.5 m。基坑西侧紧临大道，交通繁忙，重载车辆多，道路下有较多市政管线（包括上下水、污水、雨水、煤气、电力、电信等）穿过，东侧有一河道。基坑平面图如图 7－6 所示。

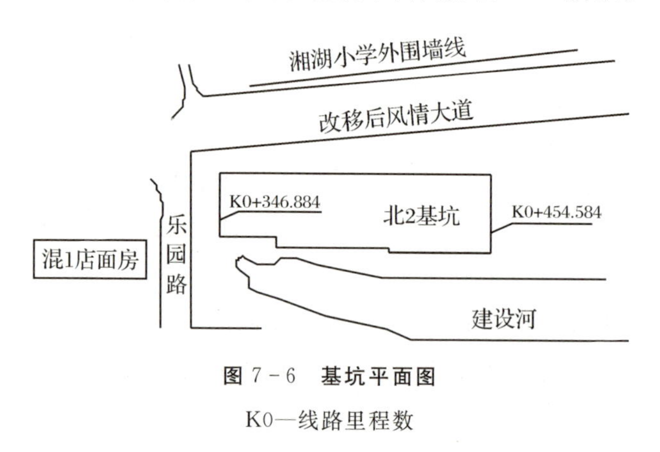

图 7－6　基坑平面图

K0—线路里程数

基坑土方开挖共分为 6 个施工段，总体由北向南组织施工至事故发生前，第 1 施工段完成底板混凝土施工，第 2 施工段完成底板垫层混凝土施工，第 3 施工段完成土方开挖及全部钢支撑施工，第 4 施工段完成土方开挖及 3 道钢支撑施工、开始安装第 4 道钢支撑，第 5、6 施工段已完成 3 道钢支撑施工、正开挖至基底的第 5 层土方。同时第 1、2 施工段木工、钢筋工正在作业；第 3 施工段杂工进行基坑基底清理，技术人员安装接地铜条；第 4 施工段正在安装支撑、施加预应力，第 5、6 施工段坑内 2 台挖机正在进行土方开挖。事故发生时分段施工情况如图 7－7 所示。

风情大道

第6施工段
第5层土方开挖

第5施工段
第5层土方开挖

第4施工段
土方开挖完成
第四道支撑安装

第3施工段
土方开挖完成
基底清理
安装综合接地网

第2施工段
底板垫层混凝土浇筑

第1施工段
底板混凝土浇筑完成
木工、钢筋工作业

北

东

图 7-7 施工分段平面图

首先西侧中部地下连续墙横向断裂并倒塌，倒塌长度约 75 m，墙体横向断裂处最大位移约 7.5 m，东侧地下连续墙也产生严重位移，最大位移约 3.5 m。由于大量淤泥涌入坑内，风情大道随后出现塌陷，最大深度约 6.5 m。地面塌陷导致地下污水等管道破裂、河水倒灌造成基坑和地面塌陷处进水，基坑内最大水深约 9 m。事故现场如图 7-8 所示。

图 7-8 基坑事故现场

三、深基坑事故原因分析

1.破坏模式分析

根据勘查结果对基坑土体破坏滑动面及地下连续墙破坏模式进行了分析，并绘制相应的基坑破坏时调查平面图（图 7-9）与施工工况图，以及基坑土体滑动面与地下连续墙破坏形态断面图（图 7-10）。

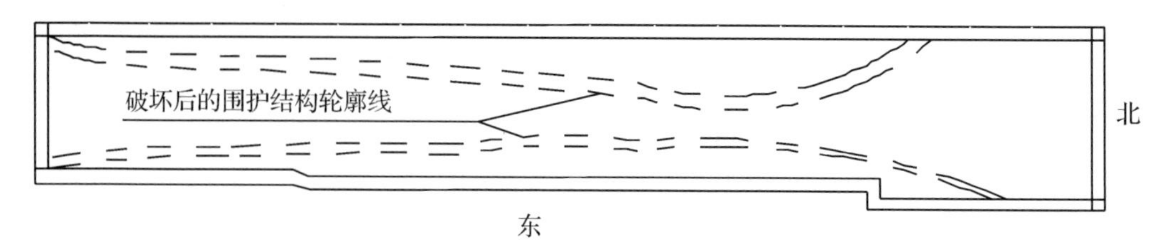

图 7-9 基坑破坏时调查平面图

(1)据靠近西侧地下连续墙静力触探试验表明，在绝对标高−8～−10 m 处(近基坑底部)，静探贯入阻力 q_c 值为 0.20 MPa(q_c 仅为原状土的 30%左右)，土体受到严重扰动，接近于重塑土强度，证明土体产生侧向流变，存在明显的滑动面。

(2)西侧地下连续墙墙底(相应标高−27.0 左右)，C1 探孔静探 q_c 值约为 0.6 MPa(q_c 为原状土的 70%左右)，土体有较大的扰动，但没有产生明显的侧向流变，主要是地下连续墙底部产生过大位移所致。

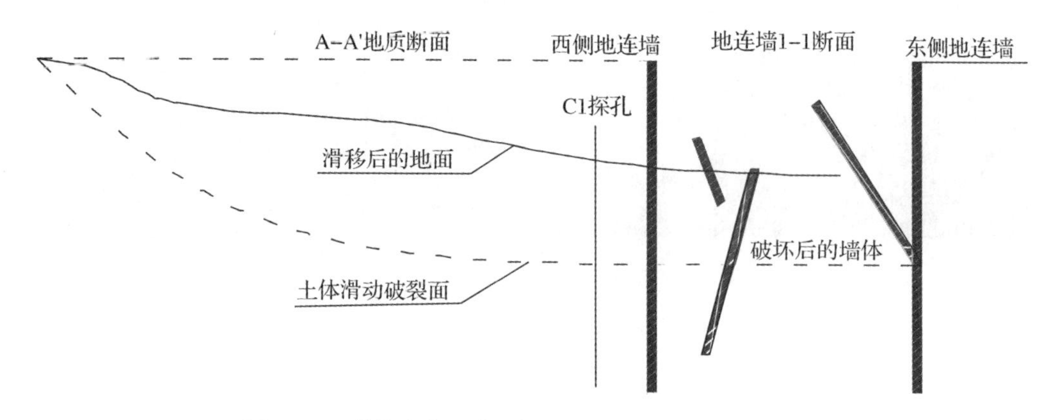

图 7-10 基坑土体滑动面与地下连续墙破坏形态断面图

2. 勘察问题

由于勘察工作量不足，加上勘察人员对土性的认识的不足，造成基坑工程勘察资料不详细或土的物理力学指标取值偏高，使设计计算失误而引起的事故。勘察方面主要存在以下问题：

(1)基坑采取原状土样及相应主要力学试验指标较少，不能完全反映基坑土性的真实情况。

(2)勘察单位未考虑薄壁取土器对基坑设计参数的影响，以及未根据当地软土特点综合判断选用推荐土体力学参数。

(3)勘察报告推荐的直剪固结快剪指标 c、Φ 值采用平均值，未按规范要求采用标准值，指标偏高。

(4)勘察报告提供的④2 层的比例系数 m 值($m=2500\text{kN/m}^4$)与类似工程经验值差异显著。

提供的土体力学参数互相矛盾,不符合土力学基本理论。同时发现,试验原始记录已遗失,无法判断其数据的真实性。

3.设计问题

由于基坑设计涉及多种学科,如土力学、基础工程、结构力学和原位测试技术等,需要对场地周围环境、施工条件、工程地质条件、水文地质条件详细了解和掌握,具有一定的复杂性。目前基坑支护的设计方案与措施大多数是偏于保守的,即便如此,如果设计的人员经验不足、考虑不周,也易引起相应的事故。事故深基坑在设计方面主要存在以下问题:

(1)计算参数的选择问题。

①设计单位未能根据当地软土特点综合判断、合理选用基坑围护设计参数,力学参数选用偏高,降低了基坑围护结构体系的安全储备。

②设计中考虑地面超载 20 kPa 较小。基坑西侧为一条大道,对汽车动载荷考虑不足。根据实际情况,重载土方车及混凝土泵车对地面超载宜取 30 kPa,与设计方案 20 kPa 相比,挖土至坑底时第三道支撑的轴力、地下连续墙的最大弯矩及剪力均增加约 4%～5%,也降低了一定的安全储备。

(2)考虑不周,经验欠缺。

①设计图纸中未提供钢管支撑与地下连续墙的连接节点详图及钢管节点连接大样,也没有提出相应的施工安装技术要求,没有提出对钢管支撑与地连墙预埋件焊接要求。

②同意取消施工图中的基坑坑底以下 3 m 深土体抽条加固措施,降低了基坑围护结构体系的安全储备。经计算,采取坑底抽条加固措施后,地下墙的最大弯矩降低 20%左右,第三道支撑轴力降低 14%左右,地下墙的最大剪力降低 13%左右,由于在坑底形成了一道暗撑,抗倾覆安全系数大大提高。

(3)从地质剖面和地下连续墙分布图中可以看出,对于本工程事故诱发段的地下连续墙插入深度略显不足,对于本工程,应考虑墙底的落底问题。

(4)设计提出的监测内容相对于规范少了 3 项必测内容,见表 7-1。

表 7-1　监测内容

监测项目	规范要求	设计方案
周围建筑物沉降和倾斜(地表沉降)	√	√
周围地下管线的位移	√	×
土体侧向变形	√	×
墙顶水平位移	√	√

续表

监测项目	规范要求	设计方案
墙顶沉降	√	√
支撑轴力	√	√
地下水位	√	√
立柱沉降	√	×
孔隙水压力	△	×
墙体变形	△	√
墙体土压力	△	×
坑底隆起	△	√

注:1.规范要求中的√代表必测项目,△代表选测项目。

2.设计方案中的√代表已选项目,×代表未选项目。

4.施工问题

基坑土方超挖以及支撑施加不及时、支撑体系存在薄弱环节、基坑边超载过大等均容易引起基坑失稳。在以上因素的作用下,会引起基坑围护结构变形较大,容易导致支撑破坏或地下水管破裂,进而引发事故的发生。事故基坑在施工方面主要存在以下问题:

(1)土方超挖。

土方开挖未按照设计工况进行,存在严重超挖现象。特别是最后两层土方(第四层、第五层)同时开挖,垂直方向超挖约 3 m,开挖到基底后水平方向多达 26 m 范围未架设第四道钢支撑,第三和第四施工段开挖土方到基底后约有 43 m 未浇筑混凝土垫层。土方超挖导致地下连续墙侧向变形、墙身弯矩和支撑轴力增大,增加值如表 7-2 所示。

表 7-2 连续墙侧向变形、墙身弯矩和支撑轴力增大值

计算土层参数	情况类型	最大变形/mm	第一道支撑力/kN	第二道支撑力/kN	第三道支撑力/kN	第四道支撑力/kN	最大负弯矩/(kN·m)	最大正弯矩/(kN·m)	最大剪力/(kN/m)	抗倾覆安全系数	坑底隆起安全系数	墙底承载力安全系数
固结快剪值	不超挖	25.4	120.5	628.9	743.3	703.7	−803.6	1186.4	596.3	1.48	1.83	2.33
	超挖	34	120.5	563.7	1064.3 (1.43)		−978.4	1750.9 (1.48)	820.7 (1.38)	1.39	1.69	2.33

与设计工况相比,如第三道支撑施加完成后,在没有设置第四道支撑的情况下,直接挖土至坑底第三道支撑的轴力增长约 43%,作用在围护体上的最大弯矩增加约 48%,最大剪力增加约 38%。

(2)支撑体系问题。

①现场钢支撑活络头节点承载力明显低于钢管承载力。钢支撑体系均采用钢管结合双拼槽钢可伸缩节点,施加预应力后钢楔塞紧传递载荷,但该节点的设计、制作加工、检测、验收、安装施工等均无标准可依,处于无序状态。现场取样试验结果表明,正常施工状态下该节点的承载力为 3000 kN,明显低于上述钢管的承载力计算值 5479 kN。

②钢管支撑与工字钢系梁的连接不满足设计要求。设计要求钢管支撑在系梁搁置处,需采用槽钢有效固定(图 7-11),实际情况部分采用钢筋(有的已脱开)固定、部分没任何固定措施,这使得钢管计算长度大大增加,钢管弯曲现象不同程度存在,最大弯曲值达 11.76 cm,由于偏心受压降低了钢管支撑的承载力。

③钢立柱之间也未按设计要求设置剪刀撑。设计要求系梁垂直方向每隔三跨设一道剪刀撑(图 7-12),应设置边跨,而实际情况未设,降低了支撑体系的总体稳定性。

④部分钢支撑的安装位置与设计要求差异较大。钢支撑安装位置相对设计位置偏差较大,最大达 83.6 cm,平均为 20.6 cm;相邻钢管间距与设计间距偏差最大达 65.0 cm。安装偏差导致支撑钢管受力不均匀和产生了附加弯矩。

⑤钢支撑与地下连续墙预埋件未进行有效连接。钢管支撑与地连墙预埋件没有焊接,直接搁置在钢牛腿上,没有有效连接,易使支撑钢管在偶发冲击载荷或地下连续墙异常变形情况下丧失支撑功能。

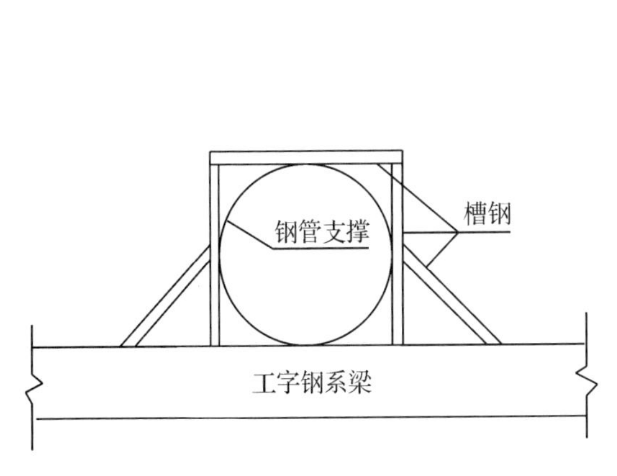

图 7-11　钢管支撑的固定

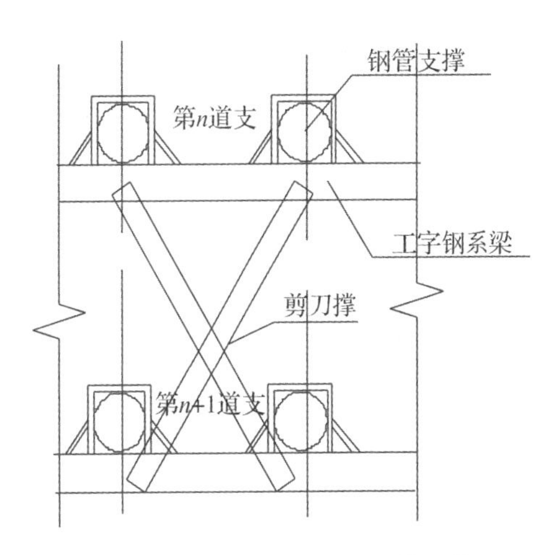

图 7-12　钢立柱之间设置剪刀撑

5. 监测问题

基坑工程不确定性因素多,应实施信息化施工,监测是基坑信息化施工中必不可少的手段。对基坑工程,监测单位应科学、认真测试,及时、如实报告土体位移、地面沉降、支撑轴力等测试成果。事故基坑在监测方面主要有以下问题:

(1)提供的监测报表中数据存在伪造现象,隐瞒报警数值,丧失了最佳抢险时机。电脑中的原始数据被人为删除,通过对监测人员使用的电脑进行的数据恢复,发现以下 3 个问题:

①2008 年 10 月 9 日开始监测,有路面沉降监测点 11 个,至 11 月 15 日发生事故前最大沉降 316 mm,监测报表没有相应的记录。

②11 月 1 日 49 号(北端头井东侧地连墙)测斜管 18 m 深处最大位移达 43.7 mm,与监测报表不符。

③2008 年 11 月 13 日 CX45 号测斜管最大变形数据达 65 mm,超过报警值(40 mm),与监测报表不符。

通过以上问题可以发现,电脑中的数据与报表中的数据不一致,实际变形已超设计报警值而未报警,可以认为监测方有伪造数据或对内、对外两套数据的可能性。

(2)监测方案中的监测内容和监测点数量均不满足规范要求,见表 7-3、表 7-4。

(3)测点破坏严重且未修复,造成多处监控盲区;部分监测内容的测试方法存在严重缺陷。

通过钢支撑应力计现场测试表明,钢支撑受拉时应力计读数变大,受压时应力计读数变小。根据此原理,监测报表中的所有钢支撑均出现拉应力,明显不符合钢支撑的受力状态,说明监测数据不可靠。

综上所述,由于基坑土方开挖过程中,基坑超挖、钢管支撑架设不及时、垫层未及时浇筑、钢支撑体系存在薄弱环节等因素,引起局部范围地下连续墙产生过大侧向位移,造成支撑轴力过大及严重偏心。同时基坑监测失效,隐瞒报警数值,未采取有效补救措施。以上直接因素致使部分钢管支撑失稳,钢管支撑体系整体破坏,基坑两侧地下连续墙向坑内产生严重位移,其中西侧中部墙体横向断裂并倒塌,风情大道塌陷。

表 7-3 监测方案中的监测内容对比

监测项目	规范要求	设计方案	施工监测方案	实际监测内容
周围建筑物沉降和倾斜(地表沉降)	√	√	√	√(地表沉降)
周围地下管线的位移	√	×	×	×
土体侧向变形	√	×	×	×
墙顶水平位移	√	√	√	√
墙顶沉降	√	√	√	√
支撑轴力	√	√	√	√
地下水位	√	√	√	√
立柱沉降	√	×	×	×
孔隙水压力	△	×	×	×

续表

监测项目	规范要求	设计方案	施工监测方案	实际监测内容
墙体变形	△	√	√	√
墙体土压力	△	×	×	×
坑底隆起	△	×	×	×

表 7－4　监测方案中的监测点数量对比

监测项目	设计图纸数量	施工监测方案数量	实际监测点数量
地表沉降	12	8	8
墙顶水平位移	8	8	8
墙顶沉降	8	8	8
支撑轴力	22	4	4
地下水位	20 m/孔（5 孔）	20 m/孔（5 孔）	1
墙体变形	10	8	8（其中 4 个 CX46、CX47、CX48、CX50 已破坏）
坑底隆起	5	0	0

任务五　地铁车站主体结构施工安全

地铁车站立柱模板倾覆事故

2011 年 11 月 15 日，某单位承建的地铁 10 号线二期 14 标，1 名作业人员在车站负二层进行班前备料作业时，相邻立柱正在进行模板拆除作业，因模板连接螺栓全部打开后，未及时吊离，且无人值守、无警示标志，瞬间失稳下落倾覆，砸伤相邻立柱作业人员，后造成该人员死亡。

分析与决策

1. 你认为这场事故是谁造成的？

2. 针对地铁车站主体结构施工应当采取哪些安全措施？

地铁车站主体结构施工主要涉及钢筋工程、混凝土工程、模板工程、结构防水等作业，其安全管理的要点各不相同。

一、钢筋工程作业安全

钢筋工程的安全管理重点在于钢筋加工时防止违章操作而导致机械伤害、防止带电检修钢筋加工机械而导致触电伤害，钢筋成品码放时防止码放过高或不稳而导致倾覆风险，防止钢筋弯钩朝上等违规作业而导致施工人员摔伤或刺入式伤害，通过施工便道向基坑内（或盖板下）运输钢筋时防止钢筋未捆绑牢固向前窜出而导致司机刺入式伤害风险，基坑内或盖板下焊接（或机械连接）钢筋时防止因照明不良而发生摔伤、触电风险，高处绑扎钢筋时防止发生高处坠落风险、防止违规抛扔钢筋而造成物体打击风险。

1.钢筋加工安全要点

(1)钢筋切断安全要点。

①操作前必须检查切断机刀口，确定安装正确、刀片无裂纹、刀架螺栓紧固、防护罩牢靠，空运转正常后再进行操作。

②钢筋切断应在调直后进行，断料时要握紧钢筋，螺纹钢一次只能切断一根。

③切断钢筋，手与刀口的距离不得小于 15 cm。断短料手握端小于 40 cm 时，应用套管或夹具将钢筋短头压住或夹住，严禁用手直接送料。

④机械运转中严禁用手直接清除刀口附近的断头和杂物，在钢筋摆动范围内和刀口附近，非操作人员不得停留。

⑤发现机械运转异常、刀片歪斜等，应立即停机检修。

⑥作业中严禁进行机械检修、加油、更换部件，维修或停机时，必须切断电源，锁好箱门。

(2)钢筋弯曲安全要点

①工作台和弯曲工作盘台应保持水平，操作前应检查芯轴、成型轴、挡铁轴、可变挡架有无裂纹或损坏，防护罩牢固可靠，经空运转确认正常后，方可作业。

②操作时必须使用点控开关控制（不得使用倒顺开关控制）工作盘旋转的方向，钢筋放置要和挡架、工作盘旋转方向相配合，不得放反。

③改变工作盘旋转方向时，必须在停机后进行，即从正转停—反转，不得直接从正转—反转或从反转—正转。

④弯曲钢筋旋转半径内不得站人。

2.成品码放安全要点

(1)严禁在配电箱、消防设施周围码放钢筋。

(2)钢筋码放场地必须平整坚实，不积水。

(3)加工好的成品钢筋必须按规格尺寸和形状码放整齐，高度不超过 150 cm，并且下面要垫枕木，标识清楚。

(4)弯曲好的钢筋码放时，弯钩不得朝上。

(5)调直过的钢筋必须将钢筋整理平直，不得相互乱压和单头挑出，未拉盘筋的引头应盘住。

(6)散乱钢筋应随时清理堆放整齐。

(7)直条钢筋要按捆成行叠放，端头一致平齐，应控制在三层以内，并且设置防倾覆、滑坡设施。

(8)材料分堆分垛码放，不可分层叠压。

3.钢筋运输安全要点

(1)作业前应检查运输道路和工具，确认安全。

(2)搬运钢筋人员应协调配合，互相呼应。搬运时必须按顺序逐层从上往下取运，严禁从下抽拿。

(3)运输较长钢筋时，必须事先观察清楚周围的情况，严防发生碰撞。

(4)使用手推车运输时，应平稳推行，不得抢跑，空车应让重车。卸料时，应设挡掩，不得撒把倒料。

(5)使用汽车运输，现场道路应平整坚实，必须设专人指挥。

(6)用吊车吊运时，吊索具必须符合起重机械安全规程要求，短料和零散材料必须要用容器吊运。

4.钢筋绑扎安全要点

(1)绑扎基础钢筋，应按规定安放钢筋支架、马凳，铺设走道板(脚手板)。

(2)在高处(2 m或2 m以上)、基坑内施工时，侧墙钢筋、中板、顶板、立柱钢筋必须搭设脚手架或操作平台，临边应搭设防护栏杆及佩戴齐全劳动防护用品。

(3)脚手架或操作平台上不得集中码放钢筋，应随使用随运送，不得将工具、箍筋或短钢筋随意放在脚手架上。

(4)严禁从高处(基坑边)向下方抛扔或从低处向高处投掷物料。

5.钢筋焊接安全要点

(1)焊工必须持有效焊工操作证件上岗，严格执行安全操作规范。

(2)焊机必须接地，以保证操作人员安全；对于焊接导线及焊钳接导线处，都应靠地绝缘。

(3)大量焊接时，焊接变压器不得超负荷，变压器升温不得超过60 ℃。因此，要特别注意遵守焊机暂载率规定，以免过分发热而损坏。

(4)点焊、对焊时，必须开放冷却水；焊机出水温度不得超过40 ℃，排水量应符合要求。

(5)焊机闪光区域内，须设铁皮隔挡，焊接时禁止其他人员停留在闪光范围内，以防火花烫伤，焊机工作范围内严禁堆放易燃物品，以免引起火灾。

(6)焊工必须穿戴防护衣具。接触焊焊工要戴无色玻璃眼镜，电弧焊焊工要戴防护面罩。施焊时，焊工应站在干木垫或其他绝缘垫上。

(7)焊接过程中，如焊机发生不正常响声，冷却系统堵塞或漏水，变压器绝缘电阻过小，导线破裂、漏电等，应立即进行检修。

(8)为了避免影响三相电路中其他三相用电设备的正常运转，焊机要设有单独的供电系统。

二、模板工程作业安全

模板工程的安全管理重点在于防止模板的支撑系统未经设计而造成模板爆裂或倾覆风险，吊装模板时防止违章作业而导致起重伤害风险，高处安装模板时防止高处坠落事故，拆模时防止抛扔模板、配件而造成物体打击风险，拆模间隙防止未固定的模板、支撑等而导致掉落倒塌伤人风险等。

1.模板存放安全要点

模板放置时不得压有电线、气焊管线等。模板堆放还应符合下列安全要求：

(1)平模立放满足75°～80°自稳角要求，采用两块大模板板面对放，中间留出50 cm宽作业通道，模板上方用拉杆固定。

(2)没有支撑或自稳角不足的大模板(阴阳角模、异型角模)存放于专用插放架里，存放地点硬化，平稳且下垫100 mm×100 mm方木。

(3)模板按编号分类码放。

(4)存放于施工层上的大模板必须有可靠的防倾倒措施，不得沿建筑物周边放置，要垂直于建筑物外边线存放。

(5)平模叠放时，垫木必须上下对齐，绑扎牢固。

(6)大模板拆除后在涂刷隔离剂时要临时固定。

(7)大模板堆放处严禁坐人或逗留。

2.模板安装安全要点

(1)预拼装模板的安装，边就位、边校正、边安设连接件，并加设临时支撑稳固。

(2)模板安装时，采取触电保护措施，操作人员戴绝缘手套、穿绝缘鞋。模板安装就位后由专人将大模板串起来，并与避雷风接通，防止漏电伤人。

(3)安装整块柱模板，不得将柱子钢筋代替临时支撑。

(4)安装墙柱模板时，随时支撑固定，防止倾覆。

(5)吊装模板时，必须在模板就位并连接固定后，方可脱钩。并严格遵守吊装机械使用安全有关规定。

(6)基础及地下工程模板安装时，先检查基坑土壁、壁边坡的稳定情况，发现有滑坡、塌方危险时,必须采取有效加固措施后方可施工。

3.模板拆除安全要点

(1)拆模施工时,上下有人接应,随拆随运转,并把活动部件固定牢靠,严禁堆放在脚手板上或抛掷。

(2)拆模起吊前,复查拆墙螺栓是否拆净,再确定无遗漏且模板与墙体完全脱离方可吊起。

(3)拆除承重模板,设临时支撑,防止突然整块塌落。

(4)模板拆除时严禁使用大杠或重锤敲击。拆除后的模板及时清理混凝土渣块。由专人负责校对模板几何尺寸,偏差过大及时修理。

(5)拆除模板时由专人指挥且制订切实可靠的安全措施,并在下面标出作业区,严禁非操作人员进入作业区。操作人员配挂好安全带,禁止站在模板的横杆上操作,拆下的模板集中吊运,并多点捆牢,不准向下乱扔。拆模间歇时,将活动的模板栏杆、支撑等固定牢固,严防突然掉落、倒塌伤人。

4.其他安全要点

(1)模板上架设电线和使用电动工具采用36V的低压电源。

(2)登高作业时,各种配件放在工具箱内或工具袋内,严禁放在模板或脚手架上。

(3)雨、雪及五级大风等天气情况下禁止露天进行模板施工。

(4)操作人员上下基坑要设扶梯或马道。基坑上口边缘1 m以内不允许堆放模板构件和材料,模板支在护壁上时,必须在支点上加垫板。

(5)清扫模板和涂刷大模板脱模剂时,必须将模板支撑牢固,两板中间保持不小于60 cm的走道。

三、混凝土工程作业安全

混凝土工程的安全管理重点在于浇筑中板、侧墙混凝土时防止无操作平台而发生高处坠落风险,使用溜槽、串桶时防止作业人员站在溜槽上操作而导致跌落伤害,混凝土振捣时防止因未穿戴绝缘用品而发生触电伤害,泵机运转时,防止作业人员把手伸入料斗或用手抓握分配阀而发生机械伤害,泵车布料时防止臂架下方站人而发生物体打击伤害,夜间利用道路进行混凝土的浇注而在临时疏解道路时防止过往车辆伤害。

(1)泵送混凝土浇注时,输送管道头应紧固可靠、不漏浆、安全阀完好,管道支架要牢固,检修时必须卸压。

(2)中板、侧墙混凝土浇注属于高处作业,应搭设操作平台,铺满绑牢跳板,严禁直接站在模板或支架上操作;作业人员必须佩戴好劳动防护用品。

(3)使用溜槽、串桶时必须固定牢固,操作部位应设护身栏,严禁站在溜槽上操作。

(4)用料斗吊运混凝土时,要与信号工密切配合,缓慢升降,防止料斗碰撞伤人。

(5)混凝土振捣时，操作人员必须戴绝缘手套，穿绝缘鞋，防止触电。

(6)夜间施工照明行灯电压不得大于 36 V，流动闸箱不得放在墙模平台或顶板钢筋上，露天浇筑混凝土遇有大风、雨、雪、大雾等恶劣天气应停止作业。

(7)雨期露天施工要注意电气设备的防雨、防潮、防触电。

(8)浇注顶板时，外防护架搭设应超出作业面。

(9)底板混凝土浇注时，必须在钢筋上面设置人行通道，避免人员踩空掉落在钢筋空隙中伤人。

(10)作业转移时，电机电缆线要保持足够的长度和高度，严禁用电缆线拖、拉振捣器。

(11)插入式振捣器应 2 人操作，1 人控制振捣器，1 人控制电机及开关，棒管弯曲半径不得小于 50 cm，且不能多于 2 个弯，振捣棒自然插入、拔出，不能硬插拔或推，不要蛮碰钢筋或模板等硬物，不能用棒体拔钢筋等。

(12)使用平板振捣器时，拉线必须绝缘干燥，移动或转向时，不得蹬踩电机，电源闸箱与操作点距离不得超过 3m，专人看管，检修时必须拉闸断电。

(13)夜间利用道路进行混凝土的浇注，在临时疏解道路的时候，必须佩带齐全足够的夜间交通指挥措施，确保在临时疏解交通时的安全。临时交通疏解人员要懂交通规则及指挥手势，确保车辆畅通。

四、结构防水作业安全

防水作业的安全管理重点在于防水作业中防毒、防火、防烫，基坑边作业时防止高处坠落，防止作业人员向坑内抛掷物品而导致物体打击伤害，采用脚手架铺防水板时防止高处坠落，钉设防水板时防止混凝土射钉弹出伤人，装钉和子弹时防止枪口对人而造成钉、弹伤人，防止钢筋头对作业人员造成刺入式伤害。

(1)施工现场严禁明火，施工人员在防水施工时严禁穿带钉鞋、硬底鞋进入防水施工现场。防水施工现场严禁吸烟和烟头杂物乱置现象。

(2)由于卷材中某些组成材料和胶黏剂具有一定的毒性和易燃性，在材料保管、运输、施工过程中，注意防火和预防职业中毒事故发生。因地制宜地采取相应材料存放措施，并配备足够的消防设备。施工现场内严禁吸烟，周围 10 m 范围内严禁明火作业。

(3)各种防水材料应有专人负责保管，严禁使用不合格材料及施工机具。

(4)防水板焊接时产生的刺激性气体应及时排走，保持工作面附近的工作环境，保证人体的健康。

(5)使用电器设备时，应首先检查电源开关，机具设备使用前应先试行运转，确定无误后方可进行作业。

(6)材料吊装运输，必须设置专业信号指挥，基坑上下密切配合，相互照应，统一行动，其他人员必须协同作业，听从指挥，避免发生意外事故。

(7)施工过程中做好基坑的邻边防护，防止出现坠落事故。严禁向基坑内抛掷任何物品。

(8)铺防水板需要搭设脚手架时，脚手架上的垫板必须铺设平稳，不得悬空，支撑必须牢固，经安检人员确认后方可使用。

(9)挂防水板时，根据防水板的重量，安排足够的施工人员进行作业，底板以上防水板的重量不得超过 200 kg。

(10)施工人员高处作业时，应佩戴合格的安全带，同时有一名安检人员监护施工。

(11)施工人员使用水泥钉射钉枪时，由经过培训的专人使用。

(12)钉设防水板时，每位钉设施工人员间距大于 1.5 m，防止混凝土射钉弹出伤人。

(13)严格按照射钉枪作业方法施工，严禁装钉和子弹时枪口对人，严禁双人同时操作装有钉和子弹的枪或将装有钉和子弹的枪放置在工作现场，使用后必须做空枪检查。

(14)铺设防水板时注意结构钢筋对作业面的影响，避免钢筋头伤人。

(15)作业人员现场施工完毕，应做到完工料净、场清。经检查无渗漏和隐患后再撤离现场，确保工程安全。

(16)施工现场要保持干净、整洁，料具摆放整齐。

一、判断题

1. 施工现场严禁明火，施工人员在防水施工时严禁穿带钉鞋、硬底鞋进入防水施工现场。（　　）

2. 防水施工现场不禁止吸烟和烟头杂物乱置现象。（　　）

二、单选题

1. 钉设防水板时，每位钉设施工人员间距大于（　　），防止混凝土射钉弹出伤人。

A. 3.5 m　　B. 2.5 m　　C. 1.5 m　　D. 0.5 m

2. 施工现场内严禁吸烟，周围（　　）范围内严禁明火作业。

A. 10 m　　B. 12 m　　C. 15 m　　D. 20 m

3. 夜间施工照明行灯电压不得大于（　　）。

A. 12 V　　B. 24 V　　C. 48 V　　D. 36 V

4. 拆除承重模板，需要进一步设（　　），防止突然整块塌落。

A. 临时支撑　　B. 开挖沟槽　　C. 临时挡板　　D. 临时垫块

5. 防水作业的安全管理重点在于防水作业中（　　）事故。

A. 防毒、防火、防扎脚　　B. 防毒、防火、防烫

C. 防鼠、防火、防烫　　D. 防毒、防触电、防烫

6. 地铁站采用脚手架铺防水板时,应注意防止(　　)事故。

A. 溺水　　B. 高处坠落　　C. 爆炸　　D. 机械伤人

三、多选题

1. 混凝土振捣时,操作人员必须(　　)。

A. 戴绝缘手套　　B. 戴护目镜　　C. 穿绝缘鞋　　D. 没有要求

2. 作业人员现场施工完毕,应做到(　　)。

A. 完工　　B. 料净　　C. 场清　　D. 随意堆放即可

四、火眼金睛

地铁车站主体结构安全隐患排查

项目八

隧道施工安全管理

隧道施工是高风险的行业，隧道施工中可能发生物体打击、高处坠落、机械伤害、车辆伤害、尘毒危害、火品爆炸、触电等事故，还存在塌方、涌泥涌水、瓦斯(不明气体)爆炸等多种风险，具有造成的人员伤亡和财产损失较严重的特征。因此，隧道施工安全是当前安全生产管理工作的重中之重，隧道施工单位的领导层、管理层、作业层的全体人员都要强化安全意识，提高风险管理意识和风险管理能力；必须认真学习隧道施工安全技术知识和安全常识，做到懂技术、会管理，掌握工艺标准；明确安全质量规定，严格落实各项安全规章制度和安全防护措施，杜绝盲目蛮干行为，从而达到控制风险、降低风险，减少各类事故损失的目的。

能力目标

1. 培养隧道施工作业人员的安全管理意识。
2. 增强隧道作业安全管理能力。

知识目标

1. 了解隧道工程施工安全技术基本规定。
2. 熟悉隧道施工作业的主要危险源、危害因素。
3. 掌握隧道施工安全要点。

知识结构图

- 项目八 隧道施工安全管理
  - 任务一 隧道施工安全基本规定
    - 隧道施工一般安全规定
    - 隧道施工人员安全要求
    - 隧道施工机械安全要求
  - 任务二 洞口工程施工安全
    - 洞口工程一般安全规定
    - 边、仰坡开挖及防护工程安全要点
    - 明洞施工安全要点
    - 洞门施工安全要点
  - 任务三 超前地质预报作业安全
    - 超前地质预报作业安全要点
  - 任务四 洞身开挖作业安全
    - 洞身开挖作业安全一般规定
    - 全断面法开挖作业安全要点
    - 台阶法开挖作业安全要点
    - 分部法开挖作业安全要点
    - 钻爆作业安全要点
    - 找顶作业安全要点
  - 任务五 装渣与运输作业安全
    - 装渣、弃渣与运输作业安全一般规定
    - 装渣作业安全要点
    - 运输作业安全要点
    - 栈桥作业安全要点
    - 弃渣作业安全要点
  - 任务六 支护与加固作业安全
    - 支护与加固作业安全一般规定
    - 管棚、超前小导管作业安全要点
    - 预注浆作业安全要点
    - 喷射混凝土作业安全要点
    - 锚杆作业安全要点
    - 钢架作业安全要点
  - 任务七 衬砌作业安全
    - 衬砌作业安全一般规定
    - 衬砌台车、钢筋防水板作业台车安全要点
    - 防水板作业安全要点
    - 钢筋安装安全要点
    - 混凝土浇筑安全要点

资料：铁路隧道工程施工安全技术规程

任务一　隧道施工安全基本规定

一、隧道施工一般安全规定

(1)建设各方应结合工程实际和项目特点,落实施工安全责任和施工安全措施,做好安全管理和安全技术工作,规范现场作业,预防事故发生。

(2)施工单位施工前应对设计文件中涉及施工安全的内容进行核对,并将结果及存在的问题报送建设设计、监理等相关单位,建设单位应督促设计单位对存在的问题提出完善措施。重点核对下列内容:

①穿越江、河、湖、海等水体,不良地质、浅埋段和特殊岩土地段的设计方案。

②铁路营业线、各类管线、交叉跨越和相邻建(构)筑物的安全防护措施。

③施工对环境可能造成影响的预防措施。

④隧道、辅助坑道的洞口位置及边、仰坡的稳定程度。

⑤弃渣场位置、安全防护措施和环境保护要求。

(3)隧道工程应按照设计和相关规范要求施工,不得擅自改变工法和工序。

(4)现场条件与设计不符时,应暂停施工并向建设、设计、监理等相关单位报告,明确处置措施。

(5)弃渣场不应设置在堵塞河流污染环境毁坏农田的地段,严禁将弃渣场设在对周围环境造成影响的地方。

(6)隧道施工应按规定建立通信联络系统,长、特长及高风险隧道施工还应建立可视监控系统,并能定期维护,保证洞内外信息及时传达。

(7)隧道施工应规划人员安全通道并保持畅通,用警示牌、安全标志等标识其位置,并设置应急照明。

(8)隧道内施工应制定防火责任制,并配备消防器材。

(9)隧道施工应推广机械化施工,提高工效,保障施工安全。

(10)隧道施工应推广应用安全信息技术,利用信息化手段提升隧道施工安全管控水平。

二、隧道施工人员安全要求

(1)建设各方应根据隧道施工特点,按规定对参建人员进行有针对性的培训和考核。

(2)作业班组负责人应进行班前安全讲话,结合当班作业特点,向作业人员提示作业安全风险，强调安全注意事项。

(3)进入施工现场的所有人员，必须按规定佩戴相应的劳动防护用品，如图 8-1 所示。

图 8-1 安全防护用品

1—护目镜；2—安全帽；3—防护口罩；4—手套；5，6—耳部防护设备；7—安全靴

(4)隧道洞口应设专人值班，对隧道进出人员进行动态管理；瓦斯隧道、高风险长大隧道应设置有人值守的门禁系统。

(5)进出隧道人员应走人行道，不得与车辆抢道，严禁扒车、追车或强行搭车。

(6)隧道施工人员运输应制定安全保证措施，明确责任人员进行管理；驾驶人员、信号工等应经过专业的培训和考核，并持证上岗，严禁无证驾驶。

三、隧道施工机械安全要求

(1)施工单位应根据隧道长度、断面大小、地质条件、施工方法、重要的工期等因素合理配置隧道施工机械，并做到安全可靠、节能环保。

(2)隧道施工机械设备安全装置应齐全有效，并经检查验收合格后投入使用。

(3)机械设备在特殊作业场所或寒冷、高温、高原等特殊地区或时段使用时，应制订专项安全措施或方案。

(4)每班作业前，操作人员应检查机械设备并进行试运转，确认安全后，方可投入生产使用。

(5)隧道施工和备用的机械设备应定期检查、保养。在检修、保养或清洗等非施工过程中，要切断电源并锁上开关箱，安排专人进行监护，并悬挂“检修中，禁止合闸”等警示标志。

(6)隧道洞内施工不得采用汽油机械，如图 8-2 所示。

图 8-2 严禁汽油机械进洞

使用柴油机械应安装废气净化装置或掺入柴油净化添加剂。

一、判断题

1. 隧道工程应按照设计和相关规范要求施工，不得擅自改变工法和工序。（　　）

2. 隧道洞内施工可以采用汽油机械作业。（　　）

二、单选题

1. 以下关于隧道施工的安全规定中，说法不正确的是（　　）。

A. 现场条件与设计不符时，应暂停施工并向建设、设计、监理等相关单位报告，明确处置措施

B. 弃渣场不应设置在堵塞河流、污染环境、毁坏农田的地段，严禁将弃渣场设在对周围环境造成影响的地方

C. 隧道施工不能建立通信联络系统，防止信号系统对机械设备的干扰

D. 隧道施工应规划人员安全通道并保持畅通，用警示牌、安全标志等标识其位置，并设置应急照明

2. 以下隧道施工人员安全控制要点中，说法正确的是（　　）。

A. 进入施工现场的所有人员，必须按规定佩戴相应的劳动防护用品

B. 在所有隧道洞口都应设置有人值守的门禁系统

C. 进出隧道人员可以强行搭车，减少作业时间浪费

D. 没必要每天都进行班前安全讲话，这些常识性问题大家都清楚

三、多选题

1. 下列关于隧道施工机械的安全要求，说法正确的是（　　）。

A. 隧道施工机械设备安全装置应齐全有效，并经检查验收合格后投入使用

B. 机械设备在特殊作业场所或寒冷、高温、高原等特殊地区或时段使用时，应制订专项安全措施或方案

C. 每班作业前，操作人员应检查机械设备并进行试运转，确认安全后，方可投入生产使用

D. 对隧道施工的机械设备定期检查、保养，备用的机械设备在使用时再检查或维修

任务二　洞口工程施工安全

隧道洞口坍塌事故

2006年3月21日18时20分，某市铁路增建二线隧道明洞洞口上部边坡突然坍塌，8名施工人员被困洞内。后经紧张抢险，至22日凌晨4时50分，被困人员全部获救。

分析与决策

1. 隧道洞口坍塌原因有哪些？

2. 怎样消除隧道洞口坍塌安全隐患？

一、洞口工程一般安全规定

(1)洞口工程施工作业应考虑下列主要危险源、危害因素：

①危岩落石未及时清理或防护不到位。

②边、仰坡防护及截排水系统施工不到位，对地表下沉、滑坡、坍塌等情况未及时处理。

③洞口段软弱地层加固未达到效果，洞口各项工程与相邻工程施工统筹安排不当，土石方开挖、防护工程违反工艺要求。

④施工机具失稳及安全性能缺失、下降。

⑤作业台(支)架失稳、安全防护失效。

⑥爆破作业不当、防护措施不足、违规处理民用爆炸物品。

(2)洞口施工前应核对现场地质、地形地貌、毗邻建(构)筑物情况，当设计与实际情况不符时，施工单位应提出设计变更。

(3)洞口工程应与洞口相邻工程、临时工程统筹安排，施工时还应采取下列措施：

①洞口的截、排水系统应与洞口相邻工程排水系统顺接，不得冲刷路基坡面、桥台锥体和农田房舍，有突涌水风险的隧道应考虑突涌水排放安全措施。

②施工道路的引入和施工场地的平整应减少对边、仰坡周边原地貌的破坏，并避免对洞口段围岩稳定的影响。

(4)洞口工程爆破应符合下列规定：

①洞口石质边、仰坡的开挖应采用光面爆破。

②洞口邻近有建(构)筑物,开挖爆破应采用控制爆破,爆破振动速度应符合《爆破安全规程》(GB 6722—2014)的有关规定,必要时采取爆破防护措施。

(5)洞口工程施工应采取措施对周边建(构)筑物、营业线、交通设施进行有效防护。

(6)洞口工程开挖前,应完成洞口周边可能滑坍表土及危石的清理,并应完善截、排水沟等洞口排水系统。

(7)洞口工程开挖不得形成可能坍滑的土体,不得堵塞沟渠、河道,不得对桥梁墩(台)造成偏压,不得危及周边建(构)筑物及交通设施的安全。

(8)隧道进洞前,应按设计要求完成洞口抗滑桩、预应力锚索、防护网、管棚、预注浆等与隧道洞口稳定相关的工程。

(9)边、仰坡异型脚手架,洞口脚手架和工作平台应编制专项施工方案。

(10)施工脚手架和工作平台应搭设牢固,并设有安全防护措施和警示标志。

二、边、仰坡开挖及防护工程安全要点

(1)边、仰坡应自上而下分层开挖,及时支护,不得掏底开挖或重叠开挖,如图 8-3 所示。预应力锚索不应一次开挖多层同时施作。

图 8-3 严禁掏底开挖

(2)洞口段及边、仰坡开挖过程中应对地表沉降、拱顶下沉、收敛变形等情况进行监测,洞口位于建筑物及道路下方、滑坡等不良地质体及特殊地段时应加强监测。

(3)抗滑桩采用人工挖孔时,应设置人员上下固定爬梯,配备通风设备和安全照明,并采取孔口临边防护及孔内坠物防护措施。

(4)预应力锚索张拉时,应设置警戒区域和醒目的警示标志,张拉作业应按照施工技术规程施工。

(5)防护网施工前,应清除坡面防护区域的危石,施工脚手架和作业平台应搭设牢固,铺挂防护网并采取防坠落措施。

(6)注浆作业应检查注浆软管和接头的完好性和可靠性,施工人员应有完善的保护用具,堵管处理应采取先减压再处理的措施。

三、明洞施工安全要点

(1)明洞施工应避开雨天。当确需在雨天施工时,应采取防护措施,并加强对山体稳定情况的监测、检查。

(2)明洞开挖前,应完善洞顶及四周的截水、排水措施,防止地面水冲刷。

(3)明洞基础应设置在稳固的地基上并进行承载力检测;地基松软或软硬不均时,应采取措施处理,防止地基不均匀沉降。

(4)明洞土石方开挖应符合下列规定:

①根据地形、地质条件,边、仰坡稳定程度和采用的施工方法,确定全段或分段开挖及边、仰坡的坡度,开挖时应按自上而下的顺序进行。

②石质地段开挖,应控制爆破炸药用量,减小爆破振动的影响,开挖后应立即进行边坡防护。

③在松软地层开挖边、仰坡时,应随挖随支护。

④开挖的土石不应堆弃在危害边坡及其他建筑物的地点。

(5)明洞衬砌施作应符合下列规定:

①应对模板及支(拱)架的强度、刚度和稳定性进行检算。

②衬砌钢筋安装时应设临时支撑。

③衬砌端头挡板应安设牢固,支撑稳固,并有防止模板移动的措施。

④模板支架拆除应符合设计要求。

(6)明洞防水施工应符合下列规定:

①防水涂层施工时,作业人员应佩戴防护口罩、手套、安全带等防护用具。

②卷材铺设时应严格遵守作业程序,不应上下同时作业。

(7)明洞回填应在防水层完成,且衬砌达到设计强度后进行。明洞回填超过拱顶 1.0 m 及以上方可采用大型机械回填。

四、洞门施工安全要点

(1)洞门施工应及早完成,并尽量避开雨天和严寒季节。

(2)洞门基础应经过承载力验算并置于稳固的地基上,当地基承载力不能满足要求时,应结合具体条件采取加固措施。

(3)洞门施工的脚手架不应妨碍车辆通行,并按规定设置警示标志。

(4)洞门完工后,其周围边仰坡受破坏处应及时处理。

一、判断题

1. 隧道洞口工程施工应采取措施对周边建(构)筑物、营业线、交通设施进行有效防护。( )

二、单选题

1. 关于隧道洞口工程爆破的说法正确的是( )。

A. 洞口石质边、仰坡的开挖应采用控制爆破

B. 洞口石质边、仰坡的开挖应采用光面爆破

C. 洞口土质边、仰坡的开挖应采用光面爆破

D. 洞口邻近有建(构)筑物时应采用光面爆破

2. 隧道洞口工程开挖前,应完成( )可能滑坍表土及危石的清理。

A. 洞口底部　B. 洞口中部　C. 洞口上方　D. 洞口周边

3. 关于隧道洞口边、仰坡开挖及防护工程,下列做法正确的是( )。

A. 隧道洞口边、仰坡自上而下分层开挖

B. 隧道洞口边、仰坡进行掏底开挖

C. 进行重叠开挖

D. 隧道洞口边、仰坡一次开挖,多层同时施作预应力锚索

4. 关于明洞施工的安全要求,下列说法错误的是( )。

A. 明洞施工应避开雨天　B. 在松软地层开挖边、仰坡时应随挖随支护

C. 开挖的土石应堆弃在边坡上　D. 铺设防水卷材时不应上下同时作业

5. 明洞回填超过拱顶( )m 及以上方可采用大型机械回填。

A. 0.5　B. 1.0　C. 1.5　D. 2.0

三、多选题

1. 隧道洞口工程施工作业应考虑的主要危险源、危害因素包括( )

A. 危岩落石未及时清理或防护不到位

B. 土石方开挖、防护工程违反工艺要求

C. 作业台(支)架失稳、安全防护失效

D. 爆破作业不当、防护措施不足、违规处理民用爆炸物品

任务三　超前地质预报作业安全

超前地质预报突水事故

2008年7月21日，某铁路云雾山隧道出口开挖到3079 m处，进行超前探孔时，突然发生突水涌沙，瞬间泥沙1000 m^3，最大涌水量780 m^3/h，突泥点的埋深是700 m。该隧道的灾害是溶岩突水、突泥灾害。

分析与决策

在进行超前地质预报作业中，如何保障操作人员的安全？

一、超前地质预报作业安全要点

(1)超前地质预报作业应考虑下列主要危险源、危害因素：

①工作面坍塌；

②找顶不彻底；

③作业台(支)架失稳、安全防护失效；

④突泥、突水；

⑤瓦斯、硫化氢等有毒有害气体；

⑥采空区；

⑦岩爆；

⑧放射性。

(2)隧道施工应开展超前地质预报工作，作为工序纳入施工组织管理。

(3)隧道施工应编制超前地质预报专项方案，施工前应进行安全技术交底。

(4)超前地质预报工作前应确认工作区域无掉块、掌子面溜坍等安全风险。

(5)高地温隧道超前地质预报工作应符合国家现行劳动保护有关规定，采取有效降温措施。

(6)放射性地质区隧道超前地质预报工作应遵守国家有关辐射防护规定，作业人员应采取有效的防辐射措施并定期进行职业健康检查。

(7)有岩爆危害的地段，应采取措施防范岩爆对人员的伤害。

(8)瓦斯隧道超前地质预报应先监测有害气体浓度，超标时应加强通风，浓度符合安全标准要求后方可进入工作面，并应遵守《铁路瓦斯隧道技术规范》(TB 10120—2019)的相关规定。

(9)隧道通过矿山采空区时，应查明废弃矿巷与隧道的空间关系，分析评价其危险程度及对隧道的影响程度。

(10)超前地质预报作业使用的台架、高空升降车等设备应安设牢固，操作人员应遵守高处作业的有关规定。

(11)采用钻探法预报时，钻孔作业应符合下列规定：

①应编制钻孔作业指导书，开钻前应进行安全技术交底；

②应采用电机驱动的钻机；

③孔口管应安设牢固；

④钻孔时，除操作人员外的其他人员禁止进入工作区域；

⑤钻机使用的高压风、高压水的各种连接部件应采用符合要求的高压配件，管路连接应安设牢固；

⑥不得在炮眼残孔内钻孔；

⑦瓦斯隧道超前钻探应符合《铁路瓦斯隧道技术规范》(TB 10120—2019)的相关规定。

(12)具有突泥、突水风险地段超前钻探应符合下列规定：

①斜井和反坡地段应编制钻孔突涌应急处置预案，确保作业人员安全；

②应安装孔口安全装置，并将孔口固定牢固，安装控制闸阀和压力表，进行耐压试验，达到要求后，方可钻进施工；

③对软弱破碎带地层，应设置止浆墙；

④钻探过程中发现钻孔中的压力或水量突然增大，以及有顶钻等异常状况时，应停止钻进，立即上报处理，监测水情；

⑤当发现岩壁松软、掉块、突泥、突水等危急情况时，应立即停止作业，撤出人员。

(13)采用地震波反射法预报时，使用的炸药量应确保预报安全。

一、判断题

1. 超前地质预报是判断隧道地质水文的一种手段，不作为工序纳入施工组织管理。(　　)

二、单选题

1. 瓦斯隧道超前地质预报应先监测有害气体浓度，超标时应(　　)，满足要求后方可进入工作面进行超前地质预报工作。

　A. 戴好防毒面具　　B. 通风　　C. 加强通风　　D. 洒水

2. 在具有突泥、突水风险地段超前钻探时，做法错误的是(　　)。

　A. 斜井和反坡地段应编制钻孔突涌应急处置预案，确保作业人员安全

B. 对软弱破碎带地层，应设置超前小导管进行注浆加固地层

C. 钻探过程中发现钻孔中的压力或水量突然增大，以及有顶钻等异常状况时，应停止钻进，立即上报处理，监测水情

D. 当发现岩壁松软、掉块、突泥、突水等危急情况时，应立即停止作业，撤出人员

3. 采用钻探法预报时，下列钻孔作业做法错误的是（　　）。

A. 开钻前应进行安全技术交底

B. 采用电机驱动的钻机钻孔

C. 钻孔时，除操作人员外的其他人员禁止进入工作区域

D. 在炮眼残孔内钻孔

三、多选题

1. 隧道工程超前地质预报应考虑到主要危险源和危险因素有（　　）。

A. 工作面坍塌

B. 找顶不彻底

C. 作业台（支）架失稳、安全防护失效

D. 突泥、突水；瓦斯、硫化氢等有毒有害气体；采空区；岩爆；放射性

任务四　洞身开挖作业安全

找顶不彻底的落石事故

中铁某局施工的太中银铁路隧道三号斜井，由于上一循环排险不彻底，以及随机加固锚杆施作不及时，在施工钻孔炮眼过程中，左侧拱腰处一块约 5 m 长、1.2 m 宽、0.8 m 厚的岩石落下，将在隧道左侧施工的 5 名工人砸倒，造成 4 人死亡，1 人轻伤。

分析与决策

采取哪些措施才能预防落石事故的发生？

一、洞身开挖作业安全一般规定

（1）隧道洞身开挖作业应考虑下列主要危险源、危害因素：

①开挖方法选择不当；

②开挖循环进尺过大，支护不及时，安全防护距离不足；

③找顶不彻底；

④开挖作业台架防护措施不到位；

⑤民用爆炸物品使用和管理、爆破作业不符合相关规定，如图 8－4 所示。

图 8－4 爆破作业时无安全防护

(2)隧道开挖前应根据地质条件、断面大小等因素选择开挖方法，编制专项施工方案。

(3)隧道钻爆开挖应采用光面爆破技术，爆破作业前应进行钻爆设计并进行工艺性试验和优化。钻爆设计应根据围岩地质条件、周边环境等因素，重点控制循环进尺和同段位炸药用量，降低对围岩和周边环境的影响。

(4)隧道采用机械开挖时，应根据其断面和作业环境合理选择机型，划定安全作业区域，并设置警示标志，非作业人员不得入内。

(5)隧道采用人工开挖时，作业人员应保持安全操作距离，并设专人指挥。

(6)隧道开挖使用的作业台架应进行强度、刚度和稳定性检算，并设置相应防护措施，经验收合格后方可使用。

(7)隧道找顶应进行安全确认，合格后其他人员方可进入开挖工作面。

(8)隧道在开挖下一循环作业前，应检查初期支护施作情况，确保施工作业环境安全。

(9)隧道双向开挖时，工作面相距小于 5 倍洞径时，应加强联系并统一指挥；工作面距离接近 3 倍洞径时，应采取一端掘进另一端停止作业并撤走人员和机具的措施，同时在安全距离处设置禁止入内的警示标志。

(10)平行小净距隧道开挖时，其同向开挖工作面应保持合理的纵向距离，并在钻爆设计、支护参数等方面采取措施，防止后行洞开挖对先行洞产生不良影响。

二、全断面法开挖作业安全要点

(1)采用全断面法开挖时，应控制同段位炸药用量和总装药量，降低爆破振动对围岩的影响，防止炮渣、飞石对初期支护、衬砌结构和施工机具造成损伤。

(2)在软弱围岩地段采用全断面法开挖时，应对围岩进行超前支护或预加固，并控制开挖循环进尺。

三、台阶法开挖作业安全要点

(1)采用台阶法开挖时，应根据围岩条件，合理确定台阶长度和高度。

(2)采用台阶法开挖时，初期支护应尽早封闭成环；仰拱单独开挖时，应严格控制仰拱一次开挖长度，并应及时施作初期支护。

(3)台阶法开挖的各台阶的循环进尺应根据围岩开挖后的自稳能力，并结合设计钢架间距合理确定。

(4)台阶法开挖上部钢架施工后应及时锁脚加固，台阶下部开挖后，应及时安装下部钢架，严禁拱脚长时间悬空。

(5)当围岩地质较差、开挖工作面不稳定时，应采用预留核心土法(图 8－5)、短进尺环形开挖法，或在开挖工作面喷射混凝土、施作玻璃纤维锚杆等措施预加固后采用台阶法开挖。

图 8－5　预留核心土法

(6)围岩变形较大地段应早封闭，钢架拱腰、拱脚、墙脚应根据变形情况采取锁脚锚杆(管)、扩大拱脚及临时仰拱等措施控制围岩及初期支护变形量。

四、分部法开挖作业安全要点

(1)采用分部法开挖时应根据围岩自稳能力、断面大小及埋深等情况合理确定各分部的开挖断面大小、循环进尺。

(2)采用分部法开挖时，应优先选择机械开挖；采用爆破开挖时，应采用弱爆破，严格控制炸药用量。

(3)各分部开挖后应及时施作初期支护、临时支护，并尽早封闭成环。

(4)各分部钢架基脚处应施作锁脚锚杆(管)或采用扩大拱脚等措施，减少拱脚下沉量。

(5)采用中隔壁法、交叉中隔壁法开挖时(见图 8－6),应符合下列规定:

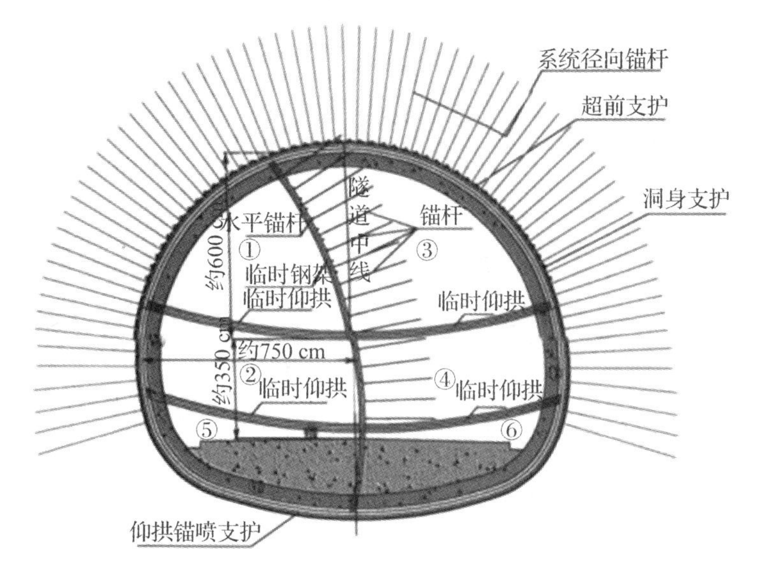

图 8－6　交叉中隔壁法

①同侧上、下层开挖面沿纵向应错开 3～5 m。

②同层左、右侧开挖面沿纵向应错开 10～15 m。

(6)采取双侧壁导坑法(见图 8－7)开挖时,应符合下列规定:

①侧壁导坑形状应近似椭圆形,导坑宽度不宜大于 0.4 倍隧道洞径。

②侧壁导坑、中槽部位开挖应采用短台阶,台阶长度 3～5 m,必要时采取掌子面加固措施。

③侧壁导坑开挖应超前中槽部位 10～15 m。

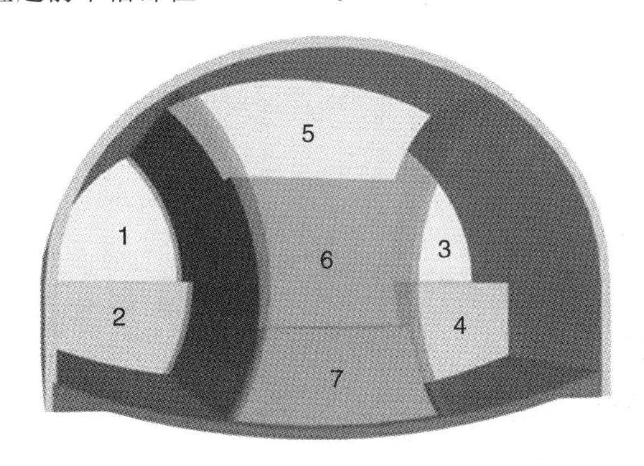

图 8－7　双侧壁导坑法

(7)采用分部法开挖的临时支护应根据监控量测结果逐段拆除,每段拆除长度不得大于 15 m。

五、钻爆作业安全要点

(1)钻孔作业应符合下列规定:

①钻孔前,应由专人对开挖作业面安全状况和作业人员安全防护进行检查,及时消除各种安全隐患。

②钻孔作业应采用湿式钻孔,不得在残孔中钻孔,如图 8-8 所示。

图 8-8　严禁在残孔中钻孔

③钻孔作业中,若开挖时出现地下水突出、气体逸出、异常声响和围岩突变等情况,应立即停止钻孔作业,撤离洞内人员。

④凿岩台车行走前,操作人员应查看并确认台车周边无人和障碍物后,按照引导人员的指示信号操作,如图 8-9 所示。

图 8-9　确认凿岩台车周围无人

⑤凿岩台车钻孔完成后应停放在不影响通行的安全场所。

(2)装药作业应符合下列规定:

①装药作业前,应对钻孔情况逐一检查,并检查开挖工作面的安全状况。

②装药时作业人员应穿戴防静电衣物,使用不产生静电的专用炮棍装药,无关人员与机具等应撤至安全地点。

③使用电雷管时,装药前电灯及电线应撤离开挖工作面,装药时应用投光灯、矿灯照明,开挖工作面不得有杂散电流。

④严禁钻孔与装药平行作业,如图 8-10 所示。

图 8-10 严禁装药与钻孔平行作业

⑤装药作业完成后,应及时清理现场、清点民用爆炸物品数量,剩余的炸药和雷管应由领取炸药、雷管的人员退回库房。

(3)爆破作业除应符合现行国家标准《爆破安全规程》(GB 6722—2014)的相关规定外,还应符合下列规定:

①洞内爆破作业前,应确定指挥人员、警戒人员、起爆人员,并确保统一指挥。

②洞内爆破作业时,指挥人员应指挥所有人员、设备撤离至安全地点;警戒人员负责警戒工作,设置警示标志,如图 8-11 所示。

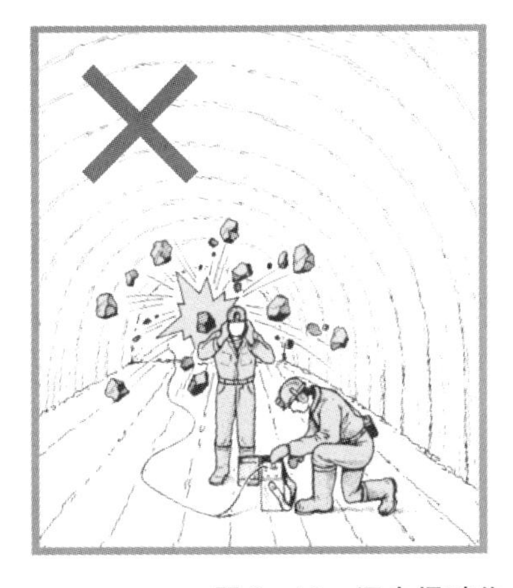

图 8-11 洞内爆破作业人员、设备撤离至安全地点

③爆破时，爆破工应随身携带带有绝缘装置的手电筒。

④若爆破后发现盲炮、残余炸药及雷管时，应由原爆破人员按规定处理。

六、找顶作业安全要点

（1）找顶作业应在洞内爆破后采取通风排烟、洒水降尘等措施，确认作业环境符合要求后进行。有瓦斯或其他有毒有害气体的隧道，应在浓度检测达标后进行找顶作业。

（2）找顶作业应先用挖掘机等机械设备找顶，经安全员检查确认后，方可进行人工找顶作业。

（3）找顶作业应确认找顶作业区无其他人员，并在专职安全员现场指导下进行。

（4）找顶作业应检查有无盲炮、残余炸药及雷管，清除开挖工作面松动的岩块，对已开挖支护地段的支护结构变形或开裂进行处理。

一、判断题

1. 钻孔作业中，若开挖时出现地下水突出、气体逸出、异常声响和围岩突变等情况，应立即停止钻孔作业，撤离洞内人员。（　　）
2. 钻孔作业应采用干式钻孔，不得在残孔中钻孔。（　　）
3. 装药作业完成后，应及时清理现场、清点民用爆炸物品数量，剩余的炸药和雷管应由领取炸药、雷管的人员退回库房。（　　）

二、单选题

1. 隧道双向开挖时，工作面相距小于（　　）倍洞径时，应加强联系并统一指挥；工作面距离接近（　　）倍洞径时，应采取一端掘进另一端停止作业并撤走人员和机具的措施，同时在安全距离处设置禁止入内的警示标志。

   A. 3，3　　B. 3，5　　C. 5，3　　D. 5，5

2. 采用分部法开挖时，应优先选择哪种开挖方式？（　　）

   A. 人工开挖　　B. 机械开挖　　C. 爆破开挖　　D. TBM 掘进机开挖

3. 采用中隔壁法、交叉中隔壁法开挖时，同侧上下层开挖面沿纵向应错开（　　），同层左、右侧开挖面沿纵向应错开（　　）。

   A. 3～3 m，3～5 m　　B. 3～5 m，5～8 m
   C. 3～5 m，5～10 m　　D. 3～5 m，10～15 m

4. 采取双侧壁导坑法开挖时，侧壁导坑形状应近似椭圆形，导坑宽度不宜大于（　　）倍隧道洞径。

   A. 0.2　　B. 0.3　　C. 0.4　　D. 0.5

5. 采取双侧壁导坑法(见图 8—7)开挖时,侧壁导坑、中槽部位开挖应采用短台阶,台阶长度(　　),必要时采取掌子面加固措施;侧壁导坑开挖应超前中槽部位(　　)。

A. 3～3 m,3～5 m　　B. 3～5 m,5～10 m

B. 3～5 m,5～10 m　　D. 3～5 m,10～15 m

6. 采用分部法开挖的临时支护应根据监控量测结果逐段拆除,每段拆除长度不得大于(　　)。

A. 3 m　　B. 5 m　　C. 10 m　　D. 15 m

7. 装药时作业人员应穿戴哪类衣物?(　　)

A. 防静电衣物　　B. 防护服　　C. 紧口工作服　　D. 化纤类衣物

8. 若爆破后发现盲炮、残余炸药及雷管时,应由(　　)按规定处理。

A. 原爆破人员　　B. 指挥人员

C. 找顶人员　　D. 喷射混凝土人员

9. 找顶作业应先用哪种找顶方式?(　　)

A. 机械设备找顶　　B. 人工找顶

C. 钻爆找顶　　D. 撬棍找顶

三、多选题

1. 台阶法开挖,当围岩地质较差、开挖工作面不稳定时,应采用哪些措施后才能开挖?(　　)

A. 预留核心土　　B. 短进尺环形开挖法

C. 开挖工作面喷射混凝土　　D. 开挖工作面施作玻璃纤维锚杆

2. 台阶法开挖时,围岩变形较大地段应早封闭,钢架拱腰、拱脚、墙脚应根据变形情况采取哪些措施控制围岩及初期支护变形量?(　　)

A. 锁脚锚杆(管)　　B. 扩大拱脚

C. 喷射混凝土　　D. 临时仰拱

3. 装药时应用哪种照明灯具?(　　)

A. 投光灯　　B. 手电筒　　C. 泛光灯　　D. 矿灯照明

4. 找顶作业应在洞内爆破后采取哪些措施,确认作业环境符合要求后进行。(　　)

A. 设置警戒人员　　B. 通风排烟　　C. 洒水降尘　　D. 设置警示标志

四、火眼金睛

洞身开挖安全隐患排查

任务五　装渣与运输作业安全

装渣运输过程中的事故(包括运输设备引起的事故)一般占隧道施工总事故的25%左右。因隧道洞内工作面狭窄,空气污浊,能见度不高,装渣过程中车辆的调度和衔接不当等都可能造成事故。一般地,隧道装渣运输过程中发生的事故可以分成两类,一类是施工人员被自卸汽车、电机车或其他运输车辆碰撞;另一类是施工人员与岩块或其他障碍物相撞而受伤。

一、装渣、弃渣与运输作业安全一般规定

(1)装渣、弃渣与运输作业应考虑下列主要危险源、危害因素:

①通风不足,粉尘及有毒有害气体含量超标;

②光照度不足;

③找顶不彻底,围岩失稳、坍塌或掉块;

④设备管理混乱,车辆超限、超载、人货混装、失控、溜车、挂碰、倾翻;

⑤斜井未设置防溜逸措施,警示标志、联络信号等设置不当;

⑥弃渣场溜坍造成事故。

(2)作业台架、栈桥、衬砌台车等施工设施的设置应满足通行安全要求。

(3)弃渣场设置应按照国家相关规定采取保护措施,施工弃渣应符合设计规定。

二、装渣作业安全要点

(1)隧道爆破后应及时进行通风、照明、找顶和初喷混凝土等工作,确认工作面满足要求后,方可进行装渣作业,并应有专人指挥。

(2)装渣作业过程中,应检查围岩的稳定情况,发现安全隐患时,应暂停装渣作业,采取措施消除隐患。

(3)装渣作业时,应加强通风和降尘,作业人员应按规定佩戴防尘护具。

(4)装渣作业应遵守下列规定:

①装渣作业应规定作业区域,机械作业时,其回转范围内不得有人通过或停留,如图8-12所示。

②装渣过程中,发现渣堆中有残留的炸药、雷管时,应通知专业人员立即处理。

③用扒渣设备装渣时,若遇岩块卡堵,严禁用手直接搬动岩块,身体任何部位不得接触传送带。

④装渣时应避免偏载、超载。

⑤机械装渣时,辅助人员应随时观察装渣和运输机械的运行情况,防止挤碰。

⑥装渣铲斗不得经过运输车辆驾驶室上方。

⑦装渣设备不得碰撞初期支护钢架。

图 8－12 装渣机械回转范围内不得有人通过或停留

三、运输作业安全要点

(1)施工机械安全装置应齐全有效,使用前及作业过程中应加强机况检查,按规定进行维修保养。

(2)运输路线的净空应满足最小行车限界要求,并根据不同的运输方式,在洞口、台架、设备、设施、岔路口等位置设置警示标志。

(3)运输道路应保持平整、畅通,并设专人按要求进行维修和养护。

(4)运渣车辆不得超载、超宽、超高、超速运输,厢斗严禁载人,如图 8－13 所示。

图 8－13 装渣设备、运渣车辆厢斗严禁载人

(5)有轨运输作业应符合下列规定:

①运输轨道应按方案进行铺设和维护。

②车辆行驶时，应与信号、指挥人员协调配合并加强通信联络。

③列车连接应良好，机车摘挂后调车、编组和停留时，应有防溜车措施。

④两组列车在同方向行驶时，其间隔距离不得小于 100 m。

⑤机动车牵引的列车，在洞内施工地段、视线不良的弯道、通过道岔和平交道等处，其行驶速度不得大于 10 km/h，其他地段在采取有效的安全措施后，行驶速度不得大于 20 km/h。

⑥车辆运行时应加强瞭望，不应在行驶中进行摘挂作业。

⑦运渣车辆严禁载人。

(6)有轨运输作业中，电瓶车的使用应符合下列规定：

①电瓶车作业前，应对车辆的制动器、喇叭、灯光、连接装置等进行安全检查，确认完好后方可行车。

②电瓶车司机应服从信号指挥，当信号不明确时不得擅自行车。

③电瓶车作业结束后，应将机车制动，切断电源，拔出启动钥匙，临时停车应采取可靠的防溜车措施。

④电瓶车牵引渣车的车辆编组应根据线路坡度、轨道状态、载重量等因素设计，确保电瓶车的安全制动距离。

(7)无轨运输作业应符合下列规定：

①施工作业地段的行车速度不得大于 15 km/h，成洞地段不得大于 25 km/h。

②隧道洞口、平交道口、狭窄的施工场地应设置慢行标志，必要时设专人指挥交通。

③车辆接近或通过洞口、台架下、施工作业地段以及前方有障碍物时，司机应减速瞭望并鸣笛示警。

④在隧道内倒车或转向应开灯鸣笛或有专人指挥。

四、栈桥作业安全要点

(1)栈桥应满足隧道施工车辆载荷通行要求。

(2)栈桥前后支撑应置于稳固的地基上，搭接长度、坡度应满足行车安全要求。

(3)栈桥表面应设置防滑溜设施，还应设置防坠落措施。

(4)车辆通过栈桥时，应设专人指挥，下方作业人员应避让。

(5)栈桥两端应设置慢行和限重标志。

(6)栈桥应定期进行维护保养，破损应及时修复。

五、弃渣作业安全要点

(1)弃渣前，应对设计文件指定弃渣场的地质条件、周边环境、弃渣范围、支挡结构等进行核对。

(2)弃渣前，应按设计要求修筑支挡结构和排水工程。

(3)运输通道上方存在架空管线、构筑物等应设置限高架。

(4)有轨运输弃渣场线路应设安全线并设置坡率为1%～3%的上坡道，弃渣码头应搭设牢固，并设有挂钩、栏杆及车挡等防溜车装置。

(5)弃渣时，应派专人指挥，严格控制弃渣区域和起斗范围；不得在坑洼、松软、倾斜的地面弃渣；不得采用石渣或木条代替有轨运输渣车的车轮铁鞋。

(6)弃渣后应将车厢复位后方可行驶。

(7)施工过程中，弃渣场应有专人巡查，发现渣堆中有炸药、雷管、导爆索等疑似残留爆炸物品时，应立即通知专业人员赴现场处理。

(8)弃渣高度、坡率和平台等应符合设计要求。

(9)弃渣结束后应按设计要求及时完成配套环保工程。

一、判断题

1. 用扒渣设备装渣时，若遇岩块卡堵，可以用手直接搬动岩块。(　　)

2. 有轨运输时，运渣车辆可以载人。(　　)

二、单选题

1. 关于装渣作业的安全规定，下列说法错误的是(　　)。

A. 装渣作业应规定作业区域，机械作业时，其回转范围内不得有人通过或停留

B. 装渣过程中，发现渣堆中有残留的炸药、雷管时，应通知专业人员立即处理

C. 机械装渣时，辅助人员应随时观察装渣和运输机械的运行情况，防止挤碰

D. 装渣铲斗可以经过运输车辆驾驶室上方

2. 有轨运输作业，两组列车在同方向行驶时，其间隔距离不得小于(　　)。

A. 50 m　　B. 100 m　　C. 200 m　　D. 500 m

3. 机动车牵引的列车，在洞内施工地段、视线不良的弯道、通过道岔和平交道等处，其行驶速度不得大于(　　)，其他地段在采取有效的安全措施后，行驶速度不得大于(　　)。

A. 5 km/h，10 km/h　　B. 10 km/h，20 km/h

C. 20 km/h，30 km/h　　D. 20 km/h，40 km/h

4. 无轨运输时，施工作业地段的行车速度不得大于(　　)，成洞地段不得大于(　　)。

A. 5 km/h，10 km/h　　B. 10 km/h，15 km/h

C. 15 km/h，20 km/h　　D. 15 km/h，25 km/h

5. 有轨运输弃渣场线路应设安全线并设置(　　)的上坡道，弃渣码头应搭设牢固，并设有挂钩、栏杆及车挡等防溜车装置。

A. 1%～2%　　B. 1%～3%　　C. 2%～3%　　D. 2%～4%

6. 关于仰拱栈桥的说法错误的是(　　)。

A. 栈桥前后支撑应置于稳固的地基上

B. 栈桥表面应设置防滑溜设施，还应设置防坠落措施

C. 车辆通过栈桥时，下方作业人员不用避让

D. 栈桥两端应设置慢行和限重标志

三、多选题

1. 隧道爆破后应及时进行(　　)工作，确认工作面满足要求后，方可进行装渣作业。

A. 通风、照明　　B. 找顶　　C. 初喷混凝土　　D. 初期支护

2. 关于弃渣作业安全要求，下列说法正确的是(　　)。

A. 严格控制弃渣区域和起斗范围

B. 不得在坑洼、松软、倾斜的地面弃渣

C. 可以采用石渣或木条代替有轨运输渣车的车轮铁鞋

D. 弃渣后车厢边复位边行驶

四、火眼金睛

装渣与运输安全隐患排查

任务六　支护与加固作业安全

隧道塌方事故

2011年4月19日23时30分，新建铁路某隧道施工现场，钢筋班组安装完成DK 349+035处最后一环钢拱架，经领工员王某检查无异常后，喷浆班组13人操作3台喷浆机喷浆。4月20日4时05分，带班员陈某出去组织后续施工材料，当走到距离作业面约40 m处时突然听见身后一声巨响，回头看见隧道喷浆作业面上方围岩发生了坍塌，导致初期支护的钢拱架及喷浆作

业台架被砸跨，12名作业人员全部被埋入坍塌体中。事故发生后，立即组织抢险救援，于4时40分发现一名遇难者遗体，后因连续发生坍方，抢险工作被迫停止。经勘察事故现场，坍塌范围里程为DK 349+035～DK 349+050，距离地表深度约100～110 m。坍塌岩石块体约400 m^3（最大块径约1 m左右），塌腔高8～10 m。直接经济损失约908万元。

分析与决策

采取哪些措施才能预防塌方事故的发生？

一、支护与加固作业安全一般规定

(1)支护与加固作业应考虑下列主要危险源、危害因素：

①临时用电不符合要求，照明光照度不足；

②找顶不彻底；

③围岩变形超限失稳，工作面坍塌，支护强度不足；

④作业台(支)架失稳，无安全防护或安全防护失效；

⑤施工机械倾覆或误操作。

(2)隧道支护作业前，应对作业面进行检查，清除松动的岩石(如图8-14所示)并喷射混凝土块。作业面用电应符合临时用电的要求，光照度满足安全作业的需要，且不低于50 lx。

图8-14 清除危石

(3)围岩较差地段，爆破找顶后应立即初喷混凝土封闭围岩，必要时封闭掌子面。

(4)隧道超前支护、初期支护应按设计施工，并重点检查下列工作：

①管棚、超前小导管、超前锚杆的施工质量；

②预注浆加固围岩与止水的效果；

③锚杆数量、长度与施工质量(砂浆饱满度等)；

④喷射混凝土厚度、密实度，钢架垂直度、间距，钢架纵向连接质量，钢筋网网格大小、搭接

长度,以及初期支护背后是否存在空洞。

(5)施工作业台架应牢固可靠,防护设施齐全,并应进行结构受力和稳定性检算。使用前应组织检查验收,验收合格方可使用。

(6)岩石隧道钻孔应采用湿式钻孔。

二、管棚、超前小导管作业安全要点

(1)管棚、超前小导管施工应符合以下规定:

①作业前应检验作业台架安全性能,施工过程中应保持稳定;

②施工前应检查钻机、注浆机及配套设备、风水管等施工机具的安全性能;施工过程中应确保钻机稳定牢靠,注浆管接头及高压风水管连接牢固;

③应指定专人负责对开挖工作面进行安全观测;

④应按作业程序和技术要求进行钻进、安装、注浆作业;

⑤管棚作业换钻杆及超前小导管作业顶进钢管时,应防止钻杆、钢管掉落伤人;

⑥管棚作业起吊钻杆及其他物件时,应指定专人指挥,起吊范围内任何人不得进入。

(2)高水压隧道管棚施工,应选择具有防突水、突泥功能的钻孔设备,孔口管应安装满足水压要求的止水阀门;作业时人员不应站在孔口正面。

(3)管棚钻孔过程中,应记录钻进各项技术参数,观察钻渣排出和孔内出水的情况,出现异常应及时报告和处理。

(4)管棚、超前小导管在作业平台上临时存放时,应控制存放数量和高度,并采取防坠落措施。在洞内空地堆放时除应采取防止其滚落的措施外,还应设置醒目的安全警示标志。

三、预注浆作业安全要点

(1)预注浆前,应在后方已开挖地段一定范围内采取锚喷或混凝土加固措施,并检查止浆墙或止水岩盘及已开挖段的抗渗情况。

(2)预注浆应有专项方案,明确注浆孔布置、注浆材料、注浆顺序、注浆方式、注浆压力、注浆量、预留止水岩盘厚度等参数,并检算止浆墙或止水岩盘的抗压能力。

(3)预注浆应安装流量计和压力表,注浆压力不得超过注浆管和止浆设施的最大额定值。注浆管接头应连接牢固,防止爆管伤人。

(4)预注浆过程中应安排专人对其影响范围内的围岩和结构进行观察和量测,防止因注浆压力过大而引起围岩失稳和结构损坏。

(5)注浆每循环结束后应采取超前探孔或取芯等手段进行注浆效果检查评定,达到要求后方可进入下道工序施工。

四、喷射混凝土作业安全要点

(1)喷射作业前,应清除作业区松动的岩石。

(2)喷射混凝土应采用湿喷工艺。喷射混凝土作业人员应按规定佩戴防尘口罩、防护眼罩等防护用品,如图 8 - 15 所示,避免直接接触液体速凝剂,不慎接触后应立即用清水冲洗。

(3)喷射混凝土设备开机前,应确认喷射作业范围内无人员活动;非施工人员不得进入正在进行喷射混凝土的作业区。

(4)喷射混凝土作业中,发生堵管或爆管时,应按操作规程正确处置,依次停止投料、送水和供风。

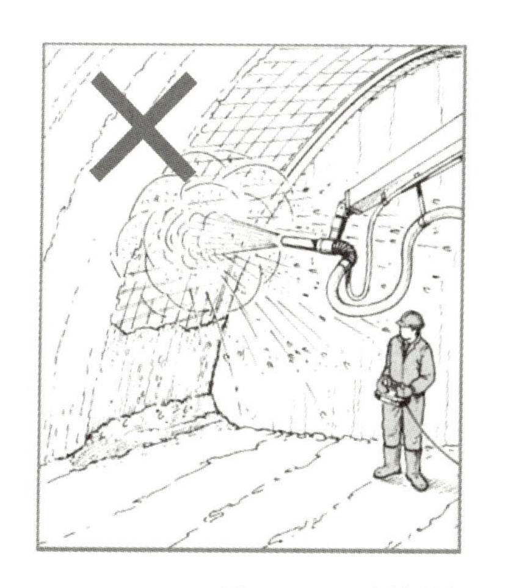
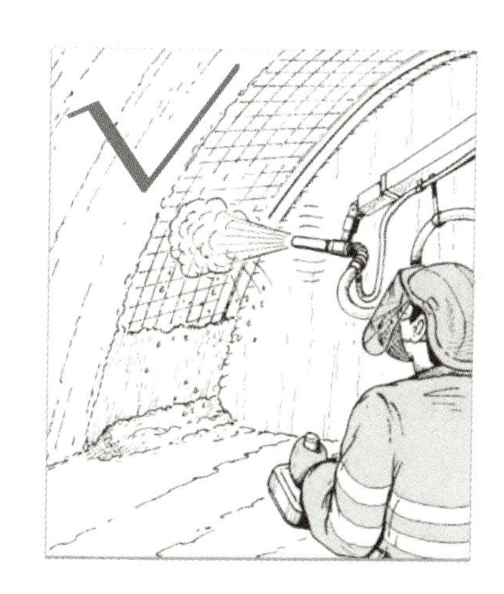

图 8 - 15　喷射混凝土作业人员应佩戴防护用具

(5)喷射混凝土施工中应检查输料管、接头的使用情况,当有破损或松脱时应及时处理。

(6)喷射混凝土设备应按相关规定维护和保养,在非作业时间应停放于安全且不影响通行的位置。

五、锚杆作业安全要点

(1)锚杆作业前,应清除工作面松动的岩石,确认作业区无掉块、坍塌等安全风险。

(2)锚杆孔钻进作业时,应保持钻机及作业平台稳定牢靠,严禁站在钻机及不稳定作业平台钻孔,如图 8 - 16 所示。

图 8－16　严禁站在钻机及不稳定作业平台钻孔

(3)锚杆台车退出钻杆脱离孔口前,应停止钻杆旋转。

(4)清孔作业时,作业人员应位于孔口侧面,不得正对孔口。

(5)注浆作业人员应佩戴护目镜等防护用品。

(6)各种锚杆应安装垫板、螺帽并及时紧固,垫板与锚杆间不应采用焊接,垫板应紧贴基面。

(7)锚杆钻孔设备应停放于安全且不影响通行的位置。

六、钢架作业安全要点

(1)隧道内搬运钢架应装载牢固,固定可靠,防止发生碰撞和掉落。

(2)钢架提升安装过程中,人员应避让;架设钢架时应采取安全防护措施。

(3)钢架之间纵、环向连接以及钢架节段连接应及时、牢固。

(4)每榀钢架安装完成后应及时施作锁脚锚杆(管),并与之连接牢固,钢架底脚不得悬空或置于虚渣上。

(5)当钢架需要拆换时,应先采取加固措施,逐榀拆换。

一、判断题

1. 围岩较差地段,爆破找顶后可直接装渣,施工初期支护。(　　)

2. 清孔作业时,作业人员应位于孔口前方。(　　)

二、单选题

1. 隧道支护作业时,作业面用电应符合临时用电的要求,光照度满足安全作业的需要,且不低于(　　)lx。

A. 20　　B. 30　　C. 40　　D. 50

2. 关于管棚、超前小导管作业安全要求，下列说法错误的是(　　)。

A. 岩石隧道超前支护钻孔应采用干式钻孔

B. 管棚作业换钻杆时，应防止钻杆、钢管掉落伤人

C. 管棚作业起吊钻杆，起吊范围内任何人不得进入

D. 高水压隧道管棚施工，作业时人员不应站在孔口正面

3. 下列属于隧道支护与加固作业的主要危险源和危害因素的是(　　)。

A. 临时用电不符合要求、工作面光照度不足

B. 围岩变形超限失稳，工作面坍塌，支护强度不足

C. 作业台(支)架失稳，无安全防护或安全防护失效

D. 以上都属于

三、多选题

1. 喷射混凝土作业人员应按规定佩戴(　　)等防护用品。

A. 防尘口罩　　B. 防护眼罩　　C. 防毒面具　　D. 绝缘鞋

四、火眼金睛

支护与加固安全隐患排查

任务七　衬砌作业安全

防水板火灾事故

2006 年 10 月 01 日，某专线太行山隧道 8 号斜井，因二衬钢筋焊接引燃泄水管及防水板、通风管，致使该斜井正洞左线石家庄方向 DK89＋534 处发生火灾，造成 4 人死亡、多人受伤。

采取哪些措施才能预防防水板作业火灾事故的发生？

一、衬砌作业安全一般规定

(1)衬砌作业应考虑下列主要危险源、危害因素：

①作业台架失稳，无安全防护或安全防护失效导致高处坠落和物体打击；

②结构钢筋安装失稳坍塌；

③火灾或引发防水材料燃烧中毒；

④混凝土泵送作业操作不当，堵管处理不当。

(2)衬砌施工作业面用电应符合临时用电的要求，照明应满足安全作业的需要，衬砌作业面及前后 30 m 范围照度不得低于 30 lx。

(3)二次衬砌施作时机应符合设计要求。高地应力软岩大变形隧道二次衬砌应在围岩变形速率趋缓后施作。

(4)隧道仰拱应随开挖及时施作，尽快形成封闭环，施作时机应符合设计和有关规定要求。

(5)运输机械应按规定线路及速度行驶，通过台车、栈桥时应加强瞭望，并应有专人指挥，驻停时应设置防溜装置及安全警示标志。

(6)动火作业应设挡板，防止引燃防水板导致的火灾、中毒事故。

(7)衬砌作业完毕后应及时清理，消除安全隐患。

二、衬砌台车、钢筋防水板作业台车安全要点

(1)台车的强度、刚度及稳定性应符合有关标准规定。

(2)台车现场组装完毕后，应组织验收调试，合格后方可使用。

(3)台车应预留满足作业人员、施工车辆通行以及安设风、水、电线路或管道的净空，其净空尺寸应满足安全通行相关要求。

(4)台车应设置防护栏杆、警示标志，配足消防器材，如图 8－17 所示。

图 8－17　作业台车设置防护栏杆

(5)衬砌台车、作业平台上的用电线路敷设及用电设施设置应符合洞内临时用电要求,并应有绝缘保护装置。

(6)衬砌台车、钢筋防水板作业台车在洞内组装、拆卸时,应选择在成洞地段或围岩条件较好的地段进行。

(7)洞内安、拆衬砌台车、钢筋防水板作业台车时,埋设各类吊点、吊具应牢固可靠;组装拆卸、吊装作业应符合起重吊装作业要求。

(8)衬砌台车、钢筋防水板作业台车就位后,应配置防溜车装置,液压支撑应有锁定装置。

(9)混凝土浇筑过程中应检查衬砌台车支撑系统,防止爆模和台车变形。

三、防水板作业安全要点

(1)防水板作业区域应设置消防器材及防火安全警示标志。

(2)防水板作业面的照明灯具不得烘烤防水板,与防水板距离不得小于 50 cm。

(3)防水板作业后应确认作业面无火灾隐患。

四、钢筋安装安全要点

(1)隧道内运输钢筋应根据各类作业台架通行净空、洞内设施情况进行装载并捆绑牢固,固定可靠,防止发生碰撞和掉落。

(2)钢筋安装应设置临时支撑防倾倒和防碰撞措施,临时支撑和整体结构应牢固可靠,临时支撑应有警示标志。

(3)仰拱钢筋绑扎时,施工栈桥下的作业人员应提前避让通行车辆。

五、混凝土浇筑安全要点

(1)泵送混凝土管道安设及连接应符合规定,施工过程中应检查其连接的可靠性、安全性及管道的稳定性。

(2)泵送混凝土管道堵塞时,应及时停止泵送并逐节检查确定堵塞部位。堵管处理应按操作程序进行,不得违规作业。

(3)衬砌混凝土浇筑时应控制浇筑速度,并保证两侧基本对称浇筑。

(4)衬砌台车端头挡板与防水板、台车间接触面应紧密,挡板支撑应稳固。混凝土浇筑过程中应检查挡板及支撑的安全状况。

(5)混凝土浇筑过程中衬砌台车出现变形等异常情况时,作业人员应及时撤离作业平台,隐患消除后方可恢复作业。

(6)仰拱应分段一次整体浇筑,并根据围岩情况严格限制一次施工长度;浇筑仰拱、填充混凝土时,施工栈桥下的作业人员应提前避让通行车辆。

(7)仰拱施工时车辆通过速度不得超过 5 km/h,并应有专人指挥。

(8)二次衬砌脱模强度应符合设计及技术规程要求。

一、单选题

1. 衬砌施工作业面用电应符合临时用电的要求,照明应满足安全作业的需要,衬砌作业面及前后 30m 范围照度不得低于(　　)lx。

A. 20　　B. 30　　C. 40　　D. 50

2. 高地应力软岩大变形隧道二次衬砌的时机是(　　)。

A. 开挖后立即施作　　B. 围岩变形速率最小的时候施作

C. 围岩变形速率趋缓后施作　　D. 围岩变形速率最大的时候施作

3. 防水板作业面的照明灯具不得烘烤防水板,与防水板距离不得小于(　　)cm。

A. 20　　B. 30　　C. 40　　D. 50

4. 以下衬砌施工安全控制要点中,错误的是(　　)。

A. 隧道内加工钢筋应采取专门的防护措施

B. 衬砌钢筋安装应设临时支撑,临时支撑应牢固可靠并有醒目的安全警示标志

C. 钢筋焊接作业在防水板一侧应设阻燃挡板

D. 仰拱应分段一次整幅浇筑,并应根据围岩情况严格限制分段长度

5. 仰拱施工时车辆通过速度不得超过(　　),并应有专人指挥。

A. 2 km/h　　B. 5 km/h　　C. 25 km/h　　D. 35 km/h

二、火眼金睛

衬砌作业安全
隐患排查

项目九

盾构施工安全管理

作为地下工程施工方法的一种，盾构法隧道施工，掘进速度快、质量优、对周围环境影响小，在盾壳和管片的保护下进行作业，施工安全性相对较高。但盾构法施工专业性强，盾构机构造复杂，在复杂多变的环境下作业，若操作不当，易导致坍塌、透水等事故发生。另外，盾构法隧道施工过程复杂，龙门吊、电瓶车等各种配套设备高频率运转，人机交错的特征十分明显，起重伤害、机械伤害、高处坠落等多种事故发生的可能，始终贯穿着施工的全过程。作为施工作业人员，只有提高安全意识，严格执行盾构施工相关的安全操作要点，才能保证施工安全、顺利地进行。

能力目标

1. 培养盾构施工作业人员的安全管理意识。
2. 增强盾构作业安全管理能力。

知识目标

1. 熟悉掘进作业安全规定。
2. 掌握盾构机后配套设备作业安全要点。

知识结构图

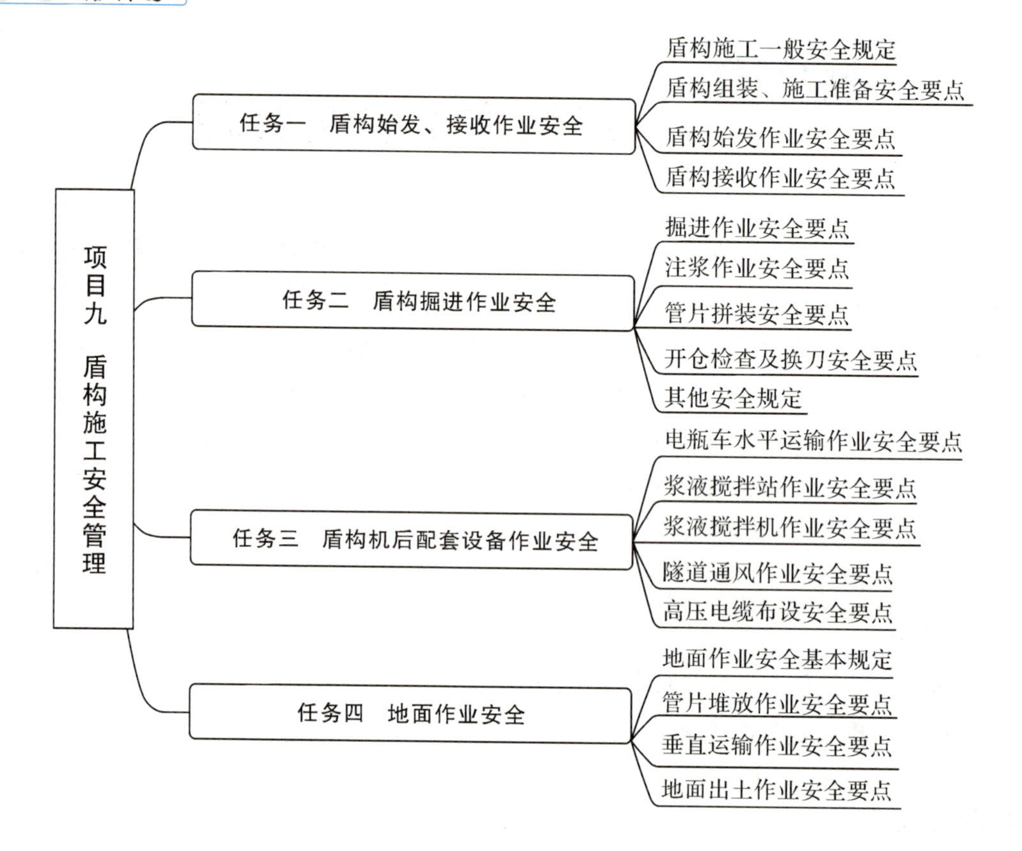

任务一　盾构始发、接收作业安全

某地铁盾构到达事故

2007 年 11 月 20 日，盾构机掘进到达某市地铁 2 号线某区间右线南端头接收井洞门时，洞内发生漏水漏砂事件，造成地面大面积塌陷，盾构机被埋于塌陷土体中。

事故经过：2007 年 11 月 20 日上午 6:50，掘进班人员下井，进入洞内准备完成到达前的最后几环推进；上午 8:50，盾构机刀盘顶上接收井口地连墙外侧，在洞门处人工开始破除地连墙钢筋；洞内盾构机操作人员转动刀盘，方便工人割除钢筋和破碎下部保护层，此时洞口只有局部渗水。9:00 左右，刀盘下部 2 m 的位置突然出现 4 个较大的漏水漏砂点，并且迅速发展、扩大，涌水涌砂量约为 410 m^3/h。在洞门破除钢筋人员迅速撤离。9:30，盾尾急剧沉降；9:38，盾构机操作人员看到盾尾处和连接桥处局部管片角部及螺栓部位产生明显裂缝，管片角部脱落；10:40，盾构机内的人员撤退到5号车架位置安全的地方。由于在盾尾处管片下沉和破碎，洞内出现大量涌水涌砂，涌水涌砂量约为500 m^3/h，在很短的时间内盾构机车架轨道被埋，走道板下积满沙子，此时项目部指挥中心通知洞内人员撤离。在地面上，由于右线接收端头井里的大量涌水和涌砂，导致该车站以南地面大面积塌陷，塌陷范围沿隧道纵向约150 m，塌陷区宽度约20 m，最大塌坑深约6 m，盾构机埋置于塌陷土体中。

分析与决策

1. 分析本次事故发生的原因。

2. 盾构始发和到达要注意哪些安全要点？

一、盾构施工一般安全规定

(1)盾构施工作业应考虑下列主要危险源、危害因素：

①始发或接收工作井端头地层未加固或加固失效、加固验证后处置不当，钢套筒失稳或密封失效；

②地层冻结失效或建构筑物加固失效；

③掘进参数选择不当，开挖面失稳、地表下沉；

④盾构机刀具刀盘主轴承、密封等失效；

⑤通过浅覆土地层不良地质小净距、小半径曲线、大坡度、下穿地表水系，下穿(邻近)既有建(构)筑物、地下管线、障碍物等特殊地段；

⑥盾构常压检换刀、带压检换刀或仓内动火作业；

⑦泥水盾构渣土分离；

⑧盾尾未设置防冲撞装置。

(2)盾构组装、拆卸始发到达穿越重要建(构)筑物、穿越特殊地层、穿越江河湖海、盾构换刀联络通道开挖、调头、过站等应编制专项施工方案，经审批后实施。

(3)施工单位应建立健全安全生产保障体系和规章制度，对施工人员进行安全教育和培训。盾构作业人员必须经过专业培训考核合格并取得相应操作证后持证上岗。

(4)盾构施工各工序作业前，应编制安全作业规程和作业指导书，关键工序还应编制专项安全技术措施，经监理单位审批后实施。施工前，应对作业人员进行安全技术交底。

(5)盾构施工中应建立健全机械设备管理制度，定期对设备进行安全检查、维护。

(6)盾构施工中应结合工程施工环境、地质和水文条件编制完善的施工监控量测方案。当出现变形异常情况必须加强监测频率。建设单位应选择具有专业资质的第三方进行量测复核工作。

二、盾构组装、施工准备安全要点

(1)盾构始发前,应对工作井端头土体进行加固,并检测加固体的强度、抗渗性能等,合格后方可始发掘进。

(2)工作井应设置高度不低于历史最高洪水位 50 cm 的挡水墙,井下和洞内应设置抽排水设备设施。

(3)盾构及后配套设备吊装除应符合起重吊装作业基本规程外,还应对工作井结构、吊装场地空洞探测、地基承载力等进行校核验算,对吊耳进行探伤检测。

(4)盾构组装完成后,应分别对各系统进行空载调试,再进行整机空载调试,经动态验收合格后方可正式交付使用。

(5)隧道内各个配套系统应布置合理,运输系统、人行系统、配套管线等布置应保持安全间距,避免交叉干扰。

(6)运输机车车辆距离人行通道栏杆、隧道壁及隧道内其他设施不得小于 20 cm,人行走道宽度不得小于 70 cm。

(7)盾构泥水处理系统,应符合下列规定:

①盾构泥水处理系统应编制专项方案,方案应包括安全保障措施;

②系统安装涉及的分离设备、压滤设备等大件吊装应符合相应的吊装规定;

③在各单机设备调试完毕后,应进行系统的联合调试,验收合格后方可投入使用;

④泥水处理系统的主要设备应进行隔离,同时应设置监控系统。

三、盾构始发作业安全要点

(1)盾构始发前应进行施工条件验收,验收内容包括人员资质、机械设备、物资材料、专项施工方案、土体加固及洞门密封等准备情况。

(2)采用钢套筒始发时,应按照设计对钢套筒进行安装验收并测试密封性能。钢套筒内进行洞门围护结构凿除时,钢套筒应设置可靠的通风及逃生装置。

(3)采用冻结法加固时,应保证冻结设备运转正常,冻土交圈厚度及温度不应小于设计值。

(4)盾构始发前应验算后支撑体系的强度、刚度和稳定性,其安装精度、加固质量等应满足始发要求。

(5)盾构始发前应对刀盘不能直接破除的洞门围护结构进行拆除。拆除前应先检查确认洞门土体加固与止水效果良好,方可从上往下分层分块拆除。

(6)洞门围护结构拆除后,盾构刀盘应及时靠紧开挖面。

(7)盾构始发前应安装洞门止水装置,并确保密封止水效果。盾尾通过后,应立即进行二次补充注浆等尽早封堵稳定洞口。

(8)盾构始发时,应采取防止盾体扭转和始发基座位移变形的措施。

(9)盾构始发时,推进千斤顶分区推力应分布合理且不超过后支撑体系承载力。

(10)负环管片脱出盾尾后,应立即对管片进行有效加固和限位,防止管片变形和位移。

(11)盾构始发段应增加监测布点和频次,及时掌握地表环境沉降变形等情况。

(12)拆除负环管片时,应对洞口段10~15环管片设置纵向拉紧装置。

四、盾构接收作业安全要点

(1)盾构接收前应进行施工条件验收,验收内容包括人员资质、机械设备、物资材料、专项施工方案、土体加固及洞门密封等准备情况。

(2)采用钢套筒接收时,应对钢套筒进行安装验收并测试密封性能。钢套筒内进行洞门围护结构凿除时,钢套筒应设置可靠的通风及逃生装置。

(3)采用冻结法加固接收时,应保证冻结设备运转正常,冻土交圈厚度及温度不应小于设计值。

(4)盾构到达前应对刀盘不能直接破除的洞门围护结构进行拆除。拆除前应先检查确认洞门土体加固与止水效果已达到设计要求,方可从上往下分层分块拆除。

(5)盾构到达前应安装洞门止水装置,并确保密封止水效果。

(6)盾构距离接收井50~80 m时,应调整盾构机姿态,确保安全顺利接收;盾构距到达接收井15m左右时,应调整掘进参数确保洞门和接收安全。

(7)盾构接收时应保证足够的推力压紧管片,并应对最后10~15环管片设置纵向拉紧装置,保证管片间止水效果。

(8)隧道贯通后应及时按要求封堵洞门,确保密封止水效果,并及时对最后10~15环管片进行二次注浆加固封堵。

(9)盾构接收段应增加监测布点和频次,及时掌握地表环境沉降变形情况。

(10)盾构到达掘进期间应保持接收井和隧道内通信畅通。

一、判断题

1. 采用冻结法加固时,应保证冻结设备运转正常,冻土交圈厚度及温度不应小于设计值。(　　)

2. 洞门围护结构拆除后,盾构刀盘不应及时靠紧开挖面。(　　)

二、单选题

1. 两台盾构同向掘进时,应根据不同地质错开(　　)距离,避免掘进过程中相互扰动。

A. 50~100 m　　B. 70~100 m　　C. 100~150 m　　D. 90~100 m

2. 盾构距离接收井(　　)m时，应调整盾构机姿态，确保安全顺利接收；盾构距到达接收井15 m左右时，应调整掘进参数确保洞门和接收安全。

A. 50～80　　B. 50～100　　C. 70～1500　　D. 50～150

3. 隧道贯通后应及时按要求封堵洞门，确保密封止水效果，并及时对最后(　　)环管片进行二次注浆加固封堵。

A. 10～50　　B. 5～25　　C. 10～15　　D. 10～25

4. 洞门围护结构拆除后，盾构刀盘应及时靠紧(　　)。

A. 钢套筒　　B. 开挖面　　C. 帘布　　D. 钢环板

5. 每块管片微调到位后，应先将连接螺栓插入预留孔内，然后将推进油缸伸出顶紧管片，且除封顶块外，顶紧油缸不得少于(　　)个；先顶中间，后顶两边。

A. 5　　B. 3　　C. 4　　D. 6

6. 运输机车车辆距离人行通道栏杆、隧道壁及隧道内其他设施不得小于(　　)cm，人行走道宽度不得小于(　　)cm。

A. 20,70　　B. 30,90　　C. 20,80　　D. 20,80

三、多选题

1. 盾构施工作业应考虑下列主要危险源、危害因素包括哪些？(　　)

A. 地层冻结失效或建构筑物加固失效

B. 盾构机刀具刀盘主轴承、密封等失效

C. 盾构常压检换刀、带压检换刀或仓内动火作业

D. 作业中如突然发生故障，应立即卸载

2. 举重臂旋转时，必须(　　)，严禁(　　)，在施工人员未能撤离施工区域时，严禁启动拼装机。

A. 鸣号警示　　B. 施工人员进入举重臂活动半径内

C. 被吊物重量不明或超负荷不准吊　　D. 启动拼装机

任务二 盾构掘进作业安全

管片拼装事故

2007年9月29日22:00左右，在某轨道交通某区间隧道工程下行线隧道工地，总包单位盾构司机朱某站在左侧驾驶管片拼装机，举重臂旋转L1管片(右侧上方)就位后，用千斤顶顶住管片，举重臂转到下方去夹封顶块。分包单位拼装工吴某站在拼装机上部穿接纵向螺栓，另一名分包单位拼装工胡某在离拼装机2 m处用水泵抽水(隧道内有积水)。由于管片螺栓孔未对齐，吴某未能成功穿接螺栓。盾构司机朱某走到拼装机右侧，自己试穿了一下，也没有成功，就又回到左侧驾驶位。拼装工吴某让盾构司机朱某将千斤顶松一下，以便让L1管片稍许位移来对准螺栓孔。朱某将上部千斤顶松脱后，L1管片由于没有任何连接，直接坠落至拼装平台上，砸在正站在拼装台上的吴某的身上，吴某当场死亡。

分析与决策

1. 从管片拼装的方法来看，这次事故发生的原因是什么？
2. 你认为在盾构掘进施工中存在哪些不安全行为？

一、掘进作业安全要点

(1)盾构机操作人员必须经过有关部门安全技术培训，考核合格并取证后方可上岗。

(2)盾构机操作人员作业前必须检查控制仪器、仪表及其他装置，确认处于安全状态。启动前必须与拼装手、注浆人员、电瓶车司机等有关人员联系，确认安全后方可操作。

(3)盾构应在始发段50～100 m进行试掘进，分析和掌握盾构机性能、优化掘进参数等。

(4)盾构掘进应根据水位地质、施工监测、试掘进经验等分析总结确定合理的掘进参数。

(5)出渣异常时，应立即停机，关闭螺旋输送机仓门，采取措施处理后恢复掘进。

(6)泥水平衡盾构掘进时，应保持泥浆压力与开挖面的水土压力相平衡及排土量与开挖量相平衡。

(7)土压平衡盾构开挖土体应保证良好的渣土改良效果和渣土流动机制，防止螺旋机喷涌，保证开挖面稳定。

(8)盾构掘进时应控制姿态和轴线偏差，减少纠偏。纠偏应逐环、少量进行，不得过量纠偏扰动周围地层。应防止盾构长时间停机。

(9)两台盾构同向掘进时,应根据不同地质错开50～100 m的安全距离,避免掘进过程中相互扰动。

(10)盾构掘进过程中,应根据地层和掘进参数情况及时检查刀盘和刀具,发现过度磨损应及时更换和维修。

(11)盾构设备维修时应符合下列规定:

①设备保养和检修工作应在机器停止运转后进行,保养检修期间应挂设相应标识标牌,并设专人监护,防止意外重启。

②空气和供水系统、液压系统进行维修作业前,应关闭相关阀门并降压;液压系统应防止液压油缸意外缩回和电机意外运转。

③现场应配备消防设备,动火作业应有专人监控。

二、注浆作业安全要点

(1)作业前应检查管路,确认管路连接正确、牢固。

(2)必须服从操作员指挥,及时、正确地开关阀门。

(3)严格按照设定的注浆压力和注浆量进行浆液压注,避免出现注浆量不足或过大,出现管片上浮或下沉。

(4)拆卸注浆混合器时,各注浆管路和冲洗管路阀门必须全部关闭后方可进行作业。

(5)停机前需要冲洗管路,冲洗作业必须两人操作,在没有接到注浆操作手发出的可以冲洗管路的指令前,不得启动冲洗泵。

(6)发现管路堵塞时应及时通知专业人员修理,不得进行无浆、少浆盾构推进。

(7)注浆过程中要观察前几环管片上下浮动情况及漏浆情况,及时上报领班工程师或盾构司机,以便及时做出调整决定,采取相应措施。

(8)电瓶车行使区域、双轨梁吊运区域属于危险区域,要时刻注意注浆人员自身及他人安全。

(9)严格交接班制度,要向接班人交待清楚注浆情况及存在的问题。

(10)盾尾冒浆、漏浆,需加大盾尾密封油脂的压注量。

三、管片拼装安全要点

管片拼装是盾构施工的重要工序之一,它包括:管片的运输吊装就位、举重臂的旋转拼装、管片连接件的安装、千斤顶的靠拢、管片螺栓的紧固等。

管片拼装是安全风险部位两线一点中的“一点”,该部位以往曾发生过教训深刻的事故。由于管片拼装机的操作人员和拼装工高频率的配合,当施工进度不断加快、安全措施不到位,仅靠施工人员的反应来降低危险程度时，管理就会比较被动。拼装机械的不安全状态以及拼装作业人员的不安全行为，可能导致管片从高处坠落伤人、人员从拼装平台坠落、人员受到千斤顶的挤压伤害。管片拼装一般安全要求如下：

（1）管片拼装必须落实专人负责指挥，拼装机操作人员必须按照指挥人员的指令操作，严禁擅自转动拼装机，以免发生伤亡事故。

（2）启动拼装机前，拼装机操作人员应对旋转范围内的空间进行观察，在确认没有人员及障碍物时，应先进行试运转，确认安全后方可作业。

（3）举重臂旋转时，必须鸣号警示，严禁施工人员进入举重臂活动半径内。在施工人员未能撤离施工区域时，严禁启动拼装机。

（4）拼装管片时，拼装工必须站在安全可靠的位置，严禁将手脚放在环缝和千斤顶的顶部，以防受到意外伤害，同时，所有的螺栓必须穿连到位，否则不得松动千斤顶。拼装工必须始终在拼装机操作人员的视线范围内。

（5）举重臂必须在管片固定就位后，方可复位，封顶拼装就位未完毕时，人员严禁进入封顶块的下方。

（6）管片吊装头必须拧紧到位，不得松动，发现磨损情况，及时更换，不得冒险吊运。

（7）管片在旋转上升之前，必须用举重臂小脚将管片固定，以防管片在旋转过程中晃动。

（8）根据管片安装顺序，将需安装管片位置的千斤顶缩回到位，空出管片拼装位置，每次只能缩回一个管片的位置，保证盾构姿态稳定。

（9）每块管片微调到位后，应先将连接螺栓插入预留孔内，然后将推进油缸伸出顶紧管片，且除封顶块外，顶紧油缸不得少于 3 个；先顶中间，后顶两边。

（10）安装管片吊装螺栓时一定要拧紧；管片拼装机抓紧管片后，方可进行下一步操作；管片安装过程中严禁松管片拼装机抓紧装置。只有连接管片的螺栓全部拧紧后，才可将抓取装置与管片分离。

（11）拼装上部管片时，必须使用专用的移动式防护栏，以防高空坠落。人员穿越防护栏杆作业时，必须佩戴安全带。

（12）单轨梁（双轨梁）运送管片就位拼装时，人员严禁站立在管片的前方，以防止管片溜滑伤人。

（13）管片吊运时要检查吊装头是否完好，管片吊装头拧紧，挂钩一定要挂好，并插上插销，在管片吊运时，禁止他人在吊运区行走或逗留。

四、开仓检查及换刀安全要点

（1）盾构开仓检换刀和刀盘维修时，地点应选择在地质条件好、地层稳定地段进行。在不稳定的地层检换刀时，应采取地层加固或气压辅助等措施，确保开挖面稳定后方可进仓作业。

(2)必须编制专项施工方案,且应经评审后方可组织实施,开仓换刀应严格按照安全技术交底要求的程序作业。

(3)开仓前,应在换刀位置地面布设监控量测点并取得初始值,开仓换刀期间监控数据变化情况,并及时调整换刀方案。

(4)换刀作业前应对盾构土仓内氧气含量、有害气体含量进行检测,合格后方可进场实施换刀作业;换刀作业期间,应设置专人监护,定时检测土仓内氧气和有害气体含量,发现异常应立即撤出仓内人员并采取有效应对措施。

(5)带压换刀还应执行以下规定:

①带压换刀人员应身体健康且经过专业培训方可上岗作业。

②带压换刀作业前,应对盾构空压机呼吸器等相关气体设备进行检修。

③带压换刀期间,仓内外人员应保持有效联系。

④在开仓之前必须排渣加气保压稳定掌子面,当气体压力无法保证时,应采取适当的加固措施,方可进仓。

⑤开仓之前必须断开刀盘控制开关,切断电源,关闭螺旋输送器,如果螺旋输送器闸阀没有关闭,就会造成压缩空气从螺旋输送器猛烈喷出的危险,这会导致开挖面稳定性降低。

(6)打开入孔之前,必须从隔壁板上的球阀对前仓进行观察,确认前方无水,掌子面稳定时方可进仓。

(7)前仓作业人员必须听从统一指挥,并保持与后方人员的联系。

(8)开仓检查时必须按照预定的方案进行。开仓后必须先认真仔细地观察刀盘周围的情况,确认安全后方可进入。由于土仓非常危险,随时可能会出现开挖面部分倒塌的情况,在整个进仓过程中都必须非常仔细地观察开挖面和水位。

(9)必须遵守全部的安全措施,防止工作材料的滚动和下落,以保证刀具的安全运输。

(10)所有需要的起重工具都要固定在预定的支架上并经过检查,保证安全操作。

(11)全部人员都佩戴安全索,特别是在刀盘上工作时,必须把它固定在固定点上。

(12)检修人员在刀盘进行检修和抢险时,应有专人监护并配备对讲机等通信设备。一旦发现险情应迅速撤离,关闭仓门。

(13)出仓减压时必须严格按照交底操作,不得减压过快,避免进仓人员患减压病。

五、其他安全规定

(1)盾构机上必须配备足够的消防器材,并制定责任人看护检查。

(2)盾构机发生故障后必须由专业机修人员进行维修,特别是电气设备、控制系统等关键部位,严禁非专业人员乱动,以免发生危险。

(3)从管片车上吊运管片进行拼装时,管片下方严禁站人。

(4)作业人员用运浆车注浆时,如运浆车发生故障,应先切断电源后才允许检修。严禁在浆液搅拌时用棍棒等其他工具对浆液进行搅拌。

(5)对盾构机进行清扫时,严禁直接用水对电气设备冲洗,避免发生漏电等危险。

(6)台车尾部的高压变压器应屏蔽上锁,严禁施工人员靠近和乱动。

(7)收放高压电缆时,应先切断电源,严禁带电作业;在高压电缆需要连接时,必须设置保护箱。

(8)对盾构机维修需动用明火时,必须到安质部开动火证明,经批准后方可进行作业,作业时必须设专人看护,并配备足够的灭火器材。作业人员进行抽水作业时,严禁带电移动抽水机,以免发生触电伤人事故。

(9)洞内应保证有足够的新鲜空气流动,确保通风设备完好。

(10)注意全站仪、棱镜及其线缆安全,严禁水冲,非测量人员不得碰测量仪器。

一、判断题

1. 开仓换刀期间监控数据变化情况,并及时调整换刀方案。(　　)

2. 带压换刀期间,仓内外人员应保持有效联系。(　　)

二、单选题

1. 停机前需要冲洗管路,冲洗作业必须两人操作,在没有接到注浆操作手发出的可以冲洗管路的指令前,不得启动(　　)。

   A. 冲洗泵　　B. 清洗泵　　C. 液压站　　D. 泡沫泵

2. 管片在旋转上升之前,必须用(　　),以防管片在旋转过程中晃动。

   A. 举重臂小脚将管片松开　　B. 举重臂小脚将管片固定

   C. 举重油缸将梁体固定　　D. 举重臂小脚将管片面放松

3. 发现管路堵塞时应及时通知专业人员修理,不得(　　)。

   A. 进行少浆盾构推进　　B. 进行无浆盾构推进

   C. 进行无浆、少浆盾构推进　　D. 进行无浆、少浆盾构急停

4. 出渣异常时,应立即停机,关闭螺旋输送机仓门,采取(　　)措施处理后恢复掘进。

   A. 出渣异常时,继续掘进,关闭螺旋输送机仓门

   B. 出渣异常时,应立即停机,关闭螺旋输送机仓门

   C. 出渣异常时,应立即停机,开启螺旋输送机仓门

   D. 出渣异常时,应缓慢停机,关闭螺旋输送机仓门

5. 单轨梁(双轨梁)运送管片就位拼装时,人员(　　)站立在管片的前方,以防止管片溜滑伤人。

A. 必须　　B. 应该　　C. 严禁　　D. 可以

6. 带压换刀人员应身体健康且(　　)方可上岗作业。

A. 经过带压培训　　B. 经过专业培训

C. 经过一般培训　　D. 经过简单培训

三、多选题

1. 管片拼装是盾构施工的重要工序之一，它包括(　　)管片螺栓的紧固等工序。

A. 管片的运输吊装就位　　B. 举重臂的旋转拼装

C. 管片连接件的安装　　D. 千斤顶的靠拢

2. 开仓之前必须(　　)，如果螺旋输送器闸阀没有关闭，就会造成压缩空气猛烈从螺旋输送器喷出的危险，这会导致开挖面稳定性降低。

A. 断开刀盘控制开关　　B. 切断电源

C. 关闭螺旋输送器　　D. 启动拼装机

任务三　盾构机后配套设备作业安全

水平运输事故

某盾构工程分公司推进一队一班，完成934环盾构推进任务后，柴油机车司机顾某从东昌路车站向陆家嘴方向，拖拉二箱重土箱。在拖拉前，顾某通知在场的另一电机车司机朱某"我走后，你过十分种，拖拉后一箱土跟出来。"顾某驾驶柴油机车至离陆家嘴车站400环处时，柴油机车发生故障熄火，等待维修。此时朱某驾驶电机车，在同一轨道，向熄火的的柴油机车超速驶来，刹车不及，电机车头部撞击柴油机车头部的水箱部位。由于电机车车速快，撞击后，造成电机车上二箱电瓶因惯性向驾驶车棚移动0.5 m，车棚严重变形，司机朱某也当场受伤。

分析与决策

1. 这次事故发生的原因是什么？

2. 你认为在水平运输中应遵守哪些安全规定？

一、电瓶车水平运输作业安全要点

(1)电瓶车司机必须经过专业培训，经考核合格取证后方可上岗。

(2)电瓶车司机岗前必须接受安全教育、培训以及安全技术交底。

(3)电瓶车司机作业前,必须认真仔细地检查蓄电池电压、制动装置气压、车灯、喇叭等,确认完好,并全面检查各类物件放置稳妥,捆绑安全,运输不得超载、超宽和超长,轨道附近严禁堆放杂物。

(4)电瓶车司机在作业时必须严格遵守安全操作规程,不得违章作业。严禁酒后操作,严禁操作时有看手机、打电话等分心行为,严禁非司机操作。

(5)行驶前应鸣笛,特别是在行驶中遇施工人员、进入弯道和台车前必须鸣笛并减速,行驶中如遇到轨道中有障碍物、施工人员作业、进入道岔时,必须迅速减速鸣笛或采取制动措施。发生故障时必须立即停车处理。

(6)机车行驶速度不得大于 10 km/h;经过转弯处或接近岔道时,应限速 5 km/h;在靠近工作面 100 m 距离内应限速 3 km/h,并鸣笛警示;车尾接近盾构机台车时,限速 3 km/h 并减速慢行,上坡段应限速 6 km/h,并在限速地段张贴醒目的限速标志。隧道中能见度下降时,司机必须打开前灯做照明,并减速行驶,速度不能超过 5 km/h。

(7)行驶中严禁用反向操作代替制动。

(8)电瓶车脱轨时,必须立即断电停车进行处理。

(9)进出隧道人员应走人行通道,严禁电瓶车搭乘施工人员,发现有人登车、扒车时,必须停车制止。

(10)司机开车时必须坐在司机座位上,严禁探身车外,驾驶室内严禁搭载闲杂人员。

(11)电瓶车控制手柄必须停放在电瓶车串、并联的最后位置,严禁将控制手柄停放在两速度位置中间。加速时应依次推动手把,不得推动过快,严禁跳档操作。

(12)电瓶车司机离开座位时必须切断电源,收起转向手柄,制动车辆,但不得关闭车灯。

(13)电瓶车司机必须服从信号工指挥,在没有得到信号工指令时严禁动车。

(14)电瓶车司机应经常检查制动系统,发现制动块磨损超标时,应及时请专职机修工进行更换。

(15)电瓶车发生故障后,必须由专业机修人员进行维修。

(16)电瓶车司机在行驶时,若发现轨道螺丝松动或轨距变化时,应请专业修理工进行调整。

(17)渣土车装土的重量不允许超过电瓶车的额定载荷。

(18)管片车运输时不得超宽、超高。

(19)运浆车进行清理作业时应切断电源,并设专人看护。

(20)电瓶车司机对电瓶车、运浆车进行日常保养时,严禁用水直接冲洗电气设备。

(21)电瓶车司机交接班时,应做好交接班记录和运转记录。

(22)电瓶车行驶重点区域采取隔离措施,严禁非作业人员进入,隔离措施应牢固、可靠。

(23)电瓶车驶入井口开口环区域,机车司机必须离开驾驶室,进入隧道,严禁站在重物的下方。

(24)机车停驶时,应拉紧手刹,并在行驶轨道上设置防溜车装置;平板车前后连接应安全可靠,应设有保险链。

二、浆液搅拌站作业安全要点

(1)浆液搅拌站在作业前应先进行检查,确认安全:

①拌站台结构部分联结必须紧固可靠,限位装置及制动器灵敏可靠。

②电气、气动称量装置的控制系统安全有效,保险装置可靠。

③站台保护接零、避雷装置完好。

④输料装置的提升斗、拉铲钢丝绳和输送皮带无损伤。

⑤进出料闸门开关灵活、到位。

⑥空气压缩机和供气系统应运行正常,无异响和漏气现象,压力应保持在规定范围内。

⑦操作区、储料区和作业区必须设明显标志。

(2)启动搅拌系统后,应先进行空运转,检查机械运转情况。确认搅拌系统正常后,方可自动循环生产。严禁带负荷停机或启动。

(3)作业时应精神集中,注意观察各个仪表、指示器、皮带机、配料器等供料系统,发现有大块石料和异物时应及时清除,发现异常情况应立即停止生产,遇紧急情况时应立即切断电源,并向有关人员报告。

(4)操作人员必须按规定的程序操作,微机出现故障时,必须由专业人员维修。

(5)作业时严禁非作业人员进入生产区域。

(6)作业中严禁打开安全罩和搅拌盖检查、润滑,严禁将工具、棍棒伸入搅拌桶内扒料或清理。料斗提升时,严禁在其下方作业或穿行。

(7)在高空维护保养时,必须二人以上作业,并系安全带,采取必要的安全保护。遇大风、下雨、下雪等天气,不得进行高空维护保养作业。

(8)在操作台下作业的人员必须戴安全帽。

(9)维护、修理搅拌机顶层转料桶、清理搅拌桶和叶片时,必须切断电源,并在电闸箱处设明显“禁止合闸”标志,设专人监护,如图9-1所示。在搅拌机内清理作业时,机门必须打开,并在门外设专人监护。

图9-1 清理搅拌机“禁止合闸”

(10)清除上料斗底部的物料时,必须把料斗提升到适当位置,将安全销插入轨道内;清除上料斗内部的残料时,必须切断电源并设专人监护。

(11)交接班时,必须交清当班情况,并做记录。

(12)作业后应切断电源,锁上操作室,将钥匙交专人保管。

三、浆液搅拌机作业安全要点

（1）浆液搅拌机操作工，岗前应接受安全教育和专业技术培训，经考核合格后方可上岗。

（2）作业前接受安全员的安全技术交底和安全教育。

（3）开机前必须认真检查有关部件，特别是要检查搅拌桶内有无杂物，确认无故障后方可开机进行搅拌作业。

（4）对浆液搅拌机进行清理作业时应切断电源，并设专人看护。

（5）搅拌机发生故障时，必须由专业机修人员进行维修。

（6）浆液搅拌机操作工平时应做好日常维修保养工作。

（7）操作工平时应做好交接班记录和运转记录。

四、隧道通风作业安全要点

（1）隧道风机应设专门的责任人进行操作。

（2）确保风机正常运转，给隧道内输送足够的新鲜空气。

（3）要经常对风管进行检查，发现破损和漏风时，应及时更换。

（4）风机发生故障后，应请专业电工和机修人员进行修理。

五、高压电缆布设安全要点

（1）高压电缆应使用有生产资质的正规厂家生产的，持有合格证、检验报告的合格电缆。必须使用有“三火一地”的四芯电缆。

（2）高压电缆从箱变引出到下井前端部分应穿管埋设，深度不得小于 0.5 m，并在埋设处设“高压危险，注意保护”的警示标志。

（3）在下井处应设专用绝缘卡子对高压电缆进行固定。

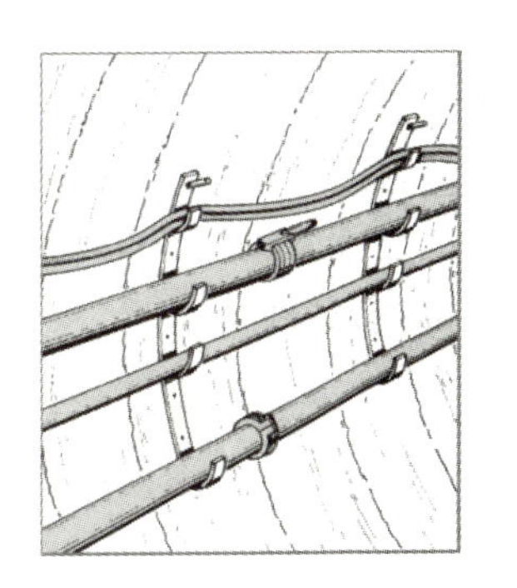

图 9－2　升高压电缆设置

（4）高压电缆进洞后应设置在盾构用冷却水管上侧，距隧道底部距离应在 1.5 m 以上，并用专用绝缘卡子固定，如图 9－2 所示。每隔 50 m 应设置一块“高压危险，注意保护”的警示标志和一个灭火器。

（5）高压电缆的连接应由持高压电工证的专业电工进行操作，在连接头位置设置保护箱，并设“高压危险，注意保护”的警示标志。

练习题

一、判断题

1. 电瓶车司机必须经过专业培训，经考核合格取证后方可上岗。（　　）

2. 电瓶车行驶中可以用反向操作代替制动。（　　）

二、单选题

1. 机车行驶速度不得大于(　　);经过转弯处或接近岔道时,应限速(　　)。

A. 10 km/h,5 km/h　　B. 15 km/h,5 km/h

C. 10 km/h,15 km/h　　D. 10 km/h,10 km/h

2. 车尾接近盾构机台车时,限速(　　)并减速慢行,上坡段应限速 6km/h,并在限速地段张贴醒目的限速标志。

A. 10 km/h　　B. 13 km/h　　C. 3 km/h　　D. 5 km/h

3. 隧道中能见度下降时,司机必须打开前灯做照明,并减速行驶,速度不能超过(　　)。

A. 5 km/h　　B. 15 km/h　　C. 10 km/h　　D. 20 km/h

4. 维护、修理搅拌机顶层转料桶、清理搅拌桶和叶片时,必须切断电源,并在电闸箱处设明显(　　)标志,设专人监护,在搅拌机内清理作业时,机门必须打开,并在门外设专人监护。

A. "严禁跳跃"　　B. "严禁合闸"　　C. "严禁吸烟"　　D. "严禁抛洒"

5. 高压电缆从箱变引出到下井前端部分应穿管埋设,深度不得小于(　　),并在埋设处应设(　　)的警示标志。

A. 0.5 m,"高压危险,注意保护"　　B. 0.5 m,"注意保护"

C. 0.5 m,"高压危险"　　D. 1 m,"高压危险,注意保护"

6. 注浆系统操作人员必须按规定的程序操作,微机出现故障时,必须由(　　)。

A. 土建人员维修　　B. 盾构队长维修

C. 注浆手维修　　D. 专业人员维修

三、多选题

1. 关于隧道通风作业安全要点,下列说法正确的是(　　)。

A. 风机专门的责任人进行操作

B. 给隧道内输送足够的新鲜空气

C. 风筒发现破损和漏风时,应及时修补

D. 风机发生故障后,应请专业电工和机修人员进行修理

2. 关于浆液搅拌机作业安全要点,下列说法正确的是(　　)。

A. 浆液搅拌机操作工,岗前应接受安全教育和专业技术培训

B. 作业前接受安全员的安全技术交底和安全教育

C. 操作工平时应做好交接班记录和运转记录

D. 搅拌机发生故障时,必须由专业机修人员进行维修

任务四 地面作业安全

管片堆场挤压伤害事故

涂料工朱某在管片堆场两管片堆放点的缝隙中进行涂料制作，行车吊运司机在没有起重挂钩工指挥的情况下吊运管片。在吊运过程中，未发现朱某在管片的侧方，由于管片是斜向起吊，在起吊中管片晃动，使朱某头部和另一块管片挤压，脑部严重受伤，送医院抢救无效死亡。

分析与决策

1.这次事故发生的原因是什么？

2.在管片堆放、涂料制作和垂直运输中应遵守哪些安全规定？

一、地面作业安全基本规定

(1)进入现场必须戴安全帽，系好帽带，并正确使用个人劳动防护用品。

(2)穿拖鞋、高跟鞋，赤脚或赤膊，不准进入现场。

(3)各种电动机械设备，必须有漏电保护装置和可靠安全接地，方可使用。

(4)在龙门吊工作时，严禁一切人员在吊物下操作、站立、行走；严禁一切人员在龙门吊运行轨道上站立或堆放材料、工具等物体。

(5)严禁非专业人员私自开动吊机及任何机械设备。

(6)严禁在施工现场(车间)玩耍、吵闹。

(7)严禁在未设安全措施的部位同时进行上、下交叉作业。

(8)严禁在高压电源的危险区域进行冒险作业。

(9)严禁在有危险品、易燃品的现场、仓库吸烟生火。

二、管片堆放作业安全要点

地面管片堆放是为隧道井下盾构推进所做的重要准备工序，其中包括管片卸车、管片吊装堆放、涂料制作等工序。地面管片堆场施工主要涉及运输车辆进出工地，可能发生车辆伤人事故。同时，重点防范的是管片在吊运过程中对施工人员的伤害。特别是人员在管片通道中，由于吊运不规范，起重人员和制作人员站位不正确，极易发生挤压伤害事故。管片堆放必须遵守以下安全规定：

(1)施工单位进场施工后，必须对管片场地进行平整，确保地基平整，地基承载力满足管片堆放的要求(可采用混凝土浇捣，也可采取铺设碎石料的方法)。

(2)对进出施工现场的管片运输车辆，必须设专人进行指挥，在工地出入口设置“车辆慢行”的警示标志，防止车辆伤害事故的发生。

(3)管片存放区应设置隔离防护，并与龙门吊底横梁保持不小于1 m的安全距离，行车轨道的内外两侧制作全封闭的隔离栏杆，防止人机交错受到伤害。

(4)对行车司机和起重指挥工进行严格安全交底，对管片运输车辆的装卸人员进行安全教育，确保卸车的安全施工。

(5)严格要求行车司机在吊运管片的过程中，避开施工作业人员，不得吊运管片从施工人员的上方经过。

(6)管片堆放纵横间距不小于500 mm，安全通道内不得堆放杂物，保持畅通。

(7)管片储存堆放高度不超过三层，呈宝塔型，层间垫木必须结实可靠。

(8)吊运管片，吊点必须二点以上，吊运管节的绳索与管节刃角受力点必须用衬垫保护。

(9)管片严禁堆放在井口临边一侧。

三、垂直运输作业安全要点

垂直运输是盾构施工的重要工序。行车垂直运输主要包括运用行车将盾构推进所需的施工材料吊运至井下、将井下的出土箱等重物吊运至地面。

行车垂直运输是隧道盾构施工“二线一点”中的重要部分，行车设备及吊运索具的损坏和不规范使用都会引起重大伤亡事故。同时，该部位是施工中运作最为频繁的区域，是人机交错高风险事故发生的重点部位。

1.龙门吊作业安全一般规定

(1)龙门吊大梁的两边，应设1 m高的防护栏杆或挡板。操作人员应从专用梯上下，不准走轨道。

(2)两机同时作业，相邻间距应保持3～5 m。

(3)龙门吊驶近限位端时，应减速停车。

(4)作业中若遇突然停电，各控制器应放于零位，切断电源开关，吊物下面禁止人员接近。

(5)工作完毕后，应将吊钩提升到小车与地面中间。

(6)龙门吊司机应认真操作，注意观察基坑情况和信号工的指挥，严禁出现思想不集中的行为。

2.龙门吊操作安全要求

(1)龙门吊工上班前，必须检查起重机，试验限位开关、制动器和其他安全装置，主开关接电前，应将所有控制手柄置于零位。

(2)龙门吊工必须与指挥人员配合，听从指挥，在起重运行之前，必须发出警铃。

(3)启动应缓慢，起吊高度必须超过障碍物 20～50 cm，大小行车行走时不得猛进，所吊物件不能摆动太大。

(4)起吊重物时小车必须在垂直的位置，不允许起重机牵引和拖动重物；

(5)所吊重物必须避开人群。

(6)龙门吊发生问题时，应立即停车，关掉电源，将所有控制器置于零位，及时告诉维修人员，并配合维修。

(7)当风力超过 6 级时，应停止使用龙门吊，并把两侧夹轨钳同时夹住钢轨。

(8)龙门吊在不带负荷运行时，吊钩应升至超过障碍物。

(9)确保吊运物件遵守起重作业操作规程，钢丝绳捆绑符合规范，对零星物件的捆绑可靠，对吊运刃角及边缘锋利的物件有钢丝绳的保护措施等。在捆扎不紧、歪拉斜吊时，龙门吊工必须发出警铃，告知安装没有做好，重新捆扎。

(10)龙门吊工在离开操作位置之前必须做到：

①龙门吊必须停在指定的位置。

②龙门吊上不带载荷。

③吊钩升到所有障碍物之上。

④所有控制器都置于零位。

(11)每班工作结束后，龙门吊工应将工作记录交给接班的人，如果认为龙门吊工作状况不好，应将其故障报告主管部门和接班人。

四、地面出土作业安全要点

(1)根据出土速率、出土车高度选择相对应的挖掘机型号。

(2)挖掘机作业前应认真检查油路、电路、转向、制动和动力输出等部位，确认各部位良好有效、灵敏可靠后才能作业。

(3)铲斗未离开工作面时，禁止挖掘机转动，铲斗内严禁站人，不得用铲斗吊运物料。

(4)铲斗落下时，注意不要冲击车架和履带，铲斗接触地面时，禁止转动。

(5)挖掘机回转制动时，应使用回转制动器，不得用专项离合器反转制动。满载时，禁止急剧回转猛刹车，作业时铲斗起落不得过猛。

(6)挖掘机作业时，必须注意作业范围内是否有人，必须服从现场技术负责人员和安全负责人员的指挥。

(7)作业结束后，应将挖掘机开到安全地带，落下铲斗制动好回转机构，操纵杆放在空挡位置。

练习题

一、判断题

1. 在龙门吊工作时，一切人员可以在吊物下操作、站立、行走。(　　)

2. 严禁在施工现场(车间)玩耍、吵闹。(　　)

二、单选题

1. 对进出施工现场的管片运输车辆，必须设专人进行指挥，在工地出入口设置(　　)的警示标志。

A.“快速通过”　B.“车辆慢行”　C.“严禁通行”　D.“通行”

2. 管片堆放纵横间距不小于(　　)，安全通道内不得堆放杂物，保持畅通。

A. 500 mm　B. 1000 mm　C. 800 mm　D. 600 mm

3. 管片储存堆放高度不超过(　　)层，呈宝塔型，层间垫木必须结实可靠。

A. 6　B. 5　C. 3　D. 2

4. 龙门吊大梁的两边，应设不小于(　　)高的防护栏杆或挡板。操作人员应从专用梯上下，不准走轨道。

A. 1 米　B. 2 米　C. 1.2 米　D. 0.8 米

5. 启动应缓慢，起吊高度必须超过障碍物(　　)cm，大小行车行走时不得猛进，所吊物件不能摆动太大。

A. 20～50　B. 50～100　C. 30～50　D. 30～80

6. 铲斗未离开工作面时，(　　)，不得用铲斗吊运物料。

A. 禁止挖掘机转动，铲斗外严禁站人

B. 可以挖掘机转动，铲斗外严禁站人

C. 可以挖掘机转动，铲斗内严禁站人

D. 禁止挖掘机转动，铲斗内严禁站人

三、多选题

1. 龙门吊工在离开操作位置之前必须做到(　　)。

A. 龙门吊必须停在指定的位置　B. 龙门吊上不带载荷

C. 吊钩升到所有障碍物之下　D. 所有控制器都置于零位

2. 地面出土挖掘机回转制动时(　　)。满载时，禁止(　　)，作业时(　　)。

A. 应使用回转制动器　B. 用专项离合器反转制动

C. 急剧回转猛刹车　D. 铲斗起落不得过猛

项目十 施工现场事故急救

在隧道及地下工程施工现场存在着大量的危险源，随时都有发生事故的可能，事故的发生会导致大量的人员的伤亡。在传统的情况下，通常都是等待专业救护人员的到来。但山岭隧道施工现场很多都远离市区，即使是城市项目施工，等到专业救护人员到来时，也可能会错过最佳的救助时机。因此对施工过程中发生意外伤害的病人实施初步急救，以等待专业救护人员的到来，对于减轻受伤者的疼痛和降低死亡的危险等都有着重大的意义，这也正是当前国际红十字会极力推行的“救护新概念”的核心思想。

能力目标

1. 培养施工现场事故急救意识。
2. 能运用现场急救知识实施初步救治。

知识目标

1. 了解现场救护程序及原则。
2. 掌握心肺复苏和外伤救治等急救方法。
3. 掌握火灾、触电急救基本要点。

知识结构图

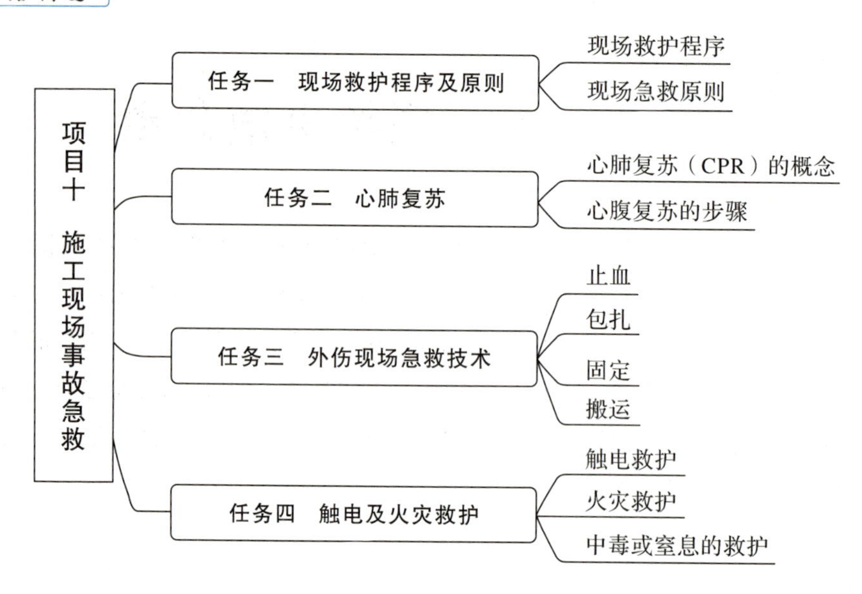

任务一 现场救护程序及原则

现场急救，就是应用急救知识和最简单的急救技术进行现场初级救生，最大限度上稳定伤病员的伤情，减少并发症，维持伤病员的最基本的生命体征。现场急救是否及时和正确，关系到伤病员的生命安全。

一、现场救护程序

1.迅速判断事故现场的基本情况

在意外伤害、突发事件的现场，面对危重伤员，作为“第一目击者”首先要评估现场情况，通过实地感受，眼睛观察、耳朵听声、鼻子闻味来对异常情况做出初步的快速判断。

1)现场巡视

(1)注意现场是否会对救护者或伤员造成伤害。

(2)引起伤害的原因，受伤人数，是否仍有生命危险。

(3)现场可以利用的人力和物力资源，以及需要何种支援，采取的救护行动等。

现场巡视必须在数秒钟内完成。

2)判断病情

现场巡视后，针对复杂现场，需首先处理威胁生命的情况，检查伤员的意识、气道、呼吸、循环体征、瞳孔反应等，发现异常，须立即救护并及时呼救“120”或尽快护送到附近急救的医疗部门。

2. 呼救

(1)向附近人群高声呼救。

(2)拨打“120”急救电话,并迅速上报上级有关领导和部门,以便采取更有效的救护措施。

①电话中应说明:伤员人数、大概受伤情况及本人的姓名、身份、联系方法。

②伤员所在的确切地点,尽可能指出附近街道的显著标志。

③伤员目前最危重的情况,如昏倒、呼吸困难、大出血等。

④现场已采取的救护措施,如止血、心肺复苏等。

注意:不要先放下话筒,要等救援医疗服务系统调度人员先挂断电话。急救部门根据呼救电话的内容,应迅速派出急救力量,及时赶到现场。

排除事故现场潜在危险,帮助受困人员脱离险境。

根据伤情采取急救施救,并继续施救到救护人员到达现场接替为止。

3. 伤情检查及伤员分类

1)伤情检查

要有整体观,切勿被局部伤口迷惑,首先要查出危及生命和可能致残的危重伤员。

(1)生命体征。

判断意识:呼唤伤员,轻拍其肩部,10 s 内无任何反应可视为昏迷。如表情淡漠、反应迟钝、不合情理的烦躁都提示伤情严重。对意识不清者不要随便翻动,以免加重未被发现的脊柱或四肢骨折。

判断脉搏:触摸颈动脉,判断心跳是否存在,是否变得快而弱(小儿触摸肱动脉)。正常脉搏应为每分钟 60～100 次,搏动清晰有力。

判断呼吸:观察伤员有无呼吸困难、气道阻塞及呼吸停止。正常呼吸为每分钟 16～20 次,均匀平稳。

(2)出血情况。

伤口大量出血是伤情加重或致死的重要原因,现场应尽快发现大出血的部位。若伤员有面色苍白,脉搏快而弱,四肢冰凉等大失血的征象,却没有明显的伤口,应警惕为内出血。

(3)是否骨折。

(4)皮肤及软组织损伤。

观察伤员皮肤表面是否出现淤血、血肿等。

2)伤员分类

(1)濒死伤员:脑、心、肺等重要脏器严重受损,意识完全丧失,呼吸心跳停止的伤员。

(2)危重伤员:多脏器损伤,多处骨折或广泛的软组织损伤,生命体征出现紊乱者,是现场抢救运送的重点。如开放性气胸、颅脑损伤、大面积烧伤等。

(3)中度伤员:损伤部位局限,生命体征平稳,但失去自救和互救能力的伤员。如单纯性四肢骨折。

(4)轻伤员:损伤轻微,伤口表浅,生命体征正常,具有自救和互救能力者。如软组织挫伤、擦伤等。

二、现场急救原则

(1)先抢后救。使处于危险境地的伤员尽快脱离险境,移至安全地带后再救治。

(2)先重后轻。对大出血、呼吸异常、脉搏细弱或心跳骤停、神志不清的伤员,应立即采取急救措施,挽救生命。昏迷伤员应注意维持呼吸道通畅。伤口处理一般应先止血,后包扎,再固定,并尽快妥善地转送医院。

(3)先救后送。现场所有的伤员须经过急救处理后,方可转送医院。针对突然和意外情况下发生心跳呼吸骤停的患者进行心肺复苏(CPR)。

一、判断题

1. 现场救护时需要拨打 119 急救电话,并迅速上报上级有关部门。(　　)
2. 急救现场一般先处理轻伤员,后处理重伤员。(　　)

二、单选题

1. 现场救护程序不包括(　　)。

A. 迅速判断事故现场基本情况　　B. 呼救

C. 给伤员上药　　D 伤情检查及伤员分类

2. 拨打急救电话时不需要说明(　　)。

A. 伤员背景　　B. 伤员性别

C. 伤员所处位置　　D. 伤员最危重情况

3. 一般成人正常脉搏(　　)次。

A. 10～30　　B. 30～70　　C. 60～100　　D. 90～120

4. 伤员下列哪一器官发生严重伤害时会造成呼吸心跳骤停?(　　)

A. 脚　　B. 手　　C. 心脏　　D. 都可以

5. 对于昏迷伤员应保持(　　)。

A. 及时包扎　　B. 保暖　　C. 止血　　D. 呼吸道通畅

6. 若发现伤员皮肤表面有淤血、肿块,可以判断(　　)。

A. 骨折　　B. 皮肤软组织受伤

C. 内脏器官受伤　　D. 内出血

三、多选题

1. 检查伤情判断生命体征时，需要判断(　　)。

A. 意识　　B. 脉搏　　C. 呼吸　　D. 血型

2. 伤员分类包括(　　)。

A. 濒死伤员　　B. 危重伤员　　C. 中度伤员　　D. 轻伤员

任务二　心肺复苏

一、心肺复苏(CPR)的概念

心肺复苏 (cardio pulmonary resuscitation)是指对心跳、呼吸骤停的患者采取紧急抢救措施(胸外按压、打开气道、人工呼吸)，使其循环、呼吸系统和大脑功能得以控制或部分恢复的急救技术，适用于几乎所有原因造成的心脏骤停。

心脏骤停是指各种原因引起的、在未能预计的情况和时间内心脏突然停止搏动。心脏骤停的原因，成人常见原因为心脏疾病(冠心病最多见)或创伤、淹溺、药物过量、窒息、出血、脑血管意外；小儿常见原因为气道梗阻、烟雾吸入、溺水、感染、中毒等。

心肺骤停的表现为：患者呼吸突然丧失、抽搐或昏迷；颈动脉、股动脉无搏动、胸廓无运动；瞳孔放大，对光线刺激无反应。

二、心腹复苏的步骤

第一步，确定现场安全。发现病人倒地，确认现场是否存在危险因素，以免影响救治。

第二步，判断病人意识 (<10 s)。可以采用拍打双肩、大声呼唤和掐压穴位的方式，如无反应，立即呼救并请求他人拨打电话，与急救医疗救护系统联系。如现场只有 1 位抢救者，则先进行 1 min 的现场心肺复苏后，再联系求救。

第三步，将患者安置在平硬的地面上或在背后垫上一块硬板，解开衣扣及腰带。

第四步，胸外心脏按压：抢救者左手掌根放在病人的胸骨中下 1/3 处，右手掌叠放在左手背上。手指抬起不触及胸壁，肘关节伸直，借助身体重力垂直下压胸壁使胸骨下陷 5～6 cm，然后立即放松，如图 10－1。放松时掌根不离开按压部位 (按压要平

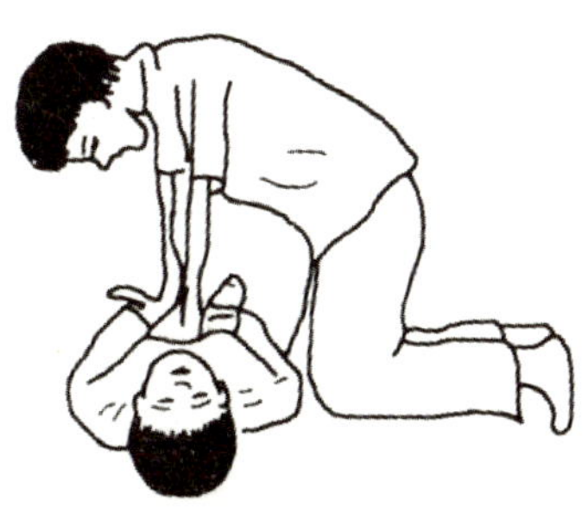

图 10－1　胸外心脏按压

稳、有规则，不能冲击猛压），频率为 100～120 次/分钟。

儿童用单掌按压，按压深度为 2.5～4 cm；婴儿用中指和无名指按压，按压深度为 1.5～2.5 cm，按压频率与成人相同。

第五步，清理口腔：打开气道之前首先要清理口腔，做法是将病人头偏向一侧，一手拇指和其余四指压住患者舌头、下压下颌，另一手示指沿口腔侧壁（颊部）深入口腔深部（咽部），随后移向口腔另一侧，当四指回收弯曲时顺势将异物勾出，如图 10－2 所示。

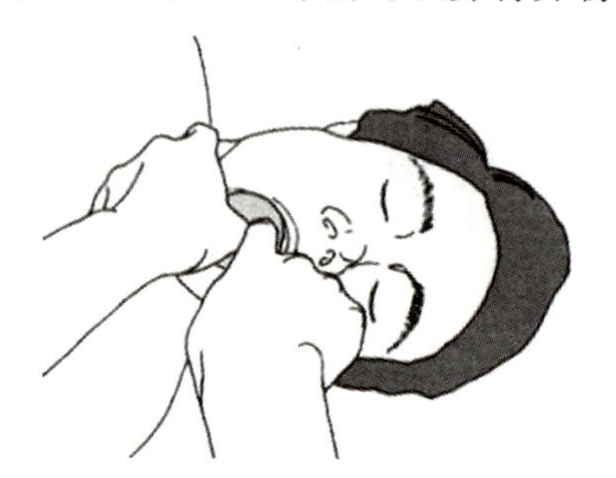

图 10－2 清理口腔

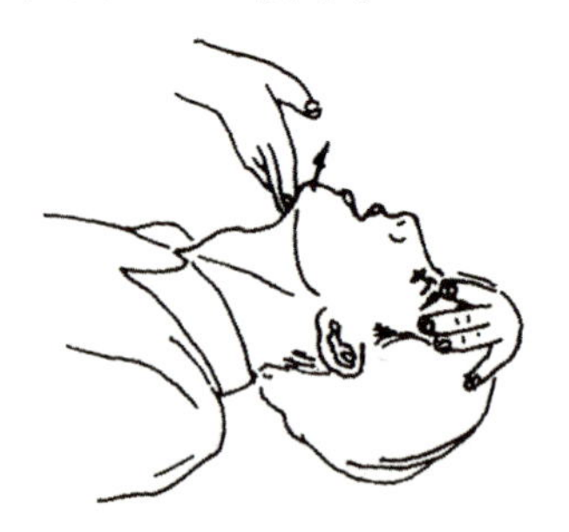

图 10－3 开放气道

第六步，开放气道：把一只手放在患者前额，用手掌把额头用力向后推，使头部向后仰，另一只手的手指放在下颏骨处，向上抬，如图 10－3 所示。开放气道注意不要压迫下颌部软组织，以免可能造成气道梗阻。如有假牙松动应取下，以防其脱落阻塞气道。

第七步，人工呼吸：一般多采用口对口呼吸，一手捏住患者鼻孔两侧，另一手托起患者下颌，平静吸气后，用口对准患者的口且把患者的嘴完全包住，深而快地向患者口内吹气，时间持续 1 秒以上。吹气停止后放松鼻孔，让患者从鼻孔出气，如图 10－4 所示。每次吹气量约 500～600 ml，同时要注意观察患者的胸部，操作正确应能看到胸部有起伏，并感到有气流逸出。间隔 4 秒，进行第二次吹气。

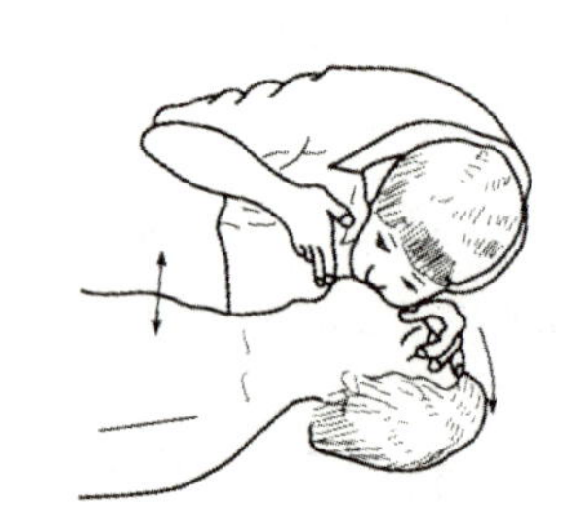

图 10－4 口对口人工呼吸

第八步，按照国际急救新标准，在实施胸外心脏按压的同时交替进行人工呼吸，心脏按压与人工呼吸的比例，无论单人或双人抢救均为 30∶2，即先按压 30 下，再口对口吹 2 口气，再按压 30 下，如无复苏迹象，继续实施，以此类推。对于非专业人士，可直接做胸外按压。

心肺复苏的终止条件为患者自主呼吸和脉搏恢复，或有专业急救人员到场接替或医生到场确认病人死亡，或救护人筋疲力尽而不能继续进行心肺复苏。

练习题

一、判断题

1. 伤员心跳一旦停止就代表死亡，无法挽救。（　　）

2. 施工现场若有伤员呼吸骤停，应迅速拨打急救电话，等待医务人员到来再实施抢救。（　　）

二、单选题

1. 心肺骤停患者一般不会有什么表现（　　）。

A. 抽搐　　B. 昏迷　　C. 出血　　D. 瞳孔放大

2. 胸外按压时，护理人员手掌根部放于患者胸骨下（　　）处。

A. 1/4　　B. 1/3　　C. 2/3　　D. 1/2

3. 成人胸外按压需使胸骨下陷不少于（　　）cm。

A. 1　　B. 2　　C. 5　　D. 10

4. 胸外按压和人工呼吸配合时，一个循环两者次数的比例是（　　）。

A. 30∶2　　B. 15∶1　　C. 10∶1　　D. 20∶2

5. 人工呼吸时，吹气时间宜短，每次吹气约占一次呼吸时间的（　　）。

A. 1/2　　B. 1/3　　C. 1/5　　D. 1/8

6. 成人胸外按压每分钟至少（　　）次。

A. 10　　B. 30　　C. 50　　D. 100

三、多选题

1. 下列哪些病症患者不宜进行胸外按压救治（　　）。

A. 胸壁开放性损伤　　B. 肋骨骨折　　C. 胸廓畸形　　D. 乙肝

2. 什么情况下可以终止心肺复苏（　　）。

A. 伤员恢复自主呼吸和心跳　　B. 专业医务人员接替

C. 医生确定患者死亡　　D. 胸外按压 1 min 后

任务三　外伤现场急救技术

现场外伤急救技术主要指止血、包扎、固定和搬运技术，这是在现场急救中最基本的急救处理技术，这些技术若能得到及时、正确、有效的应用，往往在挽救伤员生命、防止病情恶化、减少伤员痛苦以及预防并发症等方面均有良好的作用。

一、止血

在施工过程中，常有外伤大出血的紧张场面。出血是创伤的突出表现。有效地止血能减少出血，保存有效血容量，防止休克甚至死亡。

1. 指压动脉止血法

适用于头部和四肢某些部位的大出血。方法为用手指压迫伤口近心端动脉，将动脉压向深部的骨头，阻断血液流通。全身主要动脉压迫点如图 10－5 所示。这是一种不要任何器械、简便、有效的止血方法，但因为止血时间短暂，常需要与其他方法结合进行。不同部位的指压止血方法如下：

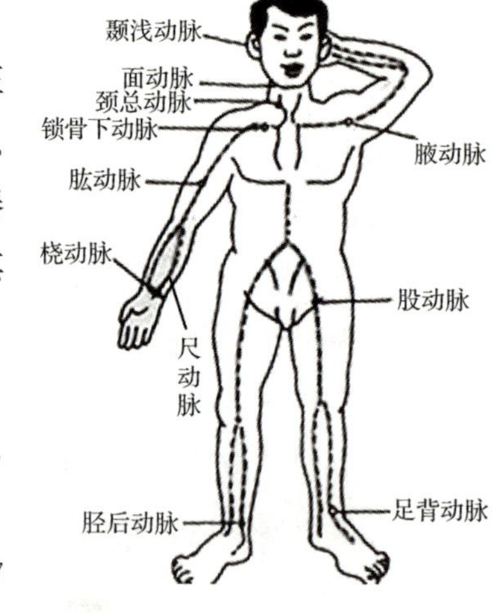

图 10－5　全身主要动脉压迫点

(1)头面部指压动脉止血法。

①指压颞浅动脉：适用于一侧头顶、额部的外伤大出血，如图 10－6 所示。

②指压面动脉：适用于颜面部外伤大出血，如图 10－7 所示。

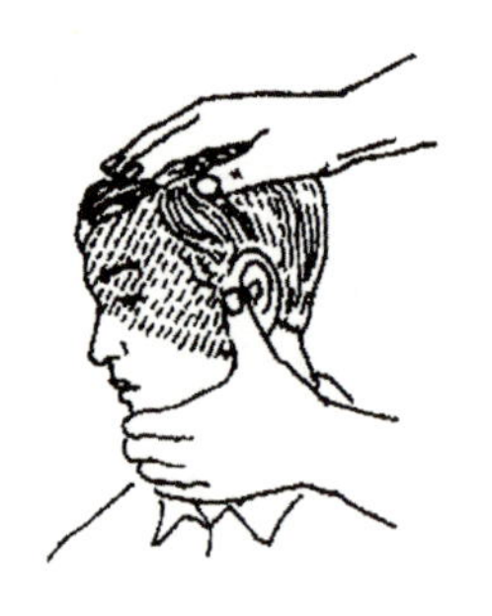
图 10－6　指压颞浅动脉

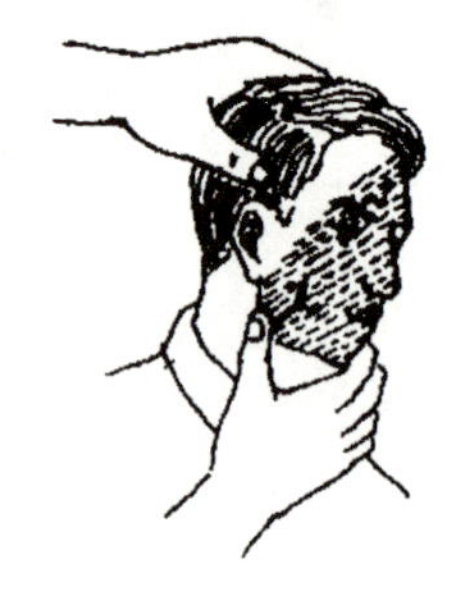
图 10－7　指压面动脉

③指压耳后动脉：适用于一侧耳后外伤大出血，如图 10－8 所示。

④指压枕动脉：适用于一侧头后枕骨附近外伤大出血，如图 10－9 所示。

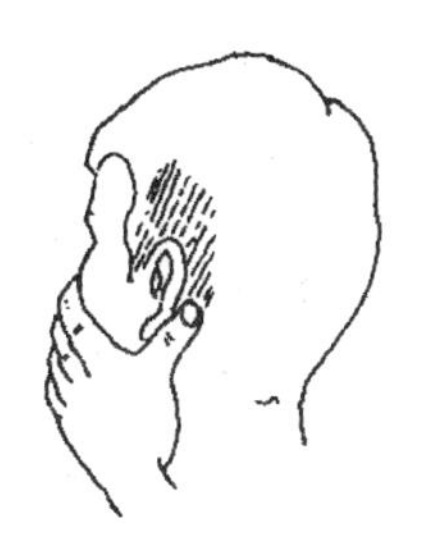

图 10－8 指压耳后动脉

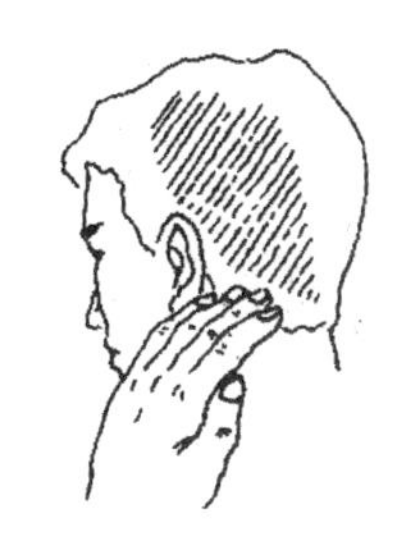

图 10－9 指压枕动脉

(2)四肢指压动脉止血法。

①指压肱动脉:适用于一侧肘关节以下部位的外伤大出血,如图 10－10 所示 。

②指压桡、尺动脉:适用于手部大出血,如图 10－11 所示。

③指压指(趾)动脉:适用于手指(脚趾)大出血,如图 10－12 所示。

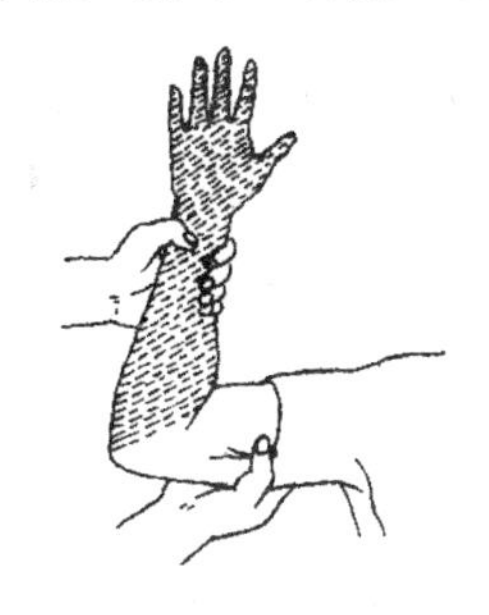

图 10－10 指压肱动脉

图 10－11 指压桡、尺动脉

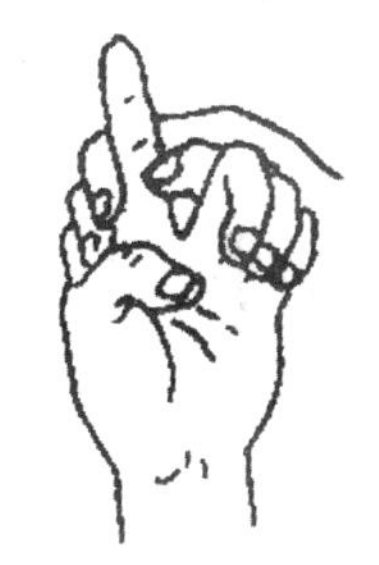

10－12 指压指(趾)动脉

④指压股动脉:适用于一侧下肢的大出血,如图 10－13 所示。

⑤指压胫前、后动脉:适用于一侧脚的大出血,如图 10－14 所示。

图 10－13 指压股动脉

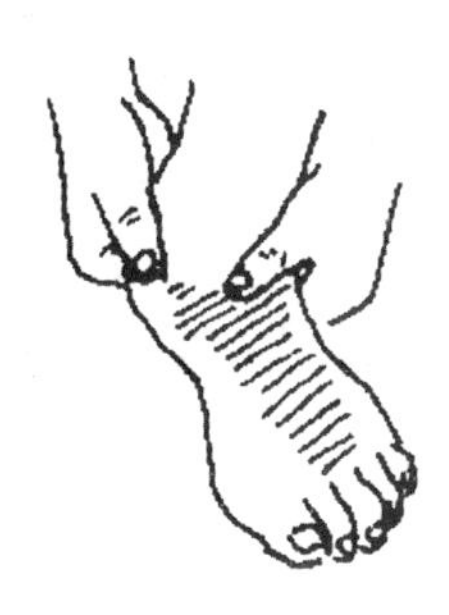

图 10－14 指压胫前、后动脉

(3)直接压迫止血法:适用于较小伤口的出血。伤口覆盖无菌敷料后,用手指直接对伤口部位加压,如图 10－15 所示。

(4)加压包扎止血法:适用于各种伤口。伤口覆盖无菌敷料后,再用纱布、棉花、毛巾、衣服等折叠成相应大小的垫,置于无菌敷料上面,然后再用绷带、三角巾等紧紧包扎,以停止出血为度,如图 10－16 所示。

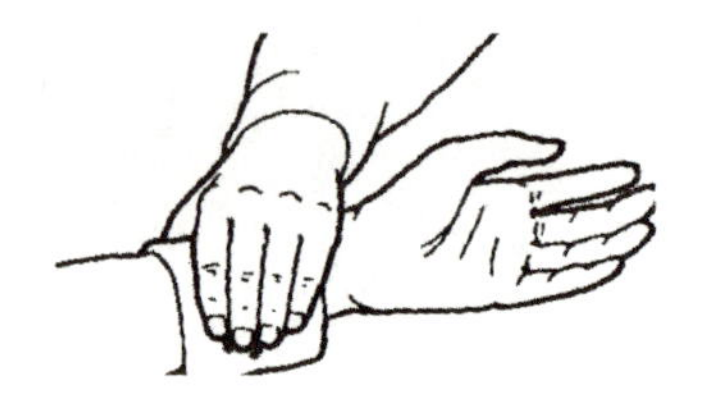
图 10－15　直接压迫止血法

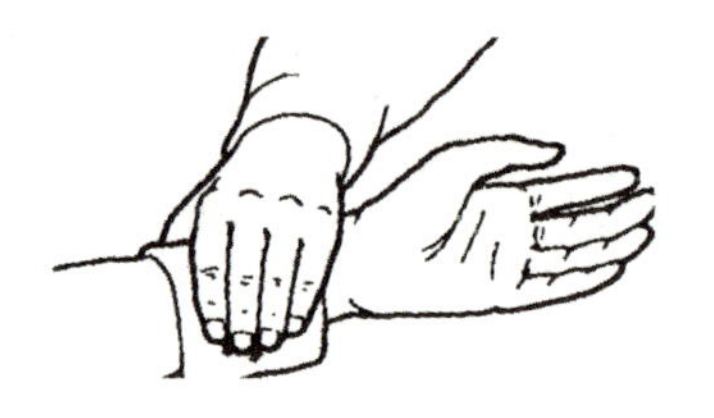
图 10－16　加压包扎止血法

(5)填塞止血法：适用于颈部和臀部较大而深的伤口。

(6)止血带止血法：止血带止血法可作为紧急止血选用，只适用于四肢大出血，但只能短时间使用，因为使用不当可能造成更严重的出血或肢体缺血坏死。

二、包扎

包扎的目的是止血，保护创面，防止进一步污染并有固定的作用。包扎常使用的材料是绷带、三角巾和多头带。如现场缺乏绷带、三角巾或多头带时，可就地取材，用毛巾、手绢、衣服等代用。伤口应全部覆盖，尽可能采取无菌操作。

1. 三角巾包扎法

三角巾包扎主要用于包扎、悬吊受伤肢体，固定敷料，固定骨折等。三角巾形状及尺寸如图 10－17 所示。

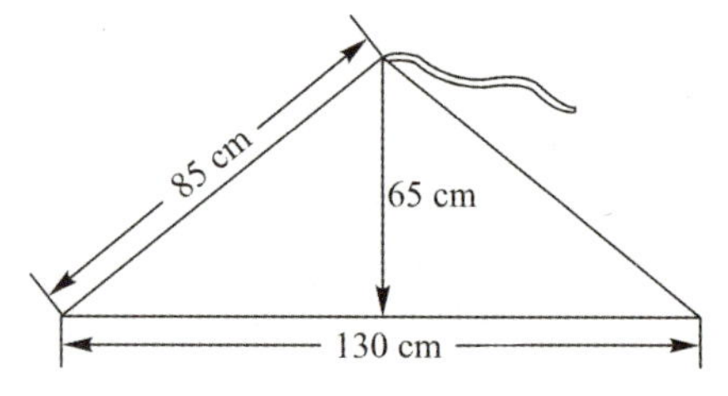

图 10－17　三角巾形状及尺寸

(1)三角巾头顶部包扎法，如图 10－18 所示。

(2)三角巾头面部包扎法，如图 10－19 所示。

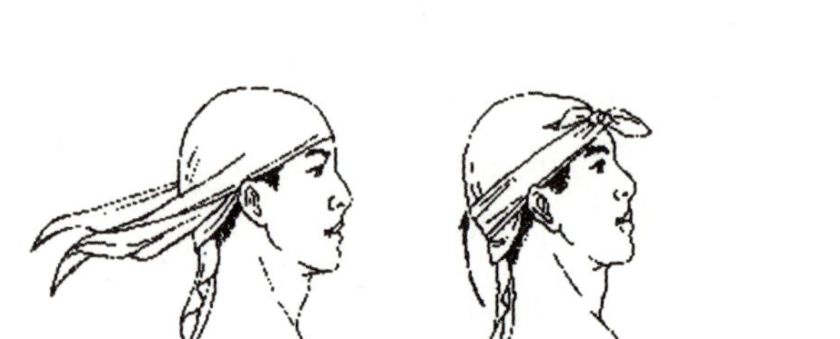
图 10－18　三角巾头顶部包扎法

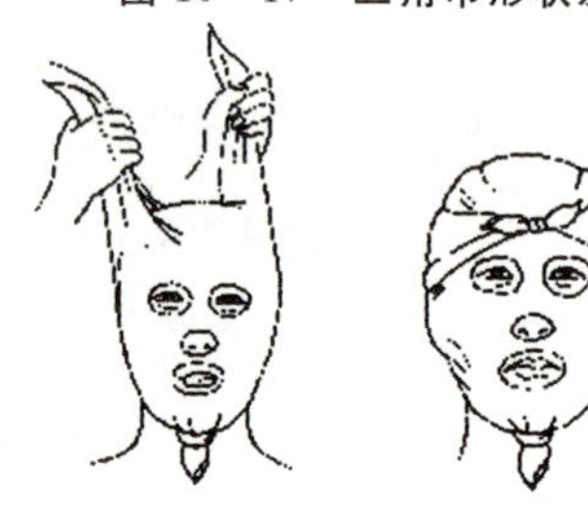
图 10－19　三角巾头面部包扎法

(3)三角巾上肢包扎法，如图 10－20 所示。

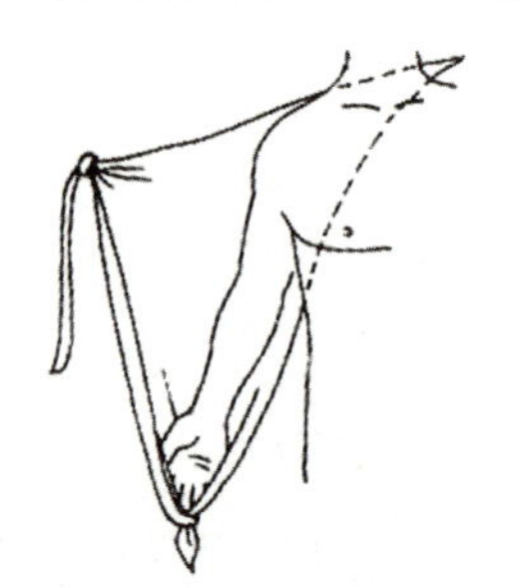
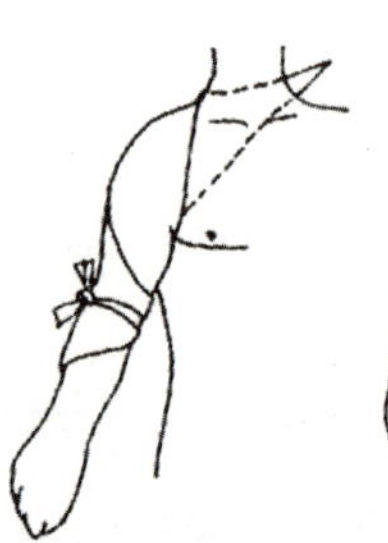
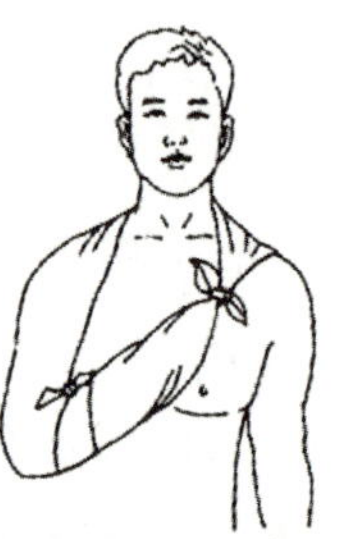
图 10－20　三角巾上肢包扎法

2. 绷带包扎法

绷带包扎一般用于支持受伤的肢体和关节，固定敷料或夹板和加压止血等。用绷带包扎时，应从远端缠向近端，绷带头必须压住，即在原处环绕数周，以后每缠一周要盖住前一周 1/3～1/2，常用绷带包扎法有以下几种：

(1)环形绷带包扎法，如图 10－21 所示。

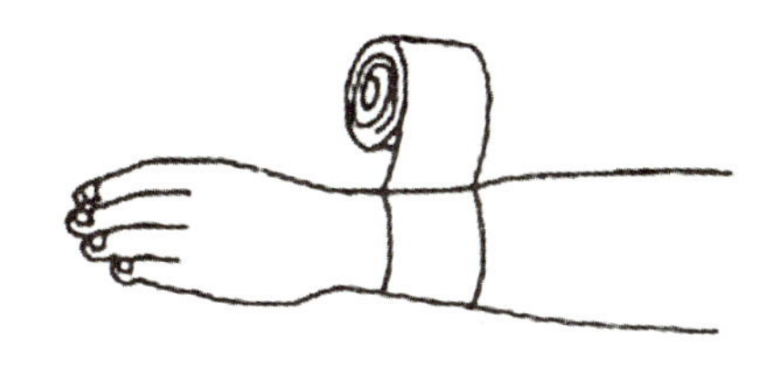

图 10－21 环形绷带包扎法

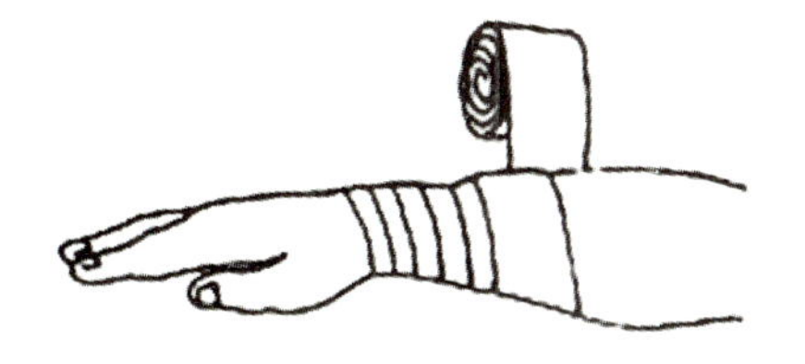

图 10－22 螺旋形绷带包扎法

(2)螺旋形绷带包扎法，如图 10－22 所示。

(3)"8"字形绷带包扎法，如图 10－23 所示。

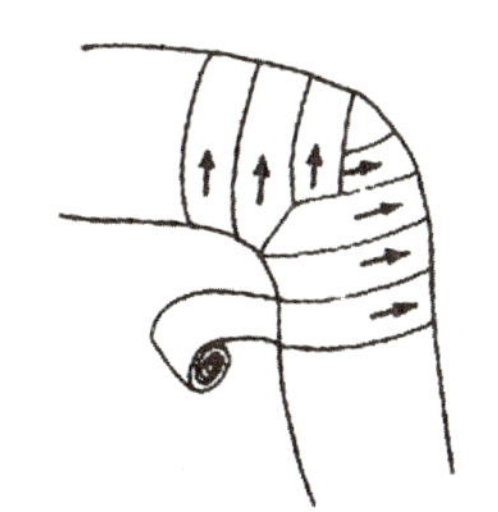

图 10－23 "8"字形绷带包扎法

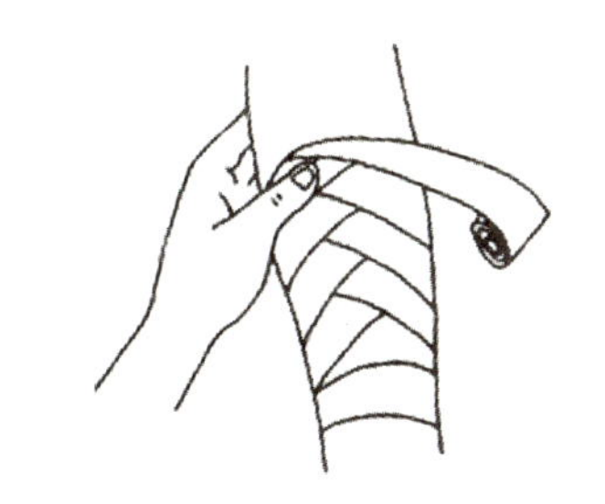

图 10－24 螺旋反折绷带包扎法

(4)螺旋反折绷带包扎法，如图 10－24 所示。

3. 包扎注意事项

(1)包扎伤口时，要简单清理创口并盖上消毒纱布，然后再用绷带、三角巾等。操作时应避免加重疼痛或导致伤口出血及污染。

(2)包扎松紧要适宜，在皮肤褶皱处如腋下、肘窝、腹股沟以及骨骼突处等，需用棉垫或纱布等作为衬垫，对于受伤的肢体应予适当的扶托物加以抬高。包扎时必须保持肢体功能位置，如肘关节包扎时应保持屈肘 90°。

(3)包扎时为了助于静脉血液回流，应注意绷带缠绕的方向为自下而上、由左向右，自远心端向近心端包扎，绷带及三角巾的结应打在肢体外面，注意不要打在伤口上、骨隆突处或易于受压的部位。

三、固定

固定可减少受伤部位的疼痛，便于搬运，可减少疼痛和休克，防止闭合性骨折变成开放性骨折，并可避免因骨折断端移动引起的神经血管损伤，也使运送变得方便。

常用的骨折固定材料有木制、铁制、塑料制夹板。临时夹板有木板、木棒、树枝、竹竿等。如无临时夹板,可固定于伤员躯干或健肢上。

(1)前臂骨折固定,如图 10－25 所示。

(2)上臂骨折固定,如图 10－26 所示。

图 10－25　前臂骨折固定

图 10－26　上臂骨折固定

(3)大腿骨折固定,如图 10－27 所示。

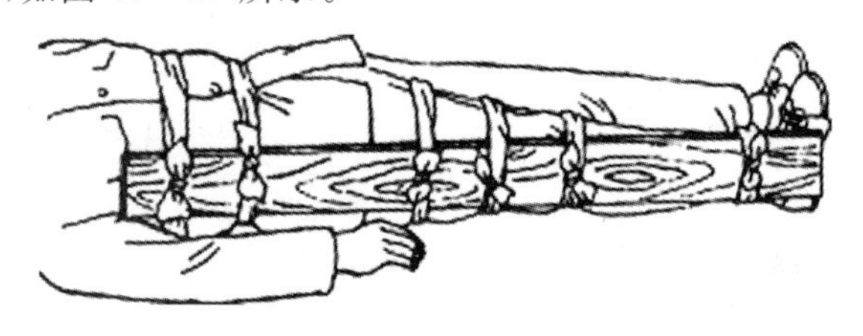

图 10－27　大腿骨折固定

(4)小腿骨折固定,如图 10－28、图 10－29 所示。

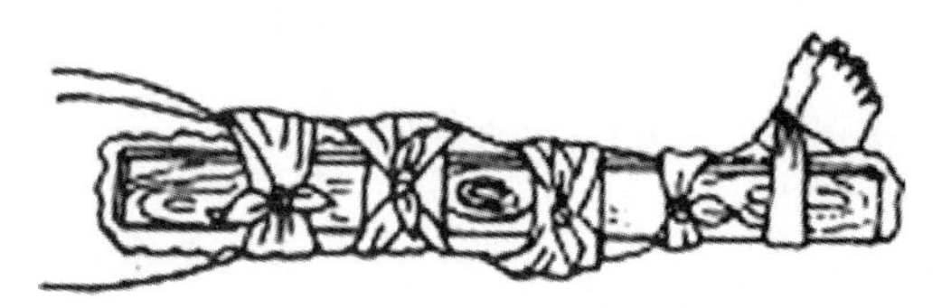

图 10－28　小腿骨折固定方法一

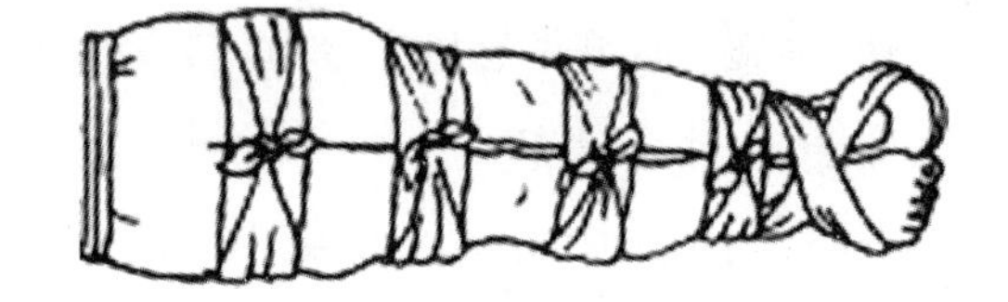

图 10－29　小腿骨折固定方法二

固定时应注意以下事项:

①闭合性骨折在固定前,若发现伤肢有严重畸形,骨折端顶压皮肤,远端有血运障碍,应先牵引肢体以解除压迫或尖端刺破的危险,然后再予固定。开放性骨折先止血包扎,后固定,若骨折端突出伤口外,清创前不能纳入伤口内。

②四肢固定时应包括伤口上、下关节,以达到稳定骨折的目的。指、趾应外露,观察血运。

③夹板固定后,还应检查是否牢固,松紧是否适度,远端动脉搏动是否能摸到,指(趾)端血运是否良好等。过紧会影响到肢体远端血运,过松达不到固定。

④对脊柱骨折应按特殊要求固定,不恰当的固定和搬运会使伤情加重,甚至危及生命。

四、搬运

伤病员在现场进行初步急救处理后和在随后送往医院的过程中，必须经过搬运这一重要环节。规范、科学的搬运术对伤病员的抢救、治疗和预后都是至关重要的。从整个急救过程看，搬运是急救医疗不可分割的重要组成部分，仅仅将搬运视作简单体力劳动的观念是一种错误的观念。

现场急救搬运方法有徒手搬运和器械（工具）搬运两种方法。

1.徒手搬运

1）单人徒手搬运

（1）搀扶，如图 10-30 所示。

图 10-30 搀扶

图 10-31 背驮

（2）背驮，如图 10-31 所示。

（3）手托肩掮，如图 10-32 所示。

图 10-32 手托肩掮

（4）拖行法，如图 10-33 所示。

（5）爬行法，如图 10-34 所示。

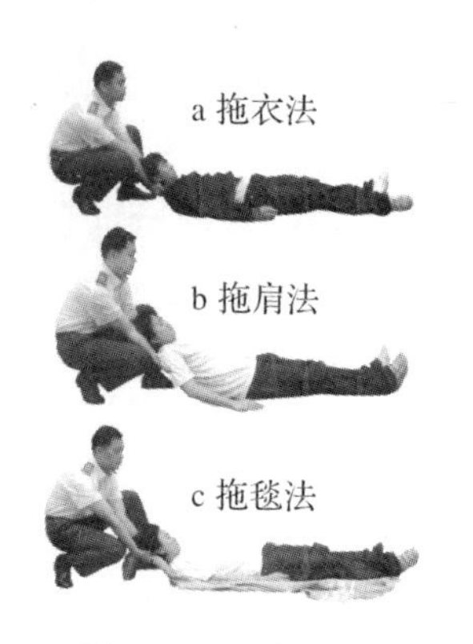

图 10－33 拖行法

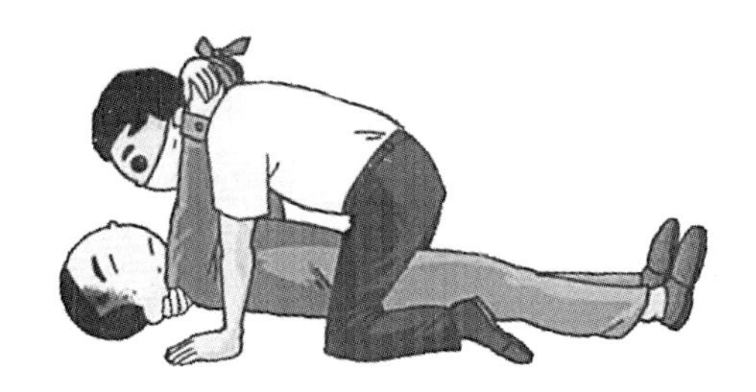

图 10－34 爬行法

2)双人徒手搬运

(1)双人搭椅,如图 10－35 所示。

(2)拉车式,如图 10－36 所示。

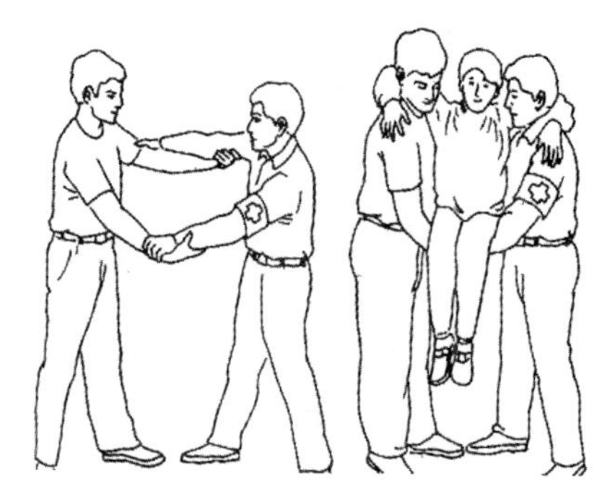

图 10－35 双人搭椅

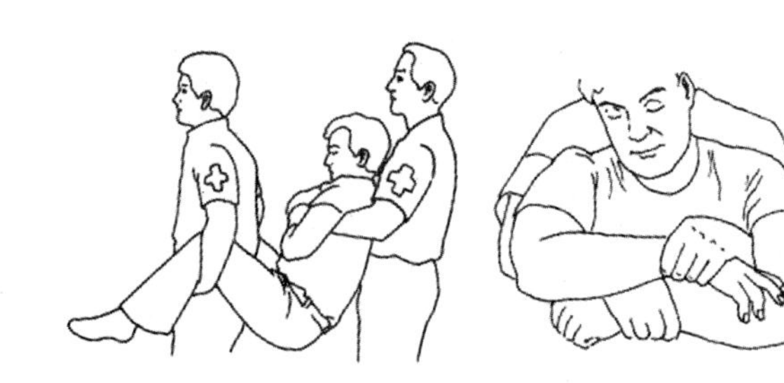

图 10－36 拉车式

2. 器械搬运

就地取材,可以用担架搬运,用床单、被褥搬运,也可以用椅子搬运,如图 10－37 所示。

图 10－37 就地取材搬运

对于脊柱、脊髓损伤的伤员，其搬运方法如图 10-38 所示。

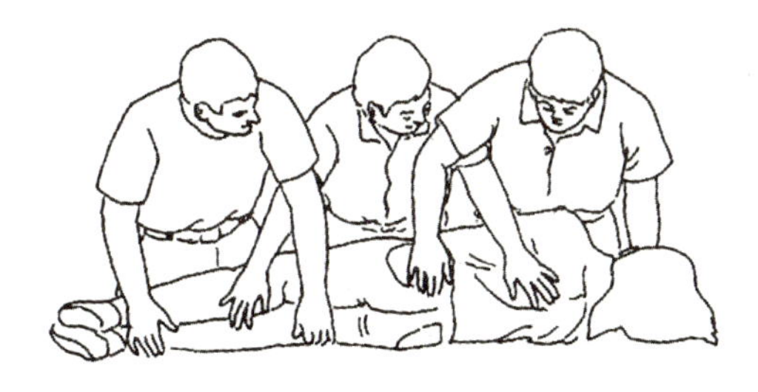
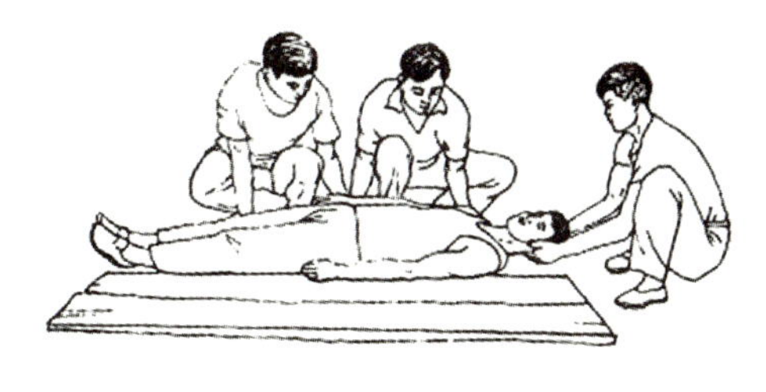

图 10-38 脊柱骨折——推滚式搬运法

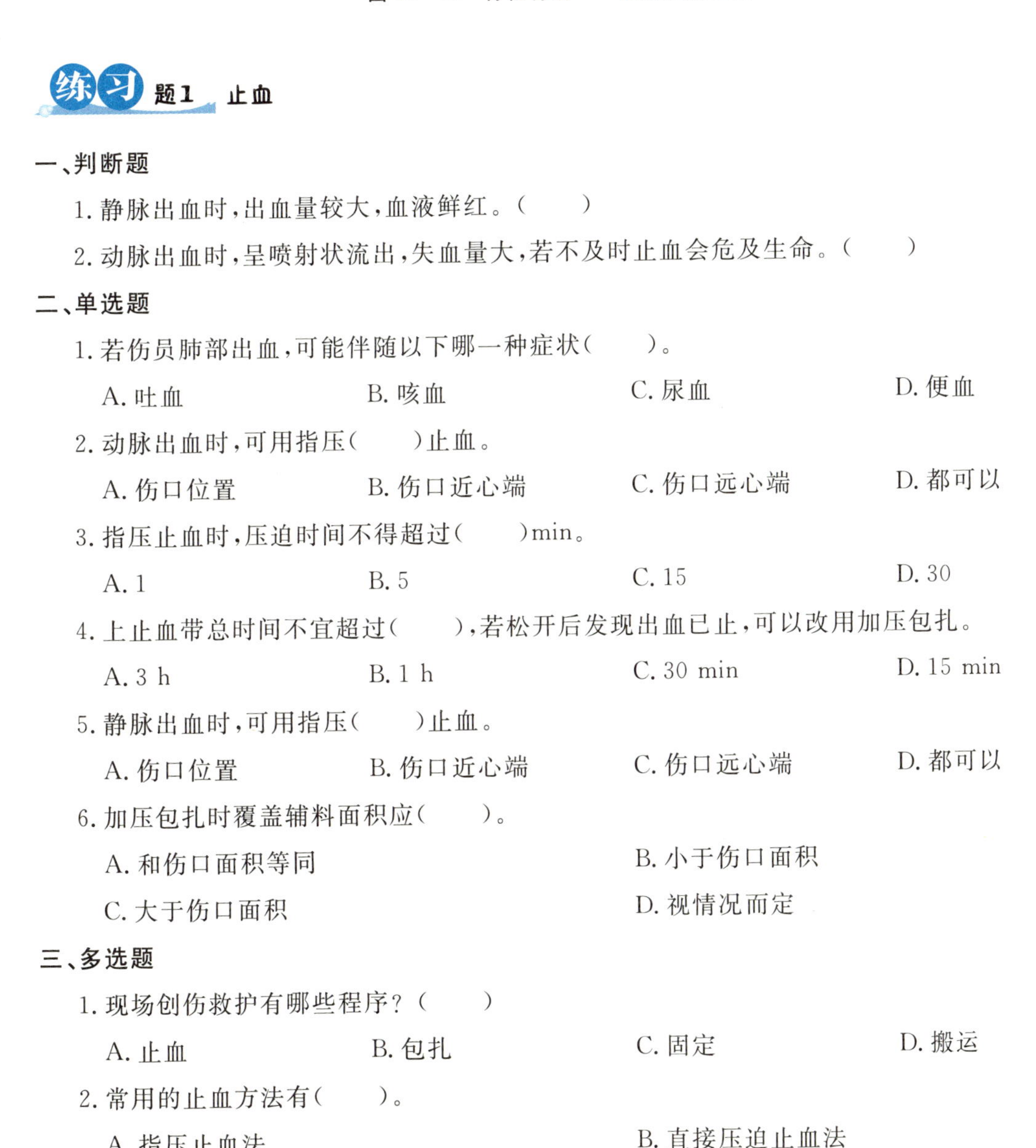

练习题1 止血

一、判断题

1. 静脉出血时，出血量较大，血液鲜红。（ ）

2. 动脉出血时，呈喷射状流出，失血量大，若不及时止血会危及生命。（ ）

二、单选题

1. 若伤员肺部出血，可能伴随以下哪一种症状（ ）。

A. 吐血 B. 咳血 C. 尿血 D. 便血

2. 动脉出血时，可用指压（ ）止血。

A. 伤口位置 B. 伤口近心端 C. 伤口远心端 D. 都可以

3. 指压止血时，压迫时间不得超过（ ）min。

A. 1 B. 5 C. 15 D. 30

4. 上止血带总时间不宜超过（ ），若松开后发现出血已止，可以改用加压包扎。

A. 3 h B. 1 h C. 30 min D. 15 min

5. 静脉出血时，可用指压（ ）止血。

A. 伤口位置 B. 伤口近心端 C. 伤口远心端 D. 都可以

6. 加压包扎时覆盖辅料面积应（ ）。

A. 和伤口面积等同 B. 小于伤口面积

C. 大于伤口面积 D. 视情况而定

三、多选题

1. 现场创伤救护有哪些程序？（ ）

A. 止血 B. 包扎 C. 固定 D. 搬运

2. 常用的止血方法有（ ）。

A. 指压止血法 B. 直接压迫止血法

C. 加压包扎止血法 D. 止血带止血法

练习题2 包扎

一、判断题

1. 包扎可以起到保护创面的作用。(　　)

2. 没有绷带而必须急救的情况下可用毛巾、手帕、床单(撕成窄条)、长筒尼龙袜子等代替绷带包扎。(　　)

二、单选题

1. 包扎时的“四要”口诀不包括(　　)。

A. 快　　B. 紧　　C. 牢　　D. 轻

2. 三角巾头部包扎时一般打结在(　　)。

A. 头顶　　B. 前额　　C. 后脑　　D. 一侧耳部

3. 三角巾单肩包扎时一般打结在(　　)。

A. 肩膀　　B. 头部　　C. 一侧腋下　　D. 胸前

4. 胸部包扎时一般打结在(　　)。

A. 胸前　　B. 头部　　C. 背后　　D. 肩膀

5. 绷带包扎时,不可以用什么方法固定?(　　)

A. 胶带　　B. 橡皮筋　　C. 安全别针　　D. 绷带打结固定

6 . 常见的绷带包扎方法不包括(　　)。

A. 环形绷带包扎　　B. “8”字形绷带包扎

C. 螺旋形绷带包扎　　D. “之”字形绷带包扎

三、多选题

1. 常用的包扎材料有(　　)。

A. 绷带　　B. 三角巾　　C. 多头带　　D. 橡皮筋

2. 在包扎过程中需做到“四不要”(　　)。

A. 不上药　　B. 不触摸伤口　　C. 不取　　D. 不送

练习题3 固定

一、判断题

1. 骨头受到外力打击,发生完全或不完全断裂时,称骨折。(　　)

2. 根据骨折端是否与外界相通分为闭合性骨折和开放性骨折。(　　)

二、单选题

1. 骨折处软组织的损伤出血和断骨位移会使伤处外表出现(　　)现象。

A. 肿胀　B. 大出血　C. 苍白　D. 无明显异常

2. 夹板固定时,夹板长度有什么要求?(　　)

A. 超过上下端关节　B. 不超过上下端关节

C. 仅超过断骨伤口处即可　D. 无要求

3. 若发现伤员骨折并有大出血现象,应(　　)。

A. 打急救电话等待救援　B. 先止血再固定

C. 先固定再止血　D. 固定

4. 大腿骨折伤员固定时,用一块从足跟到腋下的长夹板置于上肢(　　)。

A. 内侧　B. 外侧　C. 前侧　D. 后侧

5. 前臂骨折固定时,应将前臂(　　)。

A. 悬于胸前　B. 固定背后　C. 自然下垂　D. 固定腰部

6. 夹板固定后还需要进行一些检查,不包括哪一项(　　)。

A. 是否牢固　B. 松紧是否合适

C. 远端脉搏是否正常　D. 夹板材料是否合适

三、多选题

1. 骨折时进行固定有哪些作用?(　　)

A. 减少疼痛　B. 便于搬运

C. 防止闭合性骨折变成开放性骨折　D. 避免刺破血管

2. 骨折时常伴随哪些症状?(　　)

A. 疼痛　B. 肿胀　C. 出血　D. 功能障碍

练习题4　搬运

一、判断题

1. 现场急救搬运方法有徒手搬运和器械搬运。(　　)

2. 脊柱损伤患者不可任意搬运或扭曲其脊柱部位。(　　)

二、单选题

1. 一人托住伤员腋下,和伤员一起慢慢移步属于什么搬运方式?(　　)

A. 扶持法　B. 肩掮法　C. 椅托式　D. 拉车式

2. 将伤病员一上肢搭在自己肩上,一手抱住伤病员的腰部,另一手扶住大腿,手掌托其臀部,是哪一种搬运方式?(　　)

A. 扶持法　B. 肩掮法　C. 椅托式　D. 拉车式

3. 一个救护员站在伤员头部位置,两手从伤员腋下抬起,将其头部抱在怀内,另一救护员蹲

在伤员两腿之间，夹住伤员两腿向前移动。属于哪种搬运方式？（　　）

A. 扶持法　　B. 肩掮法　　C. 椅托式　　D. 拉车式

4. 脊柱骨折病人搬运时，原则上可以采用（　　）。

A. 单人扶持　　B. 双人拉车

C. 2～4 人平托至硬板担架　　D. 椅子搬运

5. 背部受伤患者搬运时可以采用哪种姿势？（　　）

A. 俯卧位　　B. 平卧位

C. 半卧位　　D. 平卧并垫高头部

6. 以下哪一项不属于危重病人？（　　）

A. 脑出血　　B. 昏迷　　C. 脊柱损伤　　D. 崴脚

三、多选题

1. 徒手搬运有哪些常用方式？（　　）

A. 背负法　　B. 肩掮法　　C. 椅托式　　D. 拉车式

2. 常见的搬运器械有（　　）。

A. 四轮担架　　B. 帆布担架　　C. 绳索担架　　D. 三角巾

任务四　触电及火灾救护

一、触电救护

1. 触电的概念

电击俗称触电(electric injury)，是指一定量的电流或电能量(静电)通过人体，引起组织损伤或器官功能障碍，甚至发生死亡。

电击常见原因是人体直接接触电源，或在超高压电或高压电电场中，电流或静电电荷经空气或其他介质电击人体。意外电击常由于风暴、火灾、地震等使电线断裂，或违反用电操作规程等引起，雷击多见于农村旷野。

2. 电击方式

电击方式包括单相触电、两相触电和跨步电压触电三种，如图 10－39 所示。

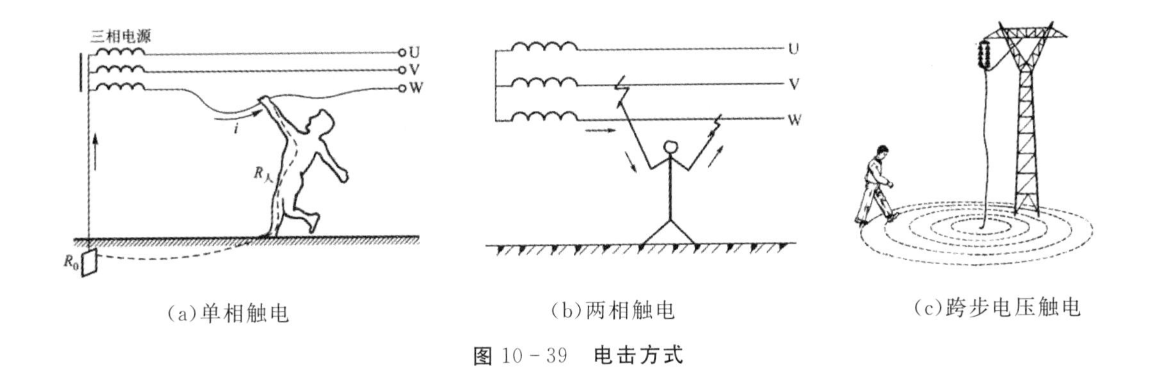

(a)单相触电　(b)两相触电　(c)跨步电压触电

图 10-39　电击方式

3.触电的救护措施

(1)迅速脱离电源。

根据现场的情况,分秒必争地采取最安全、最迅速的方法切断电源或使触电者脱离电场。常用方法有:

①关闭电闸。这是最简单、安全有效的方法。最好是电闸就在触电现场附近,此刻应立即关闭电闸,尽可能打开保险盒,拨开总电闸的同时派专人守护总电闸,以防止忙乱中不知情者重新合上电闸,造成进一步伤害。若救护者不能及时找到电闸的位置,应尽可能选择其他的救护措施。

②挑开电线。若是高处垂落电源线触电,电闸离触电现场又较远时,可用干燥木棍或竹竿等绝缘物将电线挑开。注意妥善处理挑开的电源线,避免再次引起触电。

③斩断电线。在野外或远离电闸的地方,或高压线断落引起电磁场效应的触电现场,尤其是下雨或地面有水时,救护者不便接近触电者挑开电线时,可以在 20 m 以外处斩断电线。可用绝缘钳子、带绝缘把的干燥铲子、锄头、刀、斧等斩断电线。注意妥善处理电线断端。

④拉开触电者。若触电者卧在电线或漏电电器上,上述方法都不能采用时,可用干燥木棒等绝缘物品将触电者推离触电处;还可用干燥绝缘的绳索或布带,套在触电者身上,将其拖离电源。

在脱离电源的整个抢救过程中,救护者必须做好自我保护,并尽量不给触电者造成其他伤害。应注意:

①保证自身安全,未脱离电源前绝不能与触电者直接接触,应选用可靠的绝缘性能器材。若无把握,可在脚下垫放干燥的木块、厚塑料块等绝缘物品,使自己与大地隔绝。

②野外高压电线触电,最好在 20 m 以外处切断电源。若确需进出危险地带,切不可双脚同时着地,应用单脚着地的跨跳步进出。

③雨天野外抢救触电者时,一切原有绝缘性能的器材都因淋湿而失去绝缘性能。

④避免给触电者造成其他伤害,如高处触电时,应采取防护措施,防止脱离电源后,从高处坠下造成损伤或死亡。

(2)迅速进行心肺复苏。

轻型触电者,神志清醒,仅感四肢发麻、乏力、心慌等,可以就地休息 1～2 h,并监测病情变化,一般恢复较好。重型触电者,脱离电源后应立即心肺复苏,并及时呼救,有条件者可给氧、输液,同时头部放置冰袋降温。

(3)转运及护理。

严重者经初步处理后应迅速送至医院。转运途中需注意保持呼吸道通畅,有条件者保证输氧输液持续通畅。有较大烧伤创面者,注意保护,最好用无菌敷料或干净布巾包扎,严禁涂任何药物。合并骨折者,按外伤骨折的要求处理。若电流伤害到病人脊髓应注意保持脊椎固定,不能随意搬动病人,防止脊髓再次受损。到达医院后向接诊医护人员详细交代触电现场情况和救护经过。

二、火灾救护

(1)施工现场发生火灾、火灾事故时,应立即了解起火部位、燃烧的物质等基本情况,及时进行事故报告,同时组织撤离和扑救。

(2)对易燃易爆物品采取有效的隔离。如切断电源,撤离火场内的人员和周围易燃易爆物品及一切贵重物品,根据火场情况,机动灵活地选择灭火器具。

(3)救护人员注意自我保护,使用灭火器材救火时应站在上风位置,以防因烈火、浓烟熏烤而受到伤害。

(4)必须穿越浓烟逃走时,应尽量用浸湿的衣物披裹身体,用湿毛巾或湿布捂住口鼻,或贴近地面爬行。身上着火时,可就地打滚,或用厚重衣物覆盖压灭火苗。

(5)在扑救的同时要注意周围情况,防止中毒、坍塌、坠落、触电、物体打击第二次事故的发生。

(6)烧伤人员现场的救治。

①伤员身上燃烧着的衣物一时难以脱下时,可让伤员躺在地上滚动,或用水洒扑灭火焰。如附近有河沟或水池,可让伤员跳入水中。如为肢体烧伤则可把肢体直接浸入冷水中灭火和降温,以保护身体组织免受灼烧的伤害。

②用清洁包布覆盖烧创面做简单包扎,避免创口污染。

③伤员口渴时可给适量饮水或含盐饮料。

④经现场处理后的伤员要迅速转送到医院救治,转送过程中要注意观察呼吸、脉搏、血压等的变化。

三、中毒或窒息的救护

施工现场发生中毒和窒息事故的主要原因有:隧道爆破后通风散烟不彻底,作业人员提前进入作业面;地下洞室开挖过程中有毒气体大量涌出;人工挖孔等有限空间施工时,空气流动性差，导致氧气含量不足；或盾构机开仓换刀时土舱内有有害气体，等等。在这些环境中作业时如果发生人员突然倒下现象，在排除触电后，首先应考虑到很有可能是中毒或缺氧窒息。对此类事故的应急抢救，原则是切莫盲目施救，而应该按照下述方法进行抢救：

(1)抢救人员在进入危险区域前对中毒地点进行送风输氧，必须戴上防毒面具、自救器等防护用品，必要时也应给受难者戴上，并迅速把受难者转移到有新鲜空气的地方；如果需要从一个有限的空间，如深坑或地下某个场所进行救援工作，应及时报警以求帮助；如果伤员失去知觉，可将其放在毛毯上提拉，或抓住衣服，头朝前地转移出去。

(2)在未确定空间内没有可燃气体前，严防火源。

(3)如果是一氧化碳中毒，中毒者还没有停止呼吸或者呼吸已停止但心脏还在跳动时，在清除中毒者口腔、鼻腔内的杂物使呼吸道保持畅通以后，要立即进行人工呼吸。若心脏跳动停止，应迅速进行胸外心脏挤压，同时进行人工呼吸。

(4)如果是硫化氢中毒，在进行人工呼吸前，要用浸透食盐溶液的棉花或手帕盖住中毒者的口鼻。

(5)如果是因瓦斯(主要成分是甲烷)或二氧化碳而窒息，情况不太严重的，只要把窒息者转移到空气新鲜的场所，窒息者稍作休息后，就会苏醒；若窒息时间较长，就要进行人工呼吸抢救。有条件时直接给予氧气吸入更佳，而对于重度中毒者则应在医院高压氧舱中抢救。

练习题

一、判断题

1. 只有人体直接接触火线才会触电。(　　)

2. 触电是有电流流经人体，引起组织损伤或器官功能障碍。(　　)

二、单选题

1. 以下哪种情况会触电？(　　)

A. 直接触摸 220 V 电线　　B. 站在木凳上直接触摸 220 V 电线

C. 隔着橡胶手套触摸　　D. 直接触摸 10 V 电线

2. 发现有人触电，可以快速用哪种工具挑开电线？(　　)

A. 扳手　　B. 较长铁棍　　C. 干燥木棍　　D. 湿木棍

3. 触电事故发生以后需要报告上级有关部门及当地政府(　　)。

A. 环保部门　　B. 消防部门　　C. 安全管理部门　　D. 交警部门

4. 火灾事故中逃生时，可以采用一定的自我保护措施，不包括(　　)。

A. 湿毛巾堵住口鼻　　B. 弯腰贴地前行

C. 浸湿的衣物披裹全身　　D. 乘坐电梯迅速逃离

5. 地下工程施工中发现有人员倒下，可能是缺氧或中毒，抢救人员进行救援时不得(　　)。

A. 送风输氧　　B. 转移伤员至新鲜空气处

C. 戴上防毒面具　　D. 携带火源

6. 贵重仪器或设备着火可以用哪种方式灭火？(　　)

A. 酸碘灭火剂　　B. 干粉灭火器

C. 水　　D. 二氧化碳灭火器

三、多选题

1. 使触电人员迅速脱离电源的方法有(　　)。

A. 关闭电闸　　B. 挑开电线　　C. 斩断电线　　D. 拉开触电者

2. 常见的触电方式有(　　)。

A. 单相触电　　B. 双相触电　　C. 三相触电　　D. 跨步触电

参考文献

[1]安关峰. 市政工程施工安全管控指南 [M]. 北京:中国建筑工业出版社，2019.

[2]北京交通大学. 地铁工程施工安全管理与技术 [M]. 北京:中国建筑工业出版社，2012.

[3]杜华林,于全胜,黄守刚,等. 盖挖地铁车站施工安全技术与风险控制[M]. 北京:中国铁道出版社，2016.

[4]魏康林,仇培云. 城市轨道交通工程施工安全隐患和风险管理精细化手册[M]. 北京:人民交通出版社，2017.

[5]中国建设教育协会继续教育委员会. 建设工程安全生产管理知识[M]. 北京:中国建筑工业出版社，2018.

[6]高向阳. 建筑施工安全管理与技术[M]. 2 版. 北京:化学工业出版社，2016.

[7]全国注册安全工程师职业资格考试研究中心. 安全生产管理[M]. 北京:中国大百科全书出版社，2019.